工業力学
Industrial Dynamics
上月 陽一 監修
上月 陽一・河田 直樹・政木 清孝・渡邊 武 著
共立出版

まえがき

工業力学は，力と運動が関係したさまざまな問題の考え方や取り扱い方を学習する力学系基礎科目である．さらに，高等学校や高等専門学校の低学年で学ぶ物理 (力学) から，機械系 4 力学の材料力学・機械力学・流体力学・熱力学へとつながる基礎科目でもある．そのため，この基礎科目をよく学び，専門科目に向けての土台をしっかりと作ってほしい．

本書は工業力学を初めて学ぶ学生を対象として，その内容をわかりやすく丁寧に説明した教科書である．さらに，自分で学習しても十分に内容を理解できるように配慮した．各章の内容が理解できているかどうか確かめるために，例題を設けた．よく考えて解く能力を養ってほしい．さらに力学的な考察ができるように，章末には練習問題を豊富に設けた．1 問ずつ何とか自力でできるところまで解いて力をつけ，より理解を深めるために本書巻末の練習問題解答を熟読し，その問題の解き方を確認することが望ましい．その練習問題解答も図を入れて丁寧にわかりやすく解説した．

本書は 12 章で構成されており，各章は 10～30 ページほどである．各章の執筆者を以下に記す．第 1 章では工業力学を学ぶための準備として，高等学校や高等専門学校の低学年で学習した力学に関する内容を復習している．すべての章には図を多く入れ，できるだけ平易な文章で表現されるように，監修者が執筆者に何度もお願いした．また，本書内容にこれから取り組んでいく方はどなたでも，＜わかりやすい＞と感じてもらえるようにという思いで，監修者として上月が加筆修正した．

たとえ高校物理や数学を苦手とする学生であっても本書を熟読されて，工業力学の基礎力を身につけてもらえることを切に願っている．また，実務に携わっている社会人の参考書としても，少しでもお役に立てれば著者として幸いである．

なお，本書を執筆する際に多くの力学関係書などを参考にした．これらの著者の方々に心より深く感謝する．

最後に，原稿の提出を度々延期したにも関わらず温かい支援をいただいた，共立出版株式会社ならびに同社木村邦光氏に厚く御礼申し上げる．

2022 年 6 月

著者一同

＜監修＞

上月 陽一

＜執筆分担＞

第 1 章　　上月 陽一
第 2 章　　政木 清孝
第 3 章　　政木 清孝
第 4 章　　政木 清孝
第 5 章　　上月 陽一
第 6 章　　河田 直樹
第 7 章　　河田 直樹
第 8 章　　河田 直樹
第 9 章　　渡邊 武
第 10 章　　渡邊 武
第 11 章　　渡邊 武
第 12 章　　上月 陽一
単位のはなし　河田 直樹

目　次

第 1 章

力の基本原理，力の種類

日頃の生活の中で使用するさまざまな道具のなかで，力学の原理を応用したものがあるだろうか．力は目に見えるわけではない．しかし，物体の動きからその力がはたらいていることがわかる．例えば，斜めに投げ上げたボールが弧を描いて飛んでいく軌跡からわかる．

工業力学では，高校までに学習してきた力学を基本とすることが多い．そのため第 1 章では，その習った内容を振り返ってみる．その 1.1 節ではそのいろいろな力などについて概説し，さらに，力を取り扱うときに考えるニュートンの運動の法則についても触れてみる．また 1.2 節と 1.3 節では，力学を学ぶための準備として，力を受けた物体の運動がどのように変化するのかを微分を用いて考えてみる．

〈学習の目標〉

- 力はベクトルであり，いろいろな力があることを知る．
- 基礎であるニュートンの運動の 3 法則を理解する．
- 力が作用した物体の位置・速度・加速度の関係を理解する．

1.1 力とその応用

力学には，静止している物体に力がはたらき，そのつりあい状態や物体の変形を扱う静力学 (statics) と，力を受けている物体の運動を扱う動力学 (dynamics) がある．ここでは，その物体にはたらくさまざまな力を概説する．

物体の運動状態を変化させたり，物体を変形させる原因になるものを「力」という．力がはたらく点を作用点といい，作用点を通り力の方向に引いた直線を作用線という (2.1 節を参照)．力はベクトルで表し，記号は力を表す英語の頭文字 (**F**orce) が使われることが多く通常 $\boldsymbol{F}$ を用いる．力の大きさを表す単位は N (ニュートン) である．

1.1.1 ◆いろいろな力

物体にはたらく力にはいろいろあるが，いくつかを以下に述べる．

● 重力

地球上にある物体が，地球から引かれる力を重力 (gravity) という．重力の大きさを重さという．質量 m [kg] の物体にはたらく重力 W [N] の大きさは，重力加速度の大きさを g [m/s^2](約 9.8 m/s^2) とすると mg [N] である．物体が静止していても運動していても，物体には常に重力がはたらいている．

● 面から受ける力

物体に接している面がその物体に及ぼす力を抗力といい，抗力のうち，面に垂直な力を垂直抗力 (normal force)，面に平行な力を摩擦力 (friction force) という．摩擦力には面に静止している物体にはたらく「静止摩擦力」と面をすべっている物体にはたらく「動摩擦力」がある．摩擦力のはたらく向きは，その面に平行に，物体を動かそうとする向き，または物体が動いている向きと反対の向きである．また，摩擦力のはたらく面をあらい面といい，摩擦力が小さくて摩擦力がはたらかないと考えてよい面をなめらかな面という．摩擦力は接触面の種類や状態によって異なるが (2.3.1 項を参照)，その接触面積には関係しない．球や円柱のような物体が転がるときにも摩擦は生じる．そのときの摩擦を「転がり摩擦」という．回転を伴わないで接触面に接しながら移動するときにはたらく「すべり摩擦力」に比べて，転がり摩擦力は非常に小さい．摩擦については，第 12 章で詳しく述べることにする．

● 糸が引く力

物体とつながれた糸が張られた状態のとき，糸が物体を引く力を糸の張力 (tension) という．

● 弾性力

引き伸ばされたり，押し縮められたりしたばねが，元の長さに戻ろうとして，他の物体に及ぼす力を弾性力 (elastic force) という．弾性力の向きは，ばねが元の長さ (自然の長さ) に戻ろうとする向きである．ばね定数 k のばねが x [m] だけ伸びた (または縮んだ) とき，その弾性力の大きさ F [N] はそのばねの変形長さ x に比例し $F = kx$ となる．これをフックの法則 (Hooke's law) という．ばね定数 (spring constant) k は，ばねを 1 m だけ伸ばすまたは縮ませるのに必要な力を表している．よって，ばね定数の大きなばねは伸びにくくて硬く，逆にばね定数の小さなばねは伸びやすくて軟らかい．ばね定数の単位は N/m である．

例題 1.1　ばねの弾性力

図 1.1 のように質量 2.0 kg の物体 A をつるしたら，1.0 cm 伸びるつる巻きばねがある．重力加速度の大きさを 9.8 m/s² として，次の問いに答えよ．

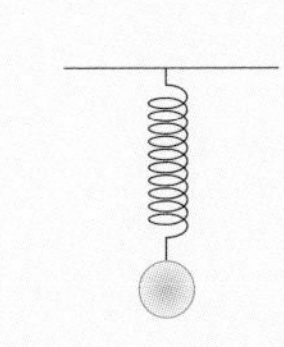

図 1.1　ばねと物体

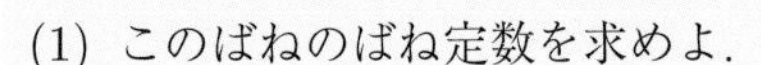

(1) このばねのばね定数を求めよ．

(2) このばねに物体 A と B をつるしたところ，3.5 cm 伸びた．物体 B の質量を求めよ．

[解]

(1) フックの法則より，$k = \dfrac{F}{x} = \dfrac{2.0\text{kg} \times 9.8\text{m/s}^2}{0.01\text{m}} = 1.96 \times 10^3\ \text{N/m}$ となる．

(2) 物体 B の質量を m [kg] とすると，フックの法則より $(2.0+m)\times 9.8 = kx$，つまり $(2.0 + m)\ \text{kg} \times 9.8\ \text{m/s}^2 = 1.96 \times 10^3\ \text{N/m} \times 3.5 \times 10^{-2}\ \text{m}$ したがって，物体 B の質量は 5.0 kg となる．

1.1.2 ◆気体や液体から受ける力

気体や液体のような流体から物体が受ける力のいくつかを，以下に述べる．

● 圧力

物体の面にはたらく 1m² 当たりの力を圧力 (pressure) という．圧力の単位はよく Pa(パスカル) が用いられ，1Pa = 1N/m² である．気体では 1 atm(アトム)=1.013×10^5 Pa が用いられる.

気体の圧力 大気が物体に及ぼす圧力を大気圧 (atmospheric pressure) という.

液体の圧力 水が物体に及ぼす圧力を水圧 (water pressure) という. 水圧の大きさは水面から物体までの深さによって決まる. 水圧は, 物体の上にある水の重さによるもので, 水面から物体までの深さを h [m], 水の密度を ρ [kg/m^3] とすると水圧 P は $P = \rho hg$ と表される. 同じ深さでは, 水圧はどの方向にも同じ大きさになる.

● **浮力**

気体と液体を総称して流体という. 流体中の物体は, それが排除している流体の重さに等しい大きさの浮力 (buoyancy) を受ける. これをアルキメデスの原理 (Archimedes principle) といい, 2.3.1 項で詳しく述べる. 流体の密度を ρ [kg/m^3], 流体中の物体の体積を V [m^3] とすると, 浮力の大きさ $\boldsymbol{F}$ [N] は, $F = \rho V g$ となる.

1.1.3 ◆ニュートンの運動の 3 法則

ニュートンの運動の法則 (Newton's law of motion) は次の 3 つの法則から成り立っており, 力学の基礎である.

● **運動の第一法則 (慣性の法則, law of inertia)**

物体に力がはたらかないか, はたらいてもつりあっているときには, 静止している物体は静止を続け, 運動している物体は等速直線運動を続ける. このように, 物体が元の状態を保ち続けようとする性質を慣性 (inertia) という.

● **運動の第二法則 (運動の法則, law of motion)**

物体に力 $\boldsymbol{F}$ [N] がはたらくとき, 物体はその力の向きに加速される. 物体にいくつかの力がはたらくときは, 物体はそれらの合力の向きに加速される. その加速度 a [m/s^2] の大きさは, 力 $\boldsymbol{F}$ [N] の大きさに比例し, 物体の質量 m [kg] に反比例する. このとき, 方程式 $F = ma$ が成り立つ. この力と運動の関係を表した式を運動方程式 (equation of motion) という.

●　運動の第三法則 (作用反作用の法則，law of action and reaction)

作用・反作用の 2 力 $\boldsymbol{F}$, $\boldsymbol{F}'$ は，同じ作用線上にあり大きさが等しく向きが互いに反対である．作用点は異なる物体内にある．作用・反作用の 2 力とつりあいの 2 力との同じ点と異なる点を，次の表 1.1 にまとめてみたので混同しないように気をつけてほしい．

表 1.1　つりあいの 2 力と作用・反作用の 2 力との比較

	つりあいの 2 力	作用・反作用の 2 力
同じ点	同一直線状にあり，大きさが等しく向きが反対.	
異なる点	＊ 1 つの物体にはたらく 2 つの力 (同じ物体内に作用点がある). ＊合力は 0 となる. $\boldsymbol{F}_1$　$\boldsymbol{F}_2$　$\boldsymbol{F}_1+\boldsymbol{F}_2=0$	＊互いに相手の物体にはたらく 2 つの力 (異なる物体内に作用点がある). ＊合成 (足したり引いたり) することはできない. $\boldsymbol{F}'$　$\boldsymbol{F}$　$\boldsymbol{F}=-\boldsymbol{F}'$

1.2 質点の運動

物体に力が作用するとその物体の位置・速度・加速度がどのように変化するのかを考えてみよう．ここで扱う物体とは，大きさを無視し質量をもつ理想的な物体つまり質点 (mass point) である．大きさを無視することで，物体の運動を簡単にすることができる．

1.2.1 ◆平均の速さと瞬間の速さ

図 1.2 は，直線上を運動するある物体の時間と位置との関係である．時間 t_1 [s] から t_2 [s] までの経過時間 Δt [s] の間に，位置 x_1 [m] から x_2 [m] までの距離 Δx [m] を前進している．図の点 P_1 と点 P_2 との間の平均の速さ $\overline{v}$ [m/s] は，次のように表される．

$$\overline{v} = \frac{x_2 - x_1}{t_2 - t_1} = \frac{\Delta x}{\Delta t} \tag{1.1}$$

t_2 を t_1 に近づけて Δt や Δx を小さくしていくと，2 点 P_1 と P_2 を通る直線の傾きは，点 P_1 を通る接線の傾きに近づいていく．この接線の傾きを，点 P_1 での瞬間の速さという．Δx $(= x_2 - x_1)$ を変位 (displacement) という．次の (1.2) 式のように，速度 (velocity) $\boldsymbol{v}$ は変位 $\boldsymbol{x}$ を時間 t で微分 (differentiation) することにより得られる．

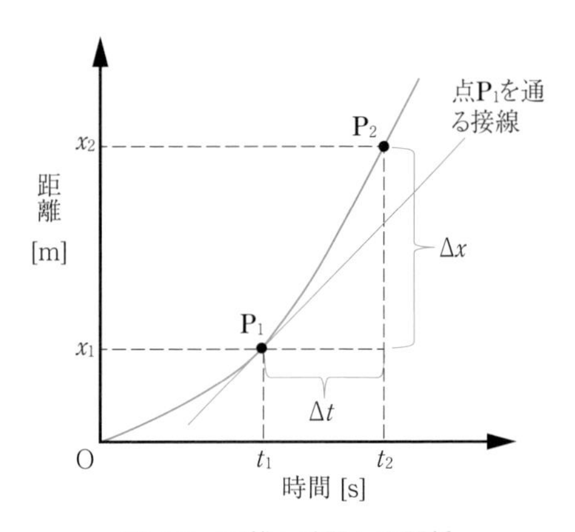

図 1.2　距離と時間との関係

$$\boldsymbol{v} = \dot{\boldsymbol{x}} = \left(\frac{d\boldsymbol{x}}{dt}\right) \tag{1.2}$$

速度とは単位時間当たりの変位で表され，速度の大きさ (速さ) と向きを合わせもつ量 (ベクトルという) である．変位も速度と同様に大きさと向きをもつベクトル量である．

例題 1.2　平均の速さ

A 駅を発車した電車が 3 分後に 2.0 km 離れた B 駅に到着した．この電車の平均の速さ $\overline{v}$ [km/h] を求めよ．

[解]

3 分は 0.05 時間である．(なぜなら，3 分 $= \dfrac{3}{60} = 0.05$ 時間)

$\overline{v} = \dfrac{2.0\text{km}}{0.05\ \text{時間}} = 40\text{km/h}$　したがって，40 km/h となる．

1.3 加速度

図 1.3 は，ある物体が運動する時間と速度との関係である．時間 t_1 [s] から t_2 [s] までの経過時間 Δt [s] の間に，速度 v_1 [m/s] から v_2 [m/s] まで速度が Δv [m/s] 変化をしている．単位時間当たりの速度の変化が，加速度 (acceleration) であ

る．この 2 点間の平均の加速度の大きさ $\overline{a}$ [m/s^2] は，次のように表される．

$$\overline{a} = \frac{v_2 - v_1}{t_2 - t_1} = \frac{\Delta v}{\Delta t} \qquad (1.3)$$

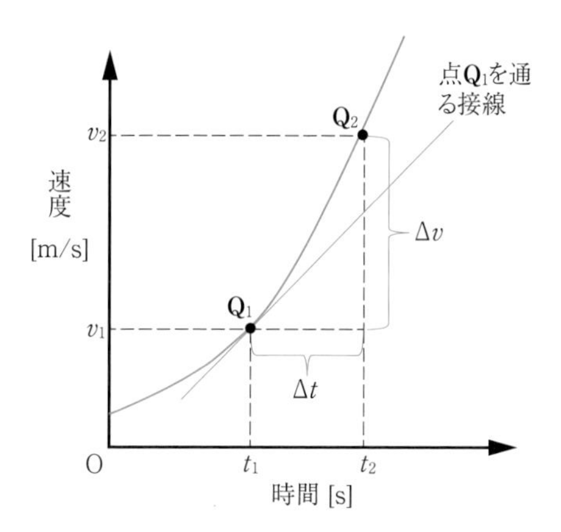

図 1.3　速度と時間との関係

t_2 を t_1 に近づけて Δt，Δv を小さくしていくと，2 点 Q_1 と Q_2 を通る直線の傾きは，点 Q_1 を通る接線の傾きに近づいていく．この接線の傾きを，点 Q_1 での瞬間の加速度という．次の (1.4) 式のように，加速度 $\boldsymbol{a}$ は速度 $\boldsymbol{v}$ を時間 t で微分，すなわち変位 $\boldsymbol{x}$ を時間で 2 階微分することにより得られる．

$$\boldsymbol{a} = \dot{\boldsymbol{v}} = \left(\frac{d\boldsymbol{v}}{dt}\right) = \ddot{\boldsymbol{x}} = \left(\frac{d^2\boldsymbol{x}}{dt^2}\right) \qquad (1.4)$$

加速度も速度と同じように大きさと向きをもつベクトル量である．

例題 1.3　平均の加速度

東向きに時速 36 km の速さで動いている自動車が，10 秒後に東向きに時速 72 km の速さになった．この自動車の平均加速度の向きと大きさ $\overline{a}$ [m/s^2] を求めよ．

[解]

36 km/h は 10 m/s である (なぜなら，$36\text{km/h} = 36 \times \frac{1000}{60 \times 60} = 10\text{m/s}$)．

72 km/h は 20 m/s である (上記と同様に，$72\text{km/h} = 72 \times \frac{1000}{60 \times 60} = 20\text{m/s}$)．

東向きを正とすると，(1.3) 式より $\overline{a} = \frac{20\text{m/s} - 10\text{m/s}}{10\text{s}} = 1.0\text{m/s}^2$

したがって，東向きに 1.0 m/s^2 となる．

例題 1.4　変位・速度・加速度

変位の大きさ x が次のように時刻 t の関数で与えられている．そのとき，速度 v と加速度 a の大きさを時刻の関数でそれぞれ求めよ．

$$x(t) = 4t^3$$

[解]

速度と加速度の大きさは (1.2) 式と (1.4) 式より，それぞれ次のようになる．

$$v(t) = \dot{x} = \frac{d}{dt}(4t^3) = 12t^2, \quad a(t) = \ddot{x} = \frac{d^2}{dt^2}(4t^3) = 24t$$

1.3.1 ◆等加速度直線運動

物体が一定の加速度で一直線を進む運動を等加速度直線運動 (constant acceleration linear motion) という．図 1.4 は，ある物体が初速度 (時刻 0 での速度) v_0 [m/s] で直線上を等加速度 a [m/s²] で運動する時間と速度との関係である．その直線の傾き $\Delta v/\Delta t$ は等加速度 a を示している．時刻 t [s] における速度 v [m/s] は，次のように表される．

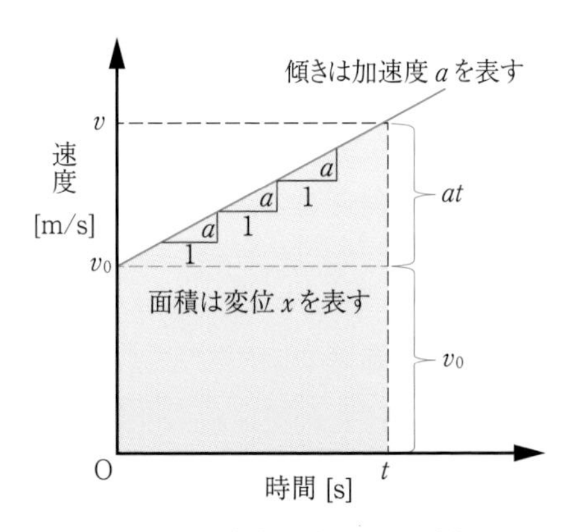

図 1.4　速度と時間との関係

$$v = v_0 + at \qquad (1.5)$$

また，図 1.4 に青色に塗られた台形の面積 (速度と時間の積) は，時刻 t [s] における変位 x [m] を示している．その変位は次の (1.6) 式から求められる．

$$x = v_0 t + \frac{1}{2}at^2 \qquad (1.6)$$

さらに (1.5) 式と (1.6) 式から時刻 t を消去すると，次の (1.7) 式が得られる．

$$v^2 - {v_0}^2 = 2ax \tag{1.7}$$

1.3.2 ◆落体の運動

物体が重力だけを受けて，初速度 0 で落下する運動を自由落下 (free fall) という．その落下運動では，$v_0 = 0$，$a = g$，$x = y$ を (1.5) 式，(1.6) 式，(1.7) 式に代入するとそれぞれ次のようになる．

$$v = gt \tag{1.8}$$

$$y = \frac{1}{2}gt^2 \tag{1.9}$$

$$v^2 = 2gy \tag{1.10}$$

ところで雨滴 (または雨粒) は自由落下しその速度は増すが，雨に撃たれても痛くない．なぜだろうか？それは，雨滴は空気抵抗力を受けるため地上に達するときには，それほど大きな速さにならないからである．質量 m の雨滴の運動方程式は鉛直下向きを正として，次の (1.11) 式のように表すことができる．

$$ma = mg - R \tag{1.11}$$

ここで R [N] は落下する雨滴と逆向きの空気抵抗力を表し，雨滴の落下とは逆向きなので負となる．その空気抵抗力の大きさは，一般に雨滴の速さ v が増すほど大きくなり，cv^2 (c は定数) で表される．落下中の雨滴の速さはやがて $mg - R = 0$ と力がつりあうところで終端速度 v_f [m/s] に達し，それ以後は一定の速さで落下するようになる．

例題 1.5　等加速度直線運動

速さ 2.0 m/s で坂道を進んでいた自転車が一定の加速度で速さを増し，20 秒後に 5.0 m/s になった．

(1) この自転車の平均の加速度 $\overline{a}$ [m/s^2] の大きさを求めよ．

(2) 自転車が加速している間に坂道を何 m 進んだか求めよ．

(3) この後，その自転車が急ブレーキをかけて一定の加速度で減速し，坂道を 10 m 進んで停止した．このときの自転車の加速度を求めよ．

[解]

(1) (1.5) 式の $v = v_0 + at$ より，$\overline{a} = \dfrac{v - v_0}{t} = \dfrac{5.0\mathrm{m/s} - 2.0\mathrm{m/s}}{20\mathrm{s}} = 0.15\mathrm{m/s^2}$

したがって，平均の加速度の大きさは 0.15m/s^2 となる．

(2) (1.6) 式の $x = v_0 t + \dfrac{1}{2}at^2$ より，

$$x = 2.0\mathrm{m/s} \times 20\mathrm{s} + \frac{1}{2} \times 0.15\mathrm{m/s^2} \times 20^2\mathrm{s^2} = 40\mathrm{m} + 30\mathrm{m} = 70\mathrm{m}$$

よって，70 m 進んだことになる．

(そのほかの解き方)

(1.7) 式の $v^2 - {v_0}^2 = 2ax$ より，

$$x = \frac{v^2 - {v_0}^2}{2a} = \frac{(5.0\mathrm{m/s})^2 - (2.0\mathrm{m/s})^2}{2 \times 0.15\mathrm{m/s^2}} = 70\mathrm{m}$$

よって，70 m 進んだことになる．

(3) (1.7) 式の $v^2 - {v_0}^2 = 2ax$ より，

$$a = \frac{v^2 - {v_0}^2}{2x} = \frac{(0\mathrm{m/s})^2 - (5.0\mathrm{m/s})^2}{2 \times 10\mathrm{m}} = -1.25\mathrm{m/s^2}$$

自転車の進む向きを正としているので，負の値は進む向きと逆向きである．

よって，進む向きと逆向きに 1.25 m/s^2 となる．

第 1 章　練習問題

1.1 質量 6.0 kg の物体をばねにつるしたところ，ばねの長さが 40 cm になった．図 1.5 のように，その物体をばねにつるしたまま水中に沈めたところ，ばねは自然長さより 10 cm 伸びていた．そのばねの自然長さは何 cm か求めよ．ただし，物体の体積を $3.0 \times 10^{-3}\,\mathrm{m}^3$，水の密度を $1.0\,\mathrm{g/cm}^3$，重力加速度の大きさを $9.8\,\mathrm{m/s}^2$ とする．

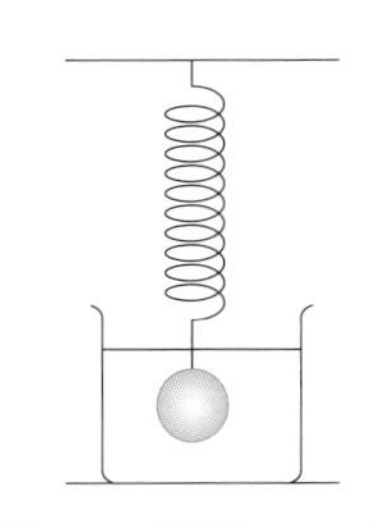

図 1.5　問題 1.1 の図

1.2 東向きに時速 72 km の速さで動いている自動車が，ブレーキをかけて 10 秒後に停止した．この自動車の平均加速度の向きと大きさ $\overline{a}\,[\mathrm{m/s}^2]$ を求めよ．

1.3 平面上を一定の速さ 4.6 m/s で走っている自転車が，2.0 秒後に同じ速さで 60° 向きを変えて走った．この間のその自転車の平均加速度の大きさを求めよ．

1.4 一直線上を 2 台の自動車 A と B が走行している．時速 36 km で走っている自動車 A の後を時速 72 km で自動車 B が走っている．追突しそうになったので A は $4.0\,\mathrm{m/s}^2$ で加速し，それと同時に B はブレーキをかけて $6.0\,\mathrm{m/s}^2$ で減速したので，その 2 台の自動車は衝突を避けることができた．衝突寸前ではその 2 台の自動車の間隔を 0 とし，また相対速度も 0 として次の問いに答えよ．

(1) 自動車 B がブレーキをかけてから，衝突寸前までの時間を求めよ．

(2) 衝突寸前の両車の速度の大きさを求めよ．

(3) 自動車 B がブレーキをかけ始めた瞬間の両車間の距離を求めよ．

1.5 地面から高さ 80 m のビルの屋上から小球 A を自由落下させるのと同時に，地上から小球 B を 50 m/s で真上に投げ上げた．その 2 つの小球は空中ですれ違い，空気抵抗はないとする．重力加速度の大きさを $9.8\,\mathrm{m/s}^2$ とする．

(1) 2 つの小球が空中ですれ違うのは，投げてから何秒後か求めよ．

(2) (1) のすれ違うときの高さは，地上から何 m か求めよ．

(3) 小球 A が地面に衝突するまでにかかった時間はいくらか，また地面に衝突する直前の速さはいくらか求めよ．

(4) 小球 B が最高点に達するのは投げ上げてから何秒後か，またそのときの高さはいくらか求めよ．

第2章

力の合成と分解，物体間にはたらく力

地球上の物体には，いつも重力を始めとする何らかの力が，さまざまな方向からはたらいている．机の上に置かれた本が机の上で静止しているのは，その本にはたらく力がつりあっているからである．さまざまな方向から物体にはたらく力のつりあいを理解するには，まず物体にはたらく力が分解できることと，合成できることを理解する必要がある．本章では，力の合成と分解について理解を深める．

〈学習の目標〉

- 物体にはたらく力を合成したり分解できることを知る．
- 合力や分力の計算方法を理解する．

2.1 力の表し方の基本

物体にはたらく力を表すには，「大きさ」･「向き」･「作用点」の3要素が必要である．図2.1に示すように，物体のどこ(作用点)に，どのくらい(大きさ)の力が，どちら(向き)にはたらいているか，に注目する．

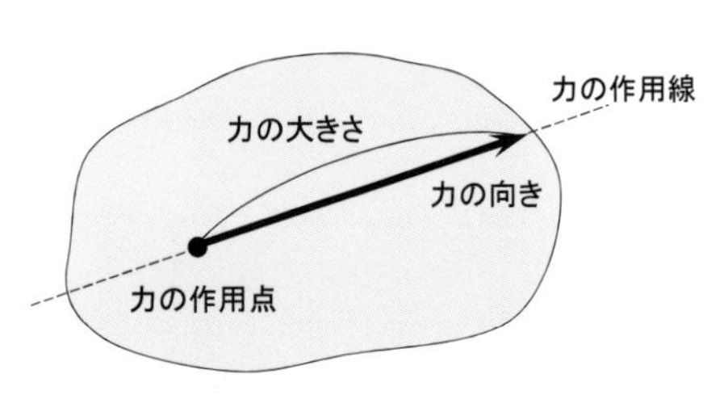

図2.1　力の表し方の基本

物体にはたらく力は，この作用点(または着力点：point of action)を基点として，力のはたらく方向 (作用線：line of action) に向かうベクトルで表すことができる．さまざまな方向から物体に力がはたらいたとき，その物体にはたらく力を求めるには，図 2.2 に示すように作用点を原点とする $x - y$ 直交座標系を定義しておいて，その x 方向の成分と y 方向の成分に分けて考えると便利である．

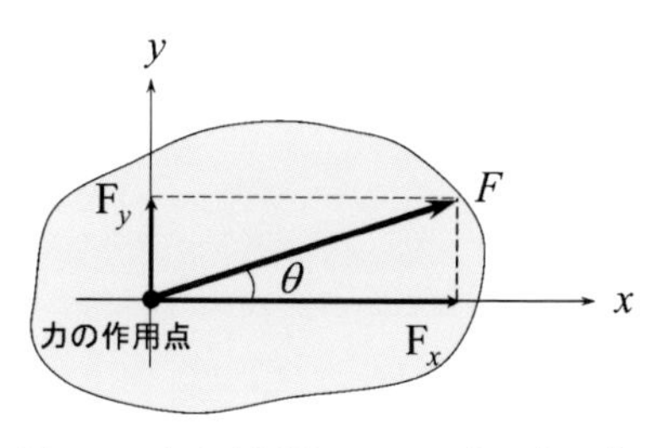

図 2.2　直交座標系における力の表し方

ここで，図 2.2 のように x 軸から角度 θ の向きに力 F [N] がはたらいている場合には，その力 F の x 方向の成分 F_x [N] は (2.1) 式から，y 方向の成分 F_y [N] は (2.2) 式からそれぞれ求めることができる．

$$\mathrm{F}_x = F \times \cos\theta \tag{2.1}$$

$$\mathrm{F}_y = F \times \sin\theta \tag{2.2}$$

例題 2.1　力の成分表示

物体のある点に，水平方向から 60° の角度に 200 N の力が作用している．この力の水平方向の x 成分 F_x とそれに垂直方向の y 成分 F_y をそれぞれ求めよ．

[解]

$$\mathrm{F}_x = F \times \cos\theta = 200\,\mathrm{N} \times \cos 60^\circ = 100\,\mathrm{N}$$

$$\mathrm{F}_y = F \times \sin\theta = 200\,\mathrm{N} \times \sin 60^\circ = 173\,\mathrm{N}$$

また，力 F の x 方向の成分 F_x と y 方向の成分 F_y が与えられた場合には，その力 F の大きさとその x 方向に対する角度 θ は，直角三角形の公式 (つまり，三平方の定理) を用いて (2.3) 式ならびに三角関数の定義から (2.4) 式からそれぞれ求められる．

$$F = |F| = \sqrt{F_x{}^2 + F_y{}^2} \tag{2.3}$$

$$\theta = \tan^{-1}(F_y/F_x) \tag{2.4}$$

例題 2.2　力の大きさと向き

水平方向に 250 N の力と，それに垂直な方向にも 250 N の力が物体にはたらいている．この 2 力の合力の大きさ $|F|$ と水平方向に対するその合力の角度を求めよ．

[解]

$$F = |F| = \sqrt{F_x{}^2 + F_y{}^2} = \sqrt{(250\,\mathrm{N})^2 + (250\,\mathrm{N})^2} = 354\,\mathrm{N}$$

$$\theta = \tan^{-1}(F_y/F_x) = \tan^{-1}(250\,\mathrm{N}/250\,\mathrm{N}) = 45°$$

2.2 作用点が同一の複数の力の合成と分解

2.2.1 ◆力の合成

2.1 節では，物体にはたらく力がベクトルで表されることと，$x - y$ 直交座標系で力を x 方向の成分と y 方向の成分とに分けて考えられることを学んだ．ここでは，図 2.3(a) に示すように，1 つの物体内のある点 O に，大きさや向きの異なる 2 つの力 F_1 と F_2 が作用している場合について考える．その作用点 O にはたらく力 F_{12} (ベクトル) は，F_1 (ベクトル) と F_2 (ベクトル) を足し合わせたものに等しく，次の (2.5) 式で表すことができる．

$$F_{12} = F_1 + F_2 \tag{2.5}$$

ベクトルの和は，平行四辺形の法則を用いれば簡単に求められる．つまり，図 2.3(b) のように F_1 と F_2 を 2 辺とする平行四辺形の対角線 F_{12} がその 2 力の和となる．このような力の足し合わせの操作を力の合成 (composition of forces) といい，このときの F_{12} を合力 (resultant force) という．ここでは F_1 と F_2 の合力であるから F_{12} と表記したが，表記の記号は何でもよい．もし物体にはたらく力を図に示すことができれば，作図法により合力を求めることができる．

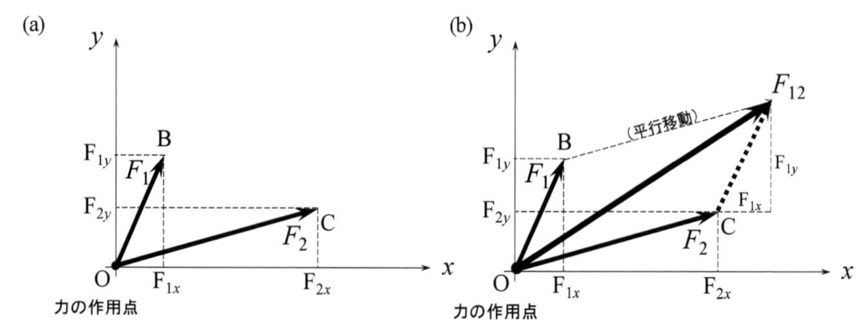

図 2.3　作用点が同じ 2 つの力 F_1 と F_2 の合力 F_{12} の求め方 (平行四辺形の法則)

力の合成は 3 つ以上の力が同一の作用点にはたらく場合でも，同様に考えることができる．例えば，大きさと向きの異なる 3 つの力 F_1，F_2，F_3 が作用する場合の合力 F_{123} は，合力 F_{12} $(= F_1 + F_2)$ を求めたあとに F_{123} $(= F_{12} + F_3)$ を求めればよい．また，それぞれのベクトルを平行移動して，ベクトルの始点をベクトルの終点に移動してすべてつなぎ合わせ，その終点と作用点とを結ぶベクトルを求めることで合力を求めることができる．（その作図法は章末の練習問題 2.9 で扱う．）

例題 2.3　作図法による力の合成

図 2.4 のように物体のある点 O において，F_1 と F_2 の力が作用している場合の合力 F_{12} を，作図法により求めよ．

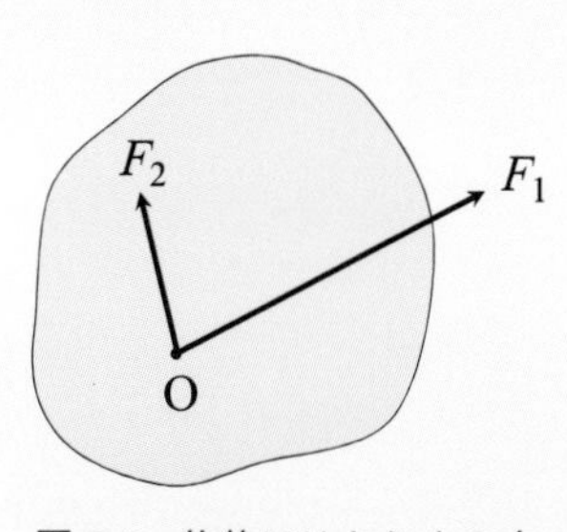

図 2.4　物体にはたらく 2 力

[解]

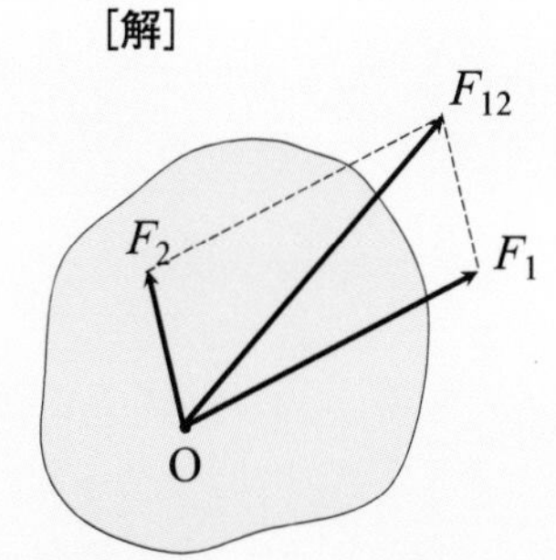

物体にはたらく力を x 方向の成分と y 方向の成分とに分けて考えることによ

り，合力の大きさや向きを求めることができる．図 2.5(a) に示すように，点 O から x 軸に対する角度 θ_1 の向きに $|F_1|$ の大きさの力 F_1 が作用し，また同じく角度 θ_2 の向きに $|F_2|$ の大きさの力 F_2 が作用している場合について，合力 F の大きさ $|F|$ と作用方向 (x 軸に対する角度 θ_{F}) を考えてみよう．

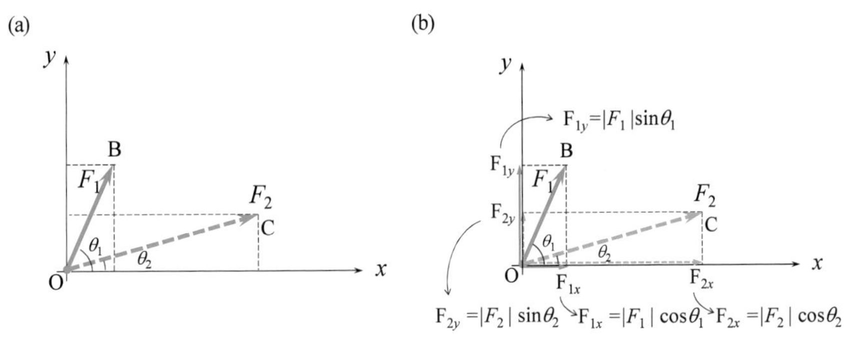

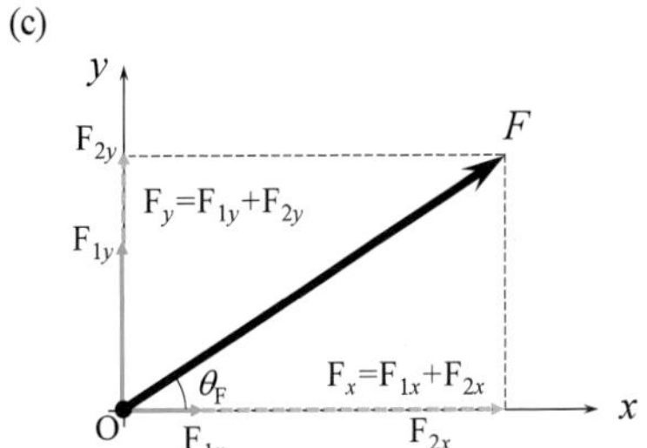

図 2.5　各成分の計算による 2 力の合成

図 2.5(b) に示されるように，F_1 と F_2 の x 方向の成分 F_{1x}，F_{2x} と y 方向の成分 F_{1y}，F_{2y} はそれぞれ以下の式で求められる．

$$F_1\colon \mathrm{F}_{1x} = |F_1|\cos\theta_1, \mathrm{F}_{1y} = |F_1|\sin\theta_1$$

$$F_2\colon \mathrm{F}_{2x} = |F_2|\cos\theta_2, \mathrm{F}_{2y} = |F_2|\sin\theta_2$$

合力 F の x 方向の成分 F_x と y 方向の成分 F_y は図 2.5(c) のように，それぞれの和で求められる．

$$\mathrm{F}_x = \mathrm{F}_{1x} + \mathrm{F}_{2x} = |F_1|\cos\theta_1 + |F_2|\cos\theta_2$$

$$\mathrm{F}_y = \mathrm{F}_{1y} + \mathrm{F}_{2y} = |F_1|\sin\theta_1 + |F_2|\sin\theta_2$$

すなわち，合力 F の大きさ F と角度 θ_{F} は，下記の式で与えられる．

$$\mathrm{F} = \sqrt{{\mathrm{F}_x}^2 + {\mathrm{F}_y}^2} \tag{2.6}$$

$$\theta_{\mathrm{F}} = \tan^{-1}(\mathrm{F}_y/\mathrm{F}_x) \tag{2.7}$$

例題 2.4　合力の計算

点 O に F_1 と F_2 の力がはたらいている．F_1 は大きさが 300 N で水平方向に対して 30° の角度にはたらいており，F_2 は大きさが 500 N で水平方向に対して 100° の方向にはたらいている．その 2 力の合力の大きさと向き (水平方向に対する角度) を求めよ．

[解]

$$\begin{aligned}\mathrm{F}_x &= \mathrm{F}_{1x} + \mathrm{F}_{2x} = |\mathrm{F}_1|\cos\theta_1 + |\mathrm{F}_2|\cos\theta_2 \\ &= 300\,\mathrm{N} \times \cos 30^\circ + 500\,\mathrm{N} \times \cos 100^\circ = 173\,\mathrm{N} \\ \mathrm{F}_y &= \mathrm{F}_{1y} + \mathrm{F}_{2y} = |\mathrm{F}_1|\sin\theta_1 + |\mathrm{F}_2|\sin\theta_2 \\ &= 300\,\mathrm{N} \times \sin 30^\circ + 500\,\mathrm{N} \times \sin 100^\circ = 642\,\mathrm{N}\end{aligned}$$

すなわち，その合力 F の大きさは (2.6) 式より

$$\mathrm{F} = \sqrt{\mathrm{F}_x^2 + \mathrm{F}_y^2} = \sqrt{(173\,\mathrm{N})^2 + (642\,\mathrm{N})^2} = 665\,\mathrm{N}$$

また角度 θ_{F} は (2.7) 式より

$$\theta_{\mathrm{F}} = \tan^{-1}(\mathrm{F}_y/\mathrm{F}_x) = \tan^{-1}(642\,\mathrm{N}/173\,\mathrm{N}) = 74.9^\circ$$

2.2.2 ◆力の分解

2.2.1 項では物体にはたらく力を考えるとき，直交座標系を考えて x 方向の成分と y 方向の成分とに分けて考えた．このように物体にはたらく力を分けて考える操作を，力の分解

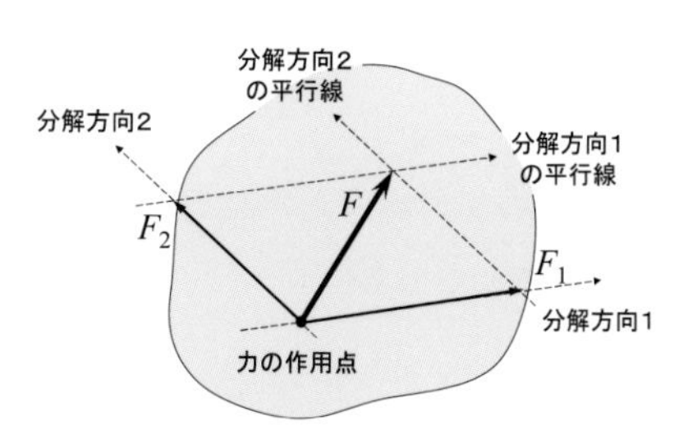

図 2.6　力の分解

(decomposition of force) という．力 F の x 方向の成分の大きさに等しい力 F_x，同じく y 方向の成分の大きさに等しい力 F_y を分力 (component force) という．力の分解においては，必ずしも x 方向の成分と y 方向の成分とに分解する必要はない．例えば図 2.6 において，あらかじめ与えられていた力 F を，作用点から任意の分解方向 1 および分解方向 2 へ力 F_1 と F_2 に分けることができる．

例題 2.5　作図法による力の分解

図 2.7 のように，物体内のある点 O に作用する力 F を，その作用点から a 方向の分力 F_a と b 方向の分力 F_{b} に分解したものを図示しなさい．

[解]

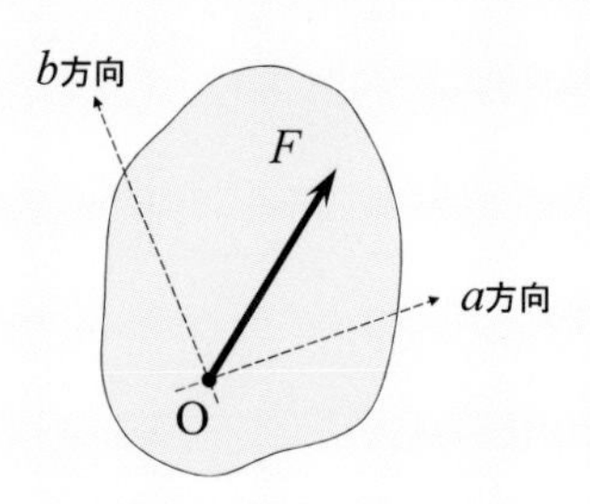

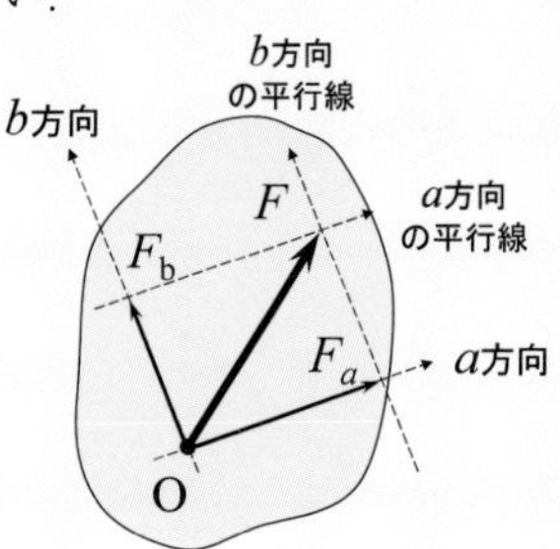

図 2.7　物体にはたらく力

力の合成と同様に，計算によって力を分解してみよう．任意の力 F を直交座標系の x 方向の成分と y 方向の成分とに分解する方法は前節で述べたとおりである．ここでは図 2.8(a) に示すように，任意の角度 α，β 方向の分力 F_α と F_β に分解する場合について考えてみる．分力の計算には，図 2.8(b) のように任意の力 F の作用線を直交座標系の x 軸と一致させるとわかりやすい．いま，それぞれの分力 F_α と F_β の x 方向の成分と y 方向の成分に注目する．F_α および F_β の各方向の成分は以下のように表すことができる．

$$F_\alpha\colon \mathrm{F}_{\alpha x} = |F_\alpha|\cos\alpha, \quad \mathrm{F}_{\alpha y} = |F_\alpha|\sin\alpha$$

$$F_\beta\colon \mathrm{F}_{\beta x} = |F_\beta|\cos(-\beta) = |F_\beta|\cos\beta, \quad \mathrm{F}_{\beta y} = |F_\beta|\sin(-\beta) = -|F_\beta|\sin\beta$$

図 2.8(b) を見てわかるように，それぞれの分力の x 方向の成分の和が力 F の

大きさに等しく，y 方向の成分の和が 0 に等しい．これを式で表すと，次のようになる．

$$x \text{ 方向成分：} |F_\alpha|\cos\alpha + |F_\beta|\cos\beta = |F|$$
$$y \text{ 方向成分：} |F_\alpha|\sin\alpha - |F_\beta|\sin\beta = 0$$

この両式から，分力の大きさ $|F_\alpha|$ と $|F_\beta|$ を求めると次のようになる．

$$|F_\alpha| = |F|\sin\beta/(\cos\alpha\cdot\sin\beta + \sin\alpha\cdot\cos\beta) = |F|\sin\beta/\sin(\alpha+\beta) \quad (2.8)$$
$$|F_\beta| = |F|\sin\alpha/(\cos\alpha\cdot\sin\beta + \sin\alpha\cdot\cos\beta) = |F|\sin\alpha/\sin(\alpha+\beta) \quad (2.9)$$

なお，力の分解も，力の合成と同様に 3 つ以上の分力に分解できる．

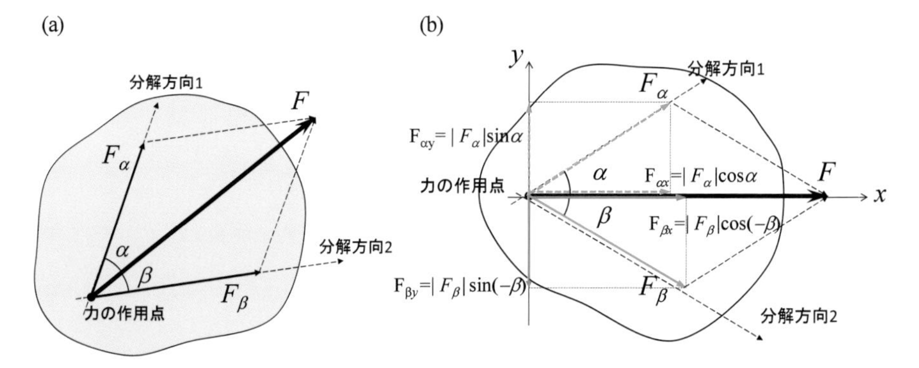

図 2.8　計算による力 F の 2 力への分解

例題 2.6　分力の計算

作用点 O 点に 800 N の力がはたらいている．この作用線に対して反時計回りに 45° の作用線を持つ分力 F_1 と，時計回りに 70° の作用線を持つ分力 F_2 の大きさをそれぞれ求めなさい．

［解］

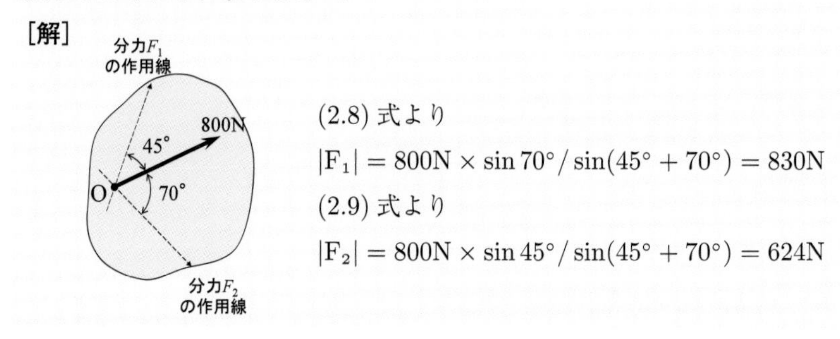

(2.8) 式より

$$|\mathrm{F}_1| = 800\mathrm{N} \times \sin 70^\circ / \sin(45^\circ + 70^\circ) = 830\mathrm{N}$$

(2.9) 式より

$$|\mathrm{F}_2| = 800\mathrm{N} \times \sin 45^\circ / \sin(45^\circ + 70^\circ) = 624\mathrm{N}$$

2.3 物体間にはたらく力

2.3.1 ◆接触している物体間にはたらく力

力 F_{A} を受けている物体 A が別の物体 B に接触し，2 つの物体が静止している場合には，作用反作用の法則から物体 B には反力 (または抗力)(reaction force) が生じる．この反力 F_{B} は，接触点が力の作用点となり，F_{A} と同じ大きさで，F_{A} とは逆向きである．このように 2 つの物体の接触部分に生じる力を接触力 (contact force) という．接触力にはさまざまな種類があり，例えば「垂直抗力」・「摩擦力」・「流体力」・「浮力」 などがある．それでは，これらについて順に説明していこう．

● 垂直抗力 (normal force)

垂直抗力は，接触面に対して垂直にはたらく力である．例えば，図 2.9 に示すように本が水平な机の上に置かれているとき，本の重さ W (質量 $m\times$ 重力加速度 g) で下向きの力に対応する反力が机の接触面で上向きに生じる．このように机が水平である場合には，机の接触面に生じる反力が垂直抗力 R で，鉛直方向に対して上向きとなっている．一方で，図 2.10 のように机が傾いている場合には，本の重さ W は鉛直方向の下向きに作用し，机の接触面に垂直方向に反力が生じる．2 つの物体が点または線で接触する場合も，その反力は共通接線に垂直方向にはたらく．机の接触面に生じる垂直抗力 R は，接触面の垂直方向を向いている．また，机の斜面に置かれた物体 (図 2.10 ではリンゴ) が壁によって静止しているとき，斜面と壁の両方に垂直抗力 R_1 と R_2 が作用する．物体における垂直抗力 R_2 は，接触点において壁に対して垂直に生じる．

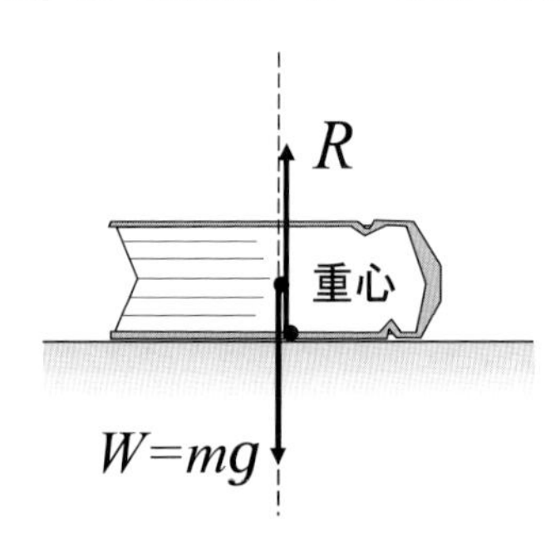

図 2.9　水平な机の上に置かれた本にはたらく力

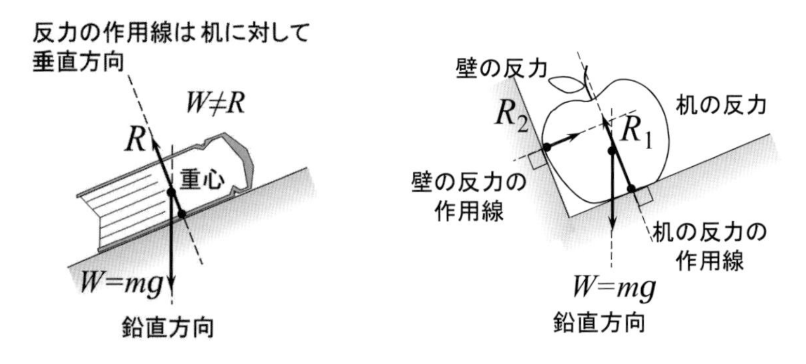

図 2.10　斜面上に置かれた物体にはたらく力

● 摩擦力 (friction force)

傾いた机の上に本が置かれているとき，その机の傾斜がゆるやかな場合には，本はすべり出すことはなく静止したままである．この理由は，本がすべり出そうとするのを妨げる力が，本と机との接触面にはたらくためである．この力を摩擦力という．机の傾斜がある程度大きくなるまで，本は机の上に静止したままである．この状態を静摩擦状態といい，このときに作用する摩擦力を静止摩擦力 (static friction force) という．机の傾斜角が大きくなると，机の斜面方向の重力の分力が大きくなるので，それに伴い静止摩擦力も大きくなる．机の傾きがさらに大きくなると，机の上に置かれた本はすべり始める．このすべり始める直前に静止摩擦力は最大となり，そのときの机の傾斜角を安息角(あんそくかく)または息角(そくかく)(angle of repose) という．静止摩擦力 F_{s} [N] は，垂直抗力を R [N]，比例定数を μ_{s} で表すと，次の式で与えられる．

$$\text{摩擦力 (静摩擦状態)}：F_{\mathrm{s}} \leq \mu_{\mathrm{s}} R$$

このときの比例定数 μ_{s} を静止摩擦係数 (coefficient of static friction) という．その机の傾斜角 θ と重力 mg [N] を用いて，図 2.11 に垂直抗力 R と静止摩擦力 F_{s} が示されている．R の大きさは重力 W [N] の斜面に対する垂直成分 N [N] に，F_{s} の大きさはその水平成分 F [N] にそれぞれ等しい．

すべり始めた本には静止状態と同様に机との接触面で摩擦力が発生するが，その大きさは静止摩擦力の最大値 $\mu_{\mathrm{s}} R$ よりも小さくなる．本がすべっている状態のことを動摩擦状態とよび，そのとき本にはたらいている摩擦力を動摩擦力 (kinetic friction force) という．このときの摩擦係数を動摩擦係数 (coefficient of kinetic friction) といい，μ_{k} で表すことが多い．動摩擦状態の摩擦力 F_{k} [N] も垂直抗力 R を用いて，次の式で表される．

$$\text{摩擦力 (動摩擦状態)}：F_{\mathrm{k}} = \mu_{\mathrm{k}} R$$

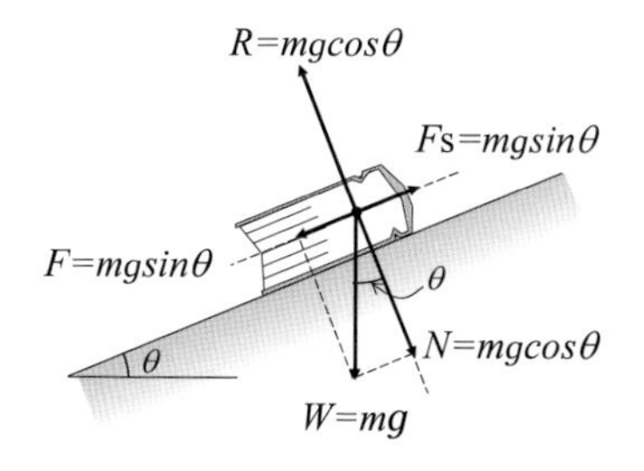

図 2.11　斜面に置かれた本にはたらく力

表 2.1　静止摩擦係数と動摩擦係数の例

接触する物質の組合せ	静止摩擦係数 μ_s	動摩擦係数 μ_k
アルミニウム－鉄鋼	0.61	0.47
銅－鉄鋼	0.53	0.36
ガラス－ガラス	0.94	0.40
銅－ガラス	0.68	0.53
テフロン－鉄鋼	0.04	0.04

出典：『日本大百科全書 (ニッポニカ)』小学館

表 2.1 に，さまざまな種類の接触面のときの摩擦係数を示す．動摩擦係数 μ_k は静止摩擦係数 μ_s に比べて小さく，μ_k と μ_s の値はともに接触する両物質の種類やその接触面の状態によって異なっている．

● 流体力

ゲームセンターにあるエアホッケーでは，盤面に開けた小さな穴から空気を出すことにより，球と盤面との間の摩擦係数を極限まで小さくしている．そのため球は盤面上をなめらかに動き続けることができるが，いつかは止まってしまう．これは，地球上では大気 (空気) が存在し，動いている物体が空気と接触することで抵抗力を生じるからである．この空気による抵抗力は物体の移動速度と相関性があり，速度が速くなると大きくなる．この力を流体力 (fluid force) という．巨大な飛行機が重力に逆らって空を飛べるのは，この流体力を上手く利用しているからにほかならない．流体力は空気だけでなく水のような液体でも同じように発生し，水中で手を動かした場合には空気中に比べて非常に大きな力を生じる．それは，流体力の大きさが，流体を構成する物質の密度の大きさによって変わるからである．水中を移動する潜水艦などは，図 2.12 のように水の抵抗力をできるだけ小さくするように，形が工夫されている．また，物体と流体との接触面にも摩擦力が発生する．動摩擦係数は非常に小さいが，移動速度が非常に大きくなると摩擦力も大きくなる．図 2.13 は，2010 年 6 月に小惑星「イトカワ」からオーストラリアのウーメラ砂漠上空まで帰還した「はやぶさ」の写真である．このように流れ星のごとく燃え尽きたのは，人工衛星と空気との摩擦力によるものである．

図 2.12　旧ソビエト製潜水艦 (U-434)
(著者撮影)

図 2.13　「はやぶさ」の帰還
[出典：NASA Ames Research Center]

● 浮力

ある物体を空気中から水のような流体中に沈めていくと，物体の重さは空気中の場合と比べて軽く感じるようになる．その理由は，物体に上向きの力である浮力 (buoyancy) が生じるからである．浮力の大きさは物体が押しのけた流体の重さに等しくなり，これはアルキメデスの原理 (Archimedes principle) としてよく知られている．流体中に沈められた物体には，物体の質量に応じて生じる重力 mg が鉛直方向の下向きに作用すると同時に，物体が押しのけた流体の重さに等しい浮力を鉛直方向の上向きに受けることになる．もし，物体の質量に応じて生じる重力が浮力よりも大きければ物体は沈み，逆に浮力が重力よりも大きければ物体は浮かぶことになる．よって流体中の物体の動きは，物体と流体との密度差に依存する．例えば，物体の密度が大きい場合には沈み，逆に流体の密度が大きい場合には浮かぶ．浮力は水のような液体の場合だけでなく，飛行船やアドバルーンが空に浮かんでいるように，空気中でも生じる．

2.3.2 ◆接触していない物体間にはたらく力

物体が接触しておらず，離れている場合にも物体間に力を生じることがある．このような非接触な状態で発生する力を非接触力 (non-contact force) という．この非接触力は，その場にある物体が受ける力であり，場の力 (field power) とも称される．非接触力なものとして，物体の質量に依存して発生する「万有引力」がある．そのほかには，電気を帯びていることにより生じる「クーロン力」，磁力を帯びていることにより生じる「磁気力」がある．これらについても順に説明していこう．

● 万有引力

1665年にアイザック・ニュートンが，木から落ちるリンゴを見て万有引力(universal gravitation)を発見した逸話は有名である．万有引力は，質量がある物体間に作用する引力のことである．リンゴが木から落ちるのは，「地球」と「リンゴ」との間にはたらく引力によるものである．すべての物体は互いに引き合い，その力の大きさは引き合う物体の質量の積に比例し，距離の2乗に反比例する次の式で表すことができる．

$$\text{万有引力の法則}: F = \mathrm{G}\frac{m_1 \times m_2}{r^2}$$

ここで，F [N] は万有引力，m_1 [kg] と m_2 [kg] はそれぞれの物体の質量，r [m] は物体間の距離であり，係数Gを万有引力定数 (6.672×10^{-11} [N·m^2/kg^2]) という．

● クーロン力

クーロン力 (Coulomb's force) は，何らかの方法で2つの物体を帯電させて，近づけたときに生じる力のことである．具体的には，荷電粒子とよばれる電荷を帯びた粒子間にはたらく力のことであり，1785年にシャルル・ド・クーロンが発見したことにより，彼の名前が付けられている．クーロン力は万有引力と同様の次の計算式により求められる．

$$\text{クーロン力}: F = k\frac{q_1 \times q_2}{r^2}$$

ここで，F [N] はクーロン力，q_1 [C] と q_2 [C] はそれぞれの粒子の電荷，r [m] は粒子間の距離であり，比例定数 k をクーロン定数 (8.988×10^9 [N·m^2/C^2]) という．万有引力と異なるのは，クーロン力の場合には2つの粒子の電荷が同符号であれば「斥力」を，異符号の場合には「引力」を生じるように，発生する力の向きが同じでないことである．

● 磁気力

磁気力 (magnetic force) は，金属のような磁気を帯びる物体に磁極を生じさせて，その物体を互いに近づけたときに生じる力のことである．磁極はよく知られているように「N極」と「S極」があり，同じ極どうしを近づけると反発し，異なる極どうしを近づけると引きつけ合う．このときに生じる力を磁気力といい，クーロン力の発見者であるクーロンによって，次の式が見いだされている．

$$磁気力：F = k_{\mathrm{m}} \frac{m_1 \times m_2}{r^2}$$

ここで，F [N] は磁気力，m_1 [Wb(ウェーバ)] と m_2 [Wb] はそれぞれの物体の磁気量，r [m] は物体間の距離であり，比例定数 k_{m} は真空中の場合に 6.333×10^4 [N·m^2/Wb^2] である．磁気力についても発生する力の向きが磁極の同・異種により異なり，その力の向きは上述のとおりである．

第2章　練習問題

2.1 図 2.14 に示すように物体のある点 O に，x 軸となす角度 θ が 45° の向きに 400 N の力 F が作用している．その力 F の x 成分 F_x と y 成分 F_y をそれぞれ求めよ．

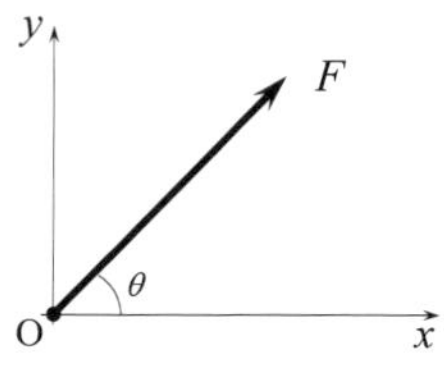

図 2.14　問題 2.1 の図

2.2 図 2.15 に示すように物体のある点 O に，x 軸の正の向きに 100 N の力 F_x と y 軸の正の向きに 50 N の力 F_y が作用している場合，その 2 力の合力 F の大きさ $|F|$ と x 軸に対する力 F の角度 θ を求めよ．

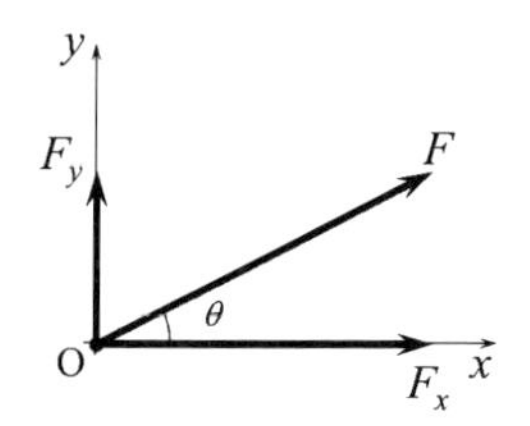

図 2.15　問題 2.2 の図

2.3 図 2.16 に示された点 O にはたらく 2 つの力 F_1 と F_2 の合力 F_{12} を，作図法により求めよ．

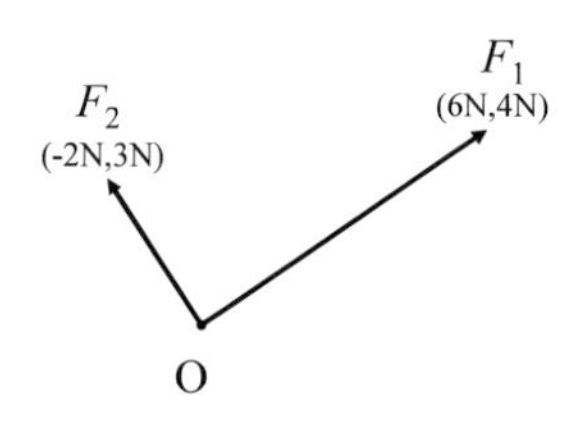

図 2.16　問題 2.3 の図

2.4 問題 2.3 の合力 F_{12} の大きさ $|F_{12}|$ を計算法により求めよ．

2.5 図 2.17 に示された点 O にはたらく 2 つの力 F_1 と F_2 の合力の大きさ $|F_{12}|$ を，計算法により求めよ．

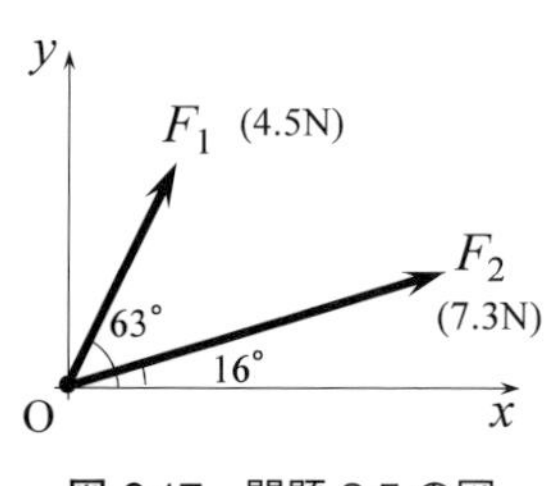

図 2.17　問題 2.5 の図

2.6 問題 2.5 の合力 F_{12} の x 軸とのなす角 θ を計算法により求めよ．

2.7 作図法を用いて図 2.18 の力 F を 2 つの作用線 a と b の方向に分解しなさい．

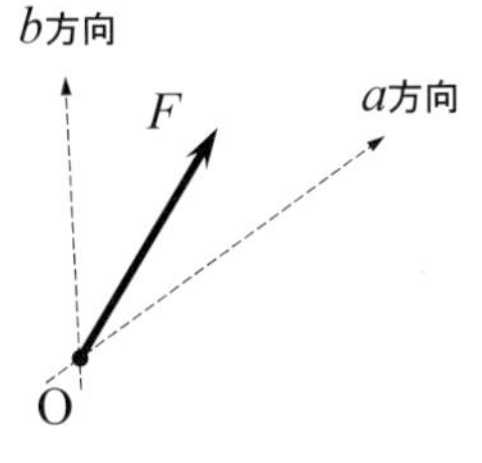

図 2.18　問題 2.7 の図

2.8 図 2.19 に示す 500 N の力を 2 つの作用線方向に分解し，それぞれの分力の大きさ $|F_1|$ と $|F_2|$ を求めよ．

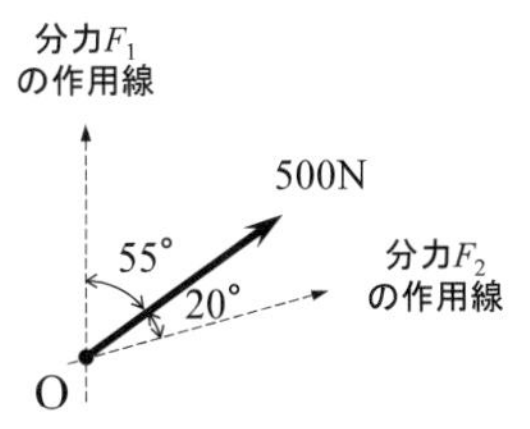

図 2.19　問題 2.8 の図

2.9 図 2.20 に示された点 O にはたらく 3 つの力 F_1，F_2，F_3 の合力 F_{123} を，作図法により求めよ．

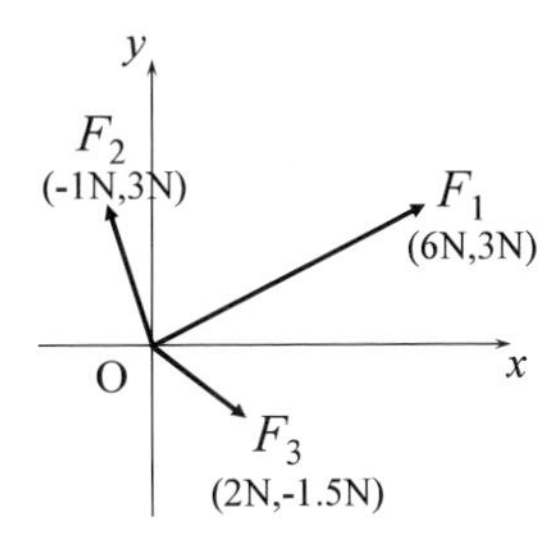

図 2.20　問題 2.9 の図

2.10 問題 2.9 で求められた合力 F_{123} の大きさと，合力 F_{123} の x 軸とのなす角 θ を計算法により求めよ．

2.11 図 2.21 に示された点 O にはたらく 3 つの力 F_1, F_2, F_3 の合力 F_{123} の大きさと，合力 F_{123} の x 軸とのなす角 θ を計算法により求めよ.

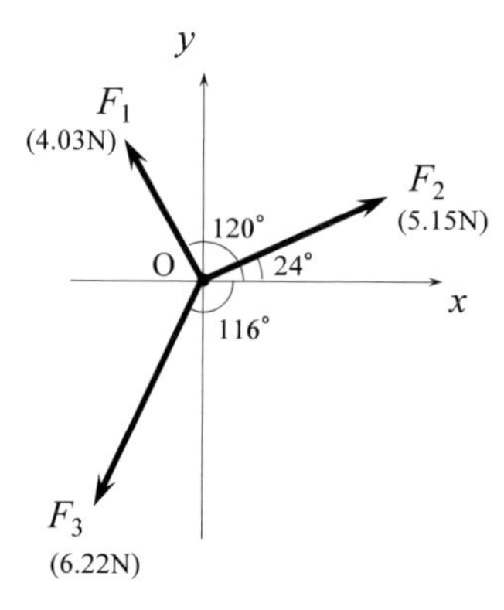

図 2.21　問題 2.11 の図

2.12 図 2.22(a) に示された球，および (b) に示された棒について，壁の垂直抗力を図示しなさい (矢印の長さは任意でよい).

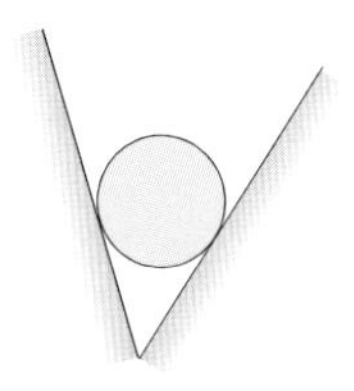

(a) 壁に挟まれた球

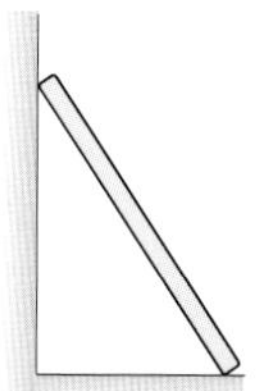

(b) 壁に立てかけられた棒

図 2.22　問題 2.12 の図

2.13 図 2.23 のように壁に立てかけられた棒にはたらく壁の摩擦力 F_1 と，床の摩擦力 F_2 を図示しなさい (矢印の長さは任意でよい).

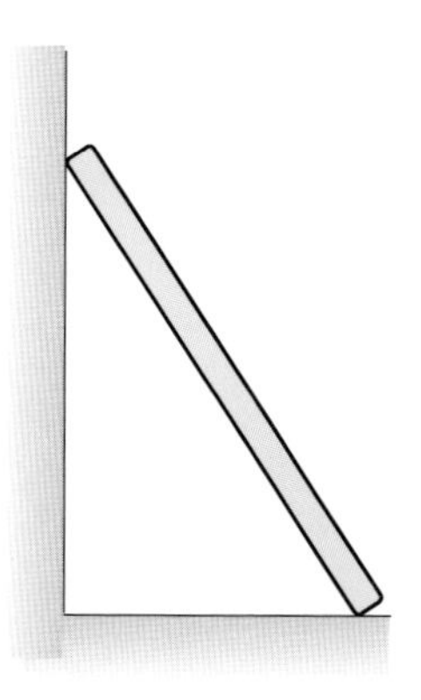

図 2.23　問題 2.13 の図

第3章

力のモーメント，偶力とそのモーメント

物体に作用する力が偏っていると，その物体は容易に回転を始めてしまう．機械や構造物を考えるにあたって，この回転運動を理解しておく必要がある．物体を回転運動させるはたらきの大きさを力のモーメントという．工業界ではこの回転運動を利用することがあり，このときにはトルクと称するが実質的には同じである．本章では，モーメントに関する理解を深める．

〈学習の目標〉

- 力のモーメントの意味を理解し，モーメントを計算できる．
- 偶力の意味を理解するとともに，偶力のモーメントを計算できる．

3.1 剛体とは

物体に力が作用したときには，その形状に大なり小なり変化を伴う．しかし力を受けた物体の運動を単純に考える場合には，簡素化のために物体には形状変化を伴わないと仮定することが多い．力を加えても変形しない理想的な物体を考えてこれを剛体 (rigid body) という．作用した力に伴う物体のほんのわずかな形状変化量に比べて，物体の移動量や回転量が非常に大きい場合には，その物体は剛体であると見なしてもよいと思われる．本章では「形状変化を伴わない」物体に力が作用したとき，その物体の回転運動について述べられている．剛体は大きさをもつため，それを考えて力が剛体にはたらいたときのその

運動についてこれから学んでいこう．その剛体の運動についてさらに進んだ内容は，第 9 章で学習しよう．

3.2 物体の回転とモーメント

3.2.1 ◆モーメントの定義

機械要素部品の 1 つであるボルトやナットは，工業的になくてはならない要素である．ボルトやナットを締めたり緩めたりするには，図 3.1 に示すようなスパナを用いることが多い．そのスパナの長さは，回そうとするボルトやナットの大きさによって異なっている．大きなボルトやナットを回して締めつけるには長いスパナを，小さいボルトやナットの場合は短いスパナを用いるのが一般的である．これは，大きなボルトやナットを締めつけたり緩めたりするには，それらを回すのに力の大きな効果を必要とするからである．

このような 1 つの軸のまわりに回そうとするはたらきの大きさ (能力) を，力のモーメント (moment of force)，または単にモーメント (moment) という．このモーメントを工業的に利用しようとする場合には，トルク (torque) ともいう．図 3.2 に示すように，回転軸 O から距離 l [m] だけ離れた点 A に，直線 OA に垂直な方向に力 F [N] を加えて剛体を回転させようとしている．そのときモーメントの大きさ M は，次の (3.1) 式で定義される．ここで回転軸からの距離 l をモーメントの腕 (arm of moment) という．

$$M = F \times l \quad (\text{単位は N·m}) \tag{3.1}$$

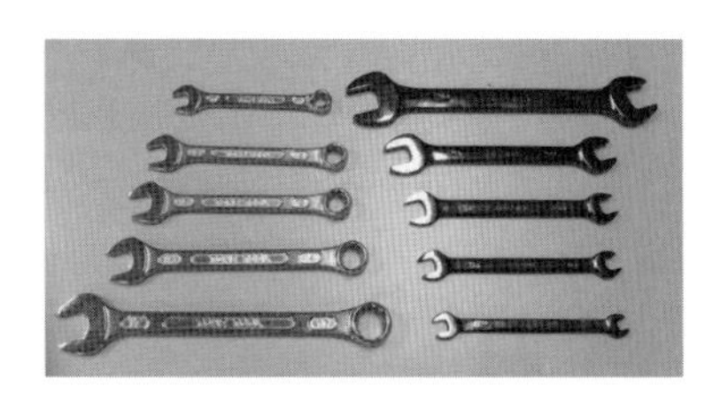

図 3.1　大小さまざまな大きさのスパナ (著者撮影)

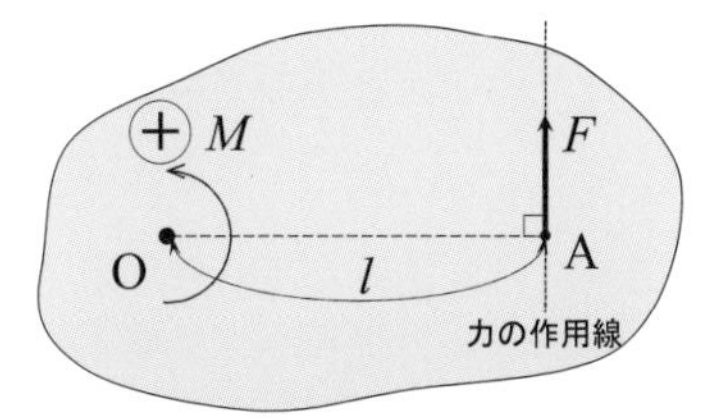

力のモーメントの向きについて
一般的には左回りを正（+），右回りを負（−）
とすることが多い．（決まりではない）

図 3.2　力 F のモーメントの求め方

モーメントの計算には，回転軸 O と力の作用点 A を通る直線に垂直な力を必ず用いなければならない．もし，作用している力の作用線上に回転軸 O があれば，直線 OA に垂直な方向の力の成分は 0 であるから，モーメントも 0 になる．また，力は向きをもつベクトルであるから，モーメントの向きが回転軸に対して時計回り (右回り) か，反時計回り (左回り) かに注意しなければならない．力のモーメントは，大きさと向きをもつベクトル量である．モーメントを計算するときには，符号を考えずに絶対値で求めて，後で左回りか右回りかを考えて符号をつけるとよい．どちらを正としても構わないが，反時計回り (左回り) を「正」，時計回り (右回り) を「負」とする場合が多いようである．なお，モーメントを答える場合には，どちらの向きを正として求めたかを明記する必要がある．力のモーメントの大きさは，(力の大きさ) × (モーメントの腕) で求められる．そのため，その (力の大きさ) が一定であれば，(モーメントの腕) の長さが短い場合には小さなモーメントを生じ，その腕の長さが長い場合には大きなモーメントを生じる．ボルトやナットの寸法が大きくなると長いスパナを用いてそれらを回すのは，大きなボルトやナットほど大きなトルクを発生させる必要があるからである．

3.2.2 ◆ 2 次元平面におけるモーメント

図 3.3(a) に示すように，剛体中の任意の位置 (作用点 A) に力 F が作用している場合，作用点 A から距離 l だけ離れた点 O のまわりのモーメント M について考えてみよう．モーメントを求めるには 2 通りの方法がある．例えば図 3.3(b) に示すように，点 O から作用点 A まで直線を描き，その直線と作用線とのなす角 θ を求めておく．そのあと，作用点 A から力の作用線を描き，点 O からその作用線に対して垂線を描く．このとき点 O から作用線までの距離 p は $l \times \sin\theta$ となる．作用点 A が作用線上を移動する場合には力の大きさは変わらないので，モーメント M は次の (3.2) 式から求められる．

$$M = F(\text{力の大きさ}) \times l \cdot \sin\theta(\text{モーメントの腕}) = Fl\sin\theta \tag{3.2}$$

一方で，図 3.3(c) に示すように，点 O から作用点 A までの直線に対する力 F の垂直成分 F_y が $F\sin\theta$ となることを利用する．このときのモーメントは次の

(3.3) 式となり，(3.2) 式と一致する．

$$M = F\sin\theta(\text{力の大きさ}) \times l(\text{モーメントの腕}) = Fl\sin\theta \qquad (3.3)$$

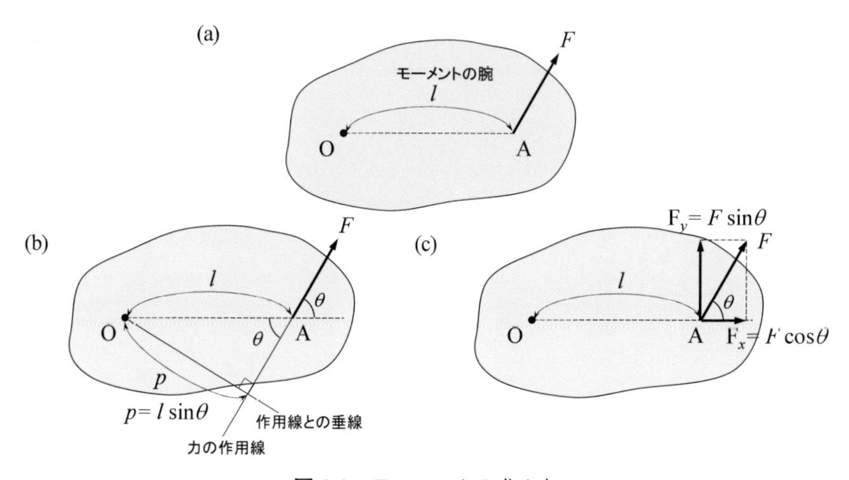

図 3.3　モーメントの求め方

このモーメントの値は，点 O から作用点 A までのベクトルを L とすれば，ベクトル L と力のベクトル F との外積 (vector product) $L \times F$ に等しい．また，ベクトルの外積の大きさがベクトル L と F とで囲まれた平行四辺形の面積に等しいことから，モーメントの大きさもその面積に等しい．

3.2.3 ◆モーメントの合成

物体に複数の力が作用する場合，任意の点 O のまわりの全体のモーメントは，単純にそれぞれの力によるモーメントを足し合わせればよい．ただし，回転の向きに注意する必要がある．それぞれの力によるモーメントを M_1，M_2，$M_3, \cdots, M_n$ とすると，全体のモーメントは次の (3.4) 式で表される．

$$M = M_1 + M_2 + M_3 + \cdots\cdots + M_n = \sum_{i=1}^{n} M_i \quad (i = 1 \text{ から } n \text{ まで}) \qquad (3.4)$$

この M を合(ごう)モーメント (resultant moment) という．合モーメントの考え方を知っていると，一般的なモーメントの計算を理解しやすい．図 3.4 に示すように，原点Oから(x, y)離れた位置の点Pに，力Fが作用している場合の原点Oのまわりのモーメントを考える．力Fのx成分をF_x，y成分をF_yとすれば，原点Oのまわりのモーメントは以下のように考えられる．

座標xの位置にx軸に垂直な力F_yが作用しているので　$M_1 = x \times \mathrm{F}_y$(左回り)
座標yの位置にy軸に垂直な力F_xが作用しているので　$M_2 = y \times \mathrm{F}_x$(右回り)

これらのモーメントを足し合わせればよいが，回転の向きが異なっているので符号に注意する必要がある．左回りを正とすれば，この力Fによる原点Oのまわりのモーメントは次の式となる．

$$M = M_1 - M_2 = x \times \mathrm{F}_y - y \times \mathrm{F}_x \tag{3.5}$$

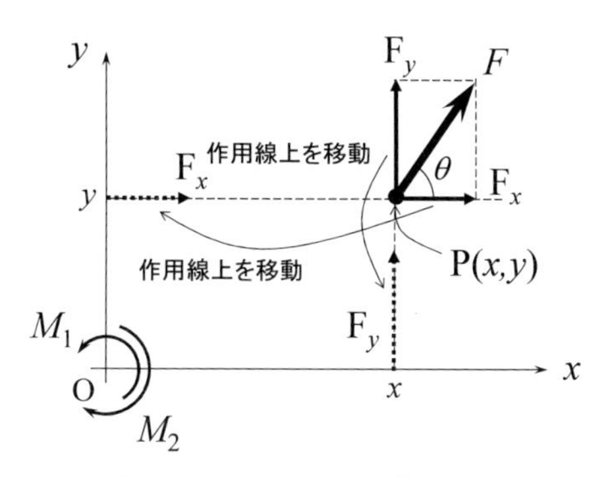

図3.4　モーメントの成分計算

このように，力Fをx成分とy成分とに分けて，それぞれのモーメントを求めることを，モーメントの成分表示 (component representation of moment) という．このとき，原点Oから作用点Pまでを長さLのベクトルとして考えると，この計算結果は力Fのベクトルと距離Lのベクトルの外積の計算結果そのものとなる．

$$M(\text{ベクトル}) = L(\text{ベクトル}) \times F(\text{ベクトル}) = (x \times \mathrm{F}_y - y \times \mathrm{F}_x)\boldsymbol{e}$$

この$\boldsymbol{e}$はx-y平面に垂直な方向(z方向)に向かう単位ベクトルであり，ここでのx-y 2次元平面の座標系を考える場合には，z軸方向の成分を考える必要がないため，単純に次の式で計算できる．

$$M = x \times \mathrm{F}_y - y \times \mathrm{F}_x \tag{3.6}$$

M の値が正の場合には左回り，負の場合には右回りとなる．

1つの作用点に複数の力が作用する場合，各力のモーメントを求めて合算することで合モーメントは求められるが，あらかじめ複数の力の合力を求めて，その合力に対するモーメントを求めても同じ結果が得られる．作用点Oに F_1，F_2 の2つの力がはたらいているとき，点Aにおける合モーメントについて考えてみよう．2つの力のそれぞれのモーメントを求めて合算する方法では，図3.5(a) に示すように点Aが x 軸上となるように x-y 座標平面を考える．それぞれの力の y 成分のみを用いてモーメント M_1，M_2 を計算して合算すればよい．一方で，2つの力の合力を求めてからモーメントを算出する方法では，図3.5(b) に示すように合力 F の y 成分を用いてモーメント M は求められる．合力 F の y 成分は図のように F_1 と F_2 の y 成分の和で求められることから，計算されるモーメント M は前者の値と一致する．このことをバリニオンの定理 (Varignon's theorem) という．

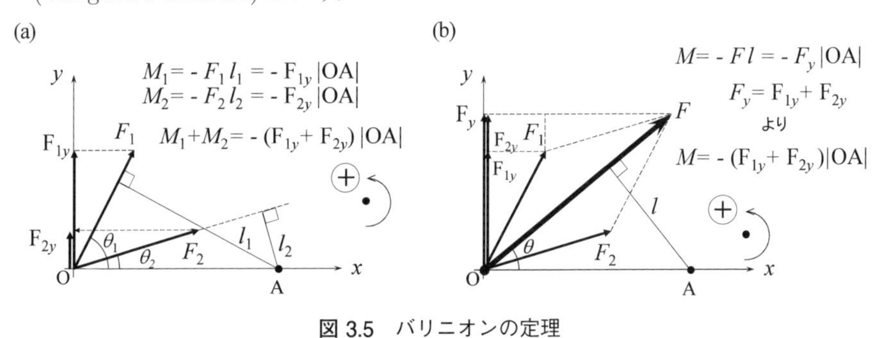

図 3.5　バリニオンの定理

3.3 偶力とそのモーメント

3.3.1 ◆偶力の定義

図3.6(a) に示すように，静止している物体の一方向から力 F を加え，さらに

その力の作用線上で逆向きに同じ大きさの力 F を加えても，その物体は静止したままで動かない．ところが，図 3.6(b) のようにその 2 力が平行な異なる作用線上にある場合には，その物体は回転を始める．このように作用線が平行で，大きさが等しく逆向きの 1 対の力を偶力 (couple of force) という．偶力は，物体を回転させるはたらきはあるが，移動 (並進運動) させるはたらきはない．

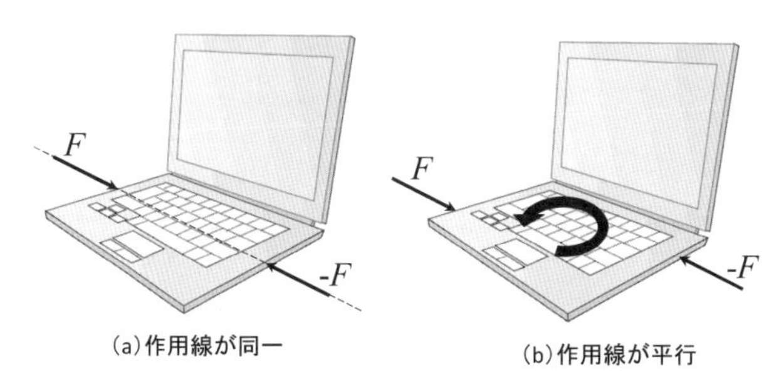

図 3.6　同じ大きさで逆向きの力の組合せと作用線

3.3.2 ◆力の合成と偶力

物体にはたらく 2 つの力が，同じ大きさで逆向きであり同一作用線上にある場合には，その物体は静止し続ける (回転運動も並進運動もしない)．例えば机の上に置かれた本には重力により下向きの力を受けるが，机から上向きの反力が同一作用線上に作用しているため，本は机の上で静止したままとなる．また，力を加えても移動 (並進運動) しない物体があるとき，その物体内に作用点をもつ力をすべて合成するとその大きさは 0 になる．第 2 章では，1 つの作用点に複数の力が作用する場合の力の合成を扱った．ここでは，作用点が異なる力の合成について学んでいこう．

●　作用線が平行でない複数の力の合成

図 3.7(a) に示すように，1 つの物体内にある異なる作用点 A と B に力 F_A と F_B がそれぞれ作用している．この場合，2 つの力の合力 F_{AB} は作用線を延長することにより求められる．具体的には，図 3.7(b) のように F_A と F_B の作用線をそれぞれ延長し，2 本の作用線の交点 C を求める．力は作用線上であればそのまま移動できるので，2 つの力 F_A と F_B の作用点を作用線の交点 C に移

動する．このようにすれば，第 2 章で述べた平行四辺形の法則を用いて力の合成をすることができる．しかし，そのままでは求められた合力 F_{AB} が物体の外側に作用していることになるので，合力の作用線上に合力を移動させて，作用点が物体内に位置するようにすればよい．もし，物体内に力が 2 つではなくそれ以上の複数の力が生じている場合には，まず 2 力の合力を求めたあとに，その合力と他の力の合成を順番に実施していけばよい．

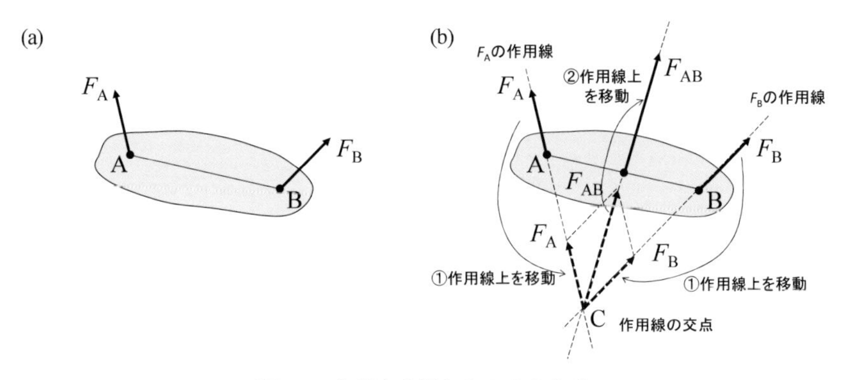

図 3.7　作用点の異なる 2 力の合成

●　作用線が平行な複数の力の合成 (力の向きが同じ場合)

図 3.8(a) に示すように，1 つの物体内で異なる作用点 A と B に力 F_A と F_B が作用している場合，もし力 F_A の作用線が F_B の作用線と平行でその 2 力の向きが同じであるならば作用線が交わらず，交点が求まらない．そのため，そのままでは力の合成を行うことはできない．この場合，2 つの作用点を結ぶ直線を作用線とし，それぞれの作用点に逆向きの同じ大きさの力 (図 3.8(b) の $-F$ と F) が作用していると仮定する．その力の大きさは任意で構わない．同一作用線上で物体にはたらくこの 2 力の合力は 0 であるため，物体は動かない．2 つの力 $-F$ と F_A，F と F_B それぞれの合力 R_A と R_B を考える．F_A と F_B の合力 F_{AB} は，合力 R_A と R_B を合成することにより求められる．このとき，求められた合力 R_A と合力 R_B の作用線の交点の位置は力 F や $-F$ の大きさにより異なるが，その交点は同一直線上にあり，その直線が R_A と R_B の合力の作用線と一致する．その作用線は仮定した 2 力 F と $-F$ の大きさによらず F_A と F_B の作用線と平行になる．この物体は力 F_A(または F_B) の向きに並進運動

をすることになり，合力 F_{AB} を並進力 (translational force) という．その合力の作用線は，2 つの作用点 A，B を結ぶ直線上の点 D で交わるが，その交わる点 D の位置は力の大きさの比 F_A/F_B の逆比 (つまり，$|AD|:|DB| = F_B:F_A$) となるように線分 AB を内分する点となる．

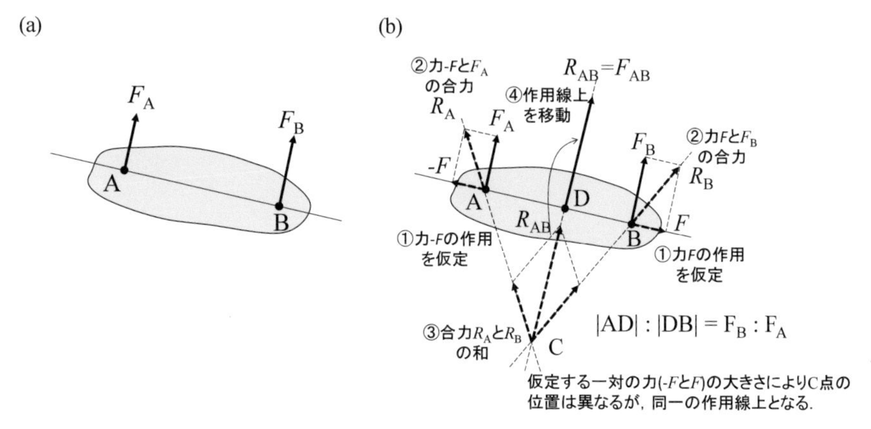

図 3.8　作用点の異なる平行な 2 力 F_A と F_B の合成

●　作用線が平行な複数の力の合成 (力の向きが逆の場合)

図 3.9(a) のように，1 つの物体内で異なる作用点 A と B に，力 F_A とそれと平行に逆向きの力 F_B が作用している場合の合力 F_{AB} はどうであろうか？ この場合も各力の作用線が交わらないため，そのままではその 2 力を合成できない．そこで図 3.8(b) と同じように，図 3.9(b) でも作用点 A と B にそれぞれ大きさが等しく逆向きの一対の力 ($-F$ と F) が作用していると仮定する．その $-F$ と F_A の合力 R_A と F と F_B の合力 R_B を求め，さらに合力 R_A と R_B を合成する．このときの合力 R_A と R_B の各作用線は，仮定した力 F や $-F$ の大きさによって異なる場所で交わり，また合力 R_A と R_B の向きも同一ではない．図 3.9(c) に示すように，作用点 A と B に作用する力 F_A と F_B が，大きさが同じで向きが互いに逆向きの場合を考えてみる．この場合 F_A と F_B は偶力と見なされる．このときも同様の考え方にならってそれぞれの合力 R_A，R_B を求めると，仮定した力 F や $-F$ の大きさに関わらず合力 R_A，R_B の作用線は平行のまま交わることがないので，合力 R_A と R_B の合成が行えない．しかし

力の合成が行えなくても，それぞれの合力 R_{A} と R_{B} により物体を回転させるモーメント M_{A} と M_{B} が発生する．例えば AB 間の任意の点 C に注目すれば，モーメント M_{A} と M_{B} は互いに同じ回転の向き (ここでは右回り) であるから打ち消し合うことがなく，その合モーメントである $M = M_{\mathrm{A}} + M_{\mathrm{B}}$ が発生する．つまり図 3.9(c) に示された F_{A} と F_{B} は偶力であり，偶力は物体を移動させる能力をもたないが，物体を回転させる能力がある．

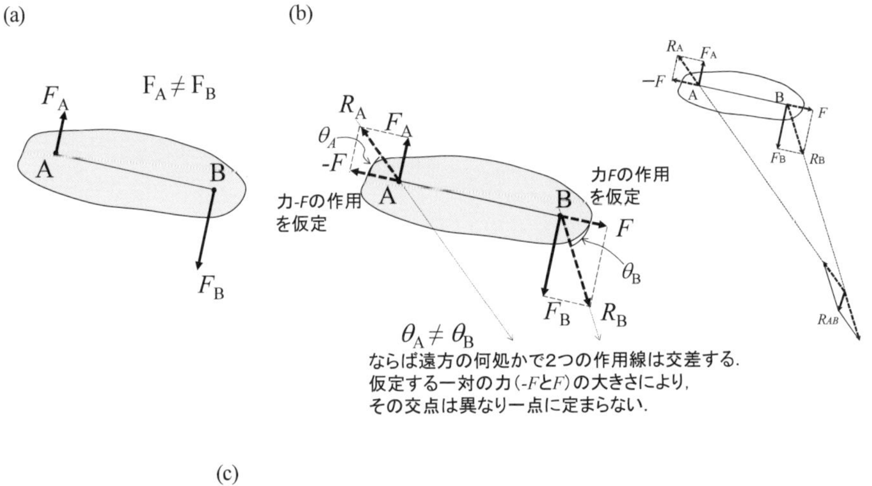

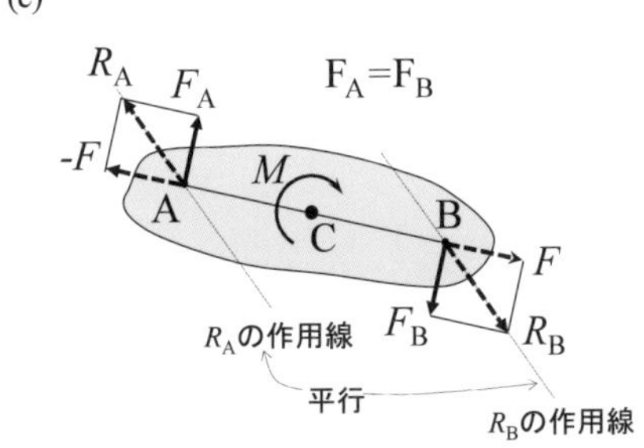

図 3.9　作用点の異なる平行な 2 力 F_{A} と F_{B} の合成

3.3.3 ◆偶力のモーメント

偶力には静止している物体を移動させる能力はないが，これまで述べてきたように物体を回転させる能力がある．ここでは偶力によるモーメントをもう少し詳しく考えてみる．図3.10のように物体内の点Aおよび点Aから距離 l_0 だけ離れた点Bに偶力が作用している場合，偶力の作用点を結ぶ線分ABの延長線上にある点Oのまわりのモーメント M_0 は次の(3.7)式で与えられる．

$$M_0 = M_{\mathrm{A}} + M_{\mathrm{B}} = -(l \times F) + (l + l_0) \times F = l_0 \times F \tag{3.7}$$

ここで，l は点Oと点Aとの間の距離である．(3.7)式から点Oが延長線上のどこにあろうとも M_0 の値は変わらない不変の値であり，偶力のモーメントという．偶力のモーメントは，力 F の大きさと偶力の作用線間の距離 l_0 の積で求められる．この偶力の作用線間の距離 l_0 を偶力の腕の長さという．この偶力のモーメントを工業的に利用する場合にトルク (torque) という．

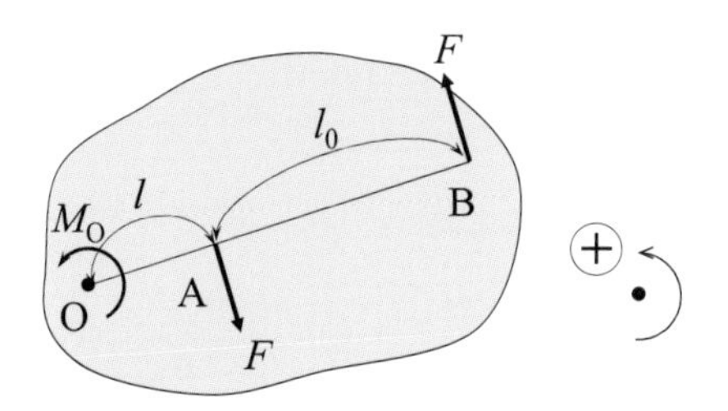

図3.10　物体内に作用した偶力とそのモーメント

偶力によるモーメントの概念を知っていると，物体内にはたらく一方向の力を物体内の任意の点にはたらく力とモーメントに置き換えることができる．図3.11(a)に示すように，物体内の点Oから離れたある点Aに任意の方向の力 F が作用しているとする．偶力の考え方を利用すると，この力を点Oに作用する力に置き換えることができる．図3.11(b)のように，力 F と平行な点Oを通る作用線を考え，点Oを作用点としその作用線上にはたらく力のペアを仮定しても，その合力が0(点Oで $F + (-F) = 0$)のため問題はない．この偶力のペアの1つ $-F$ と点Aに作用する力 F とは偶力である．この偶力によって，点Oのまわりに偶力のモーメント(力 $F \times$ 作用線間の距離 l (偶力の腕の長さ))を生じると見なすことができる．そうすると，点Oにはこの偶力のモーメントのほかに，図3.11(c)に示すように残ったもう1つの力 F が作用していることになる．つまりこの物体内の点Aに力 F がはたらくと，この物体は回転しながら

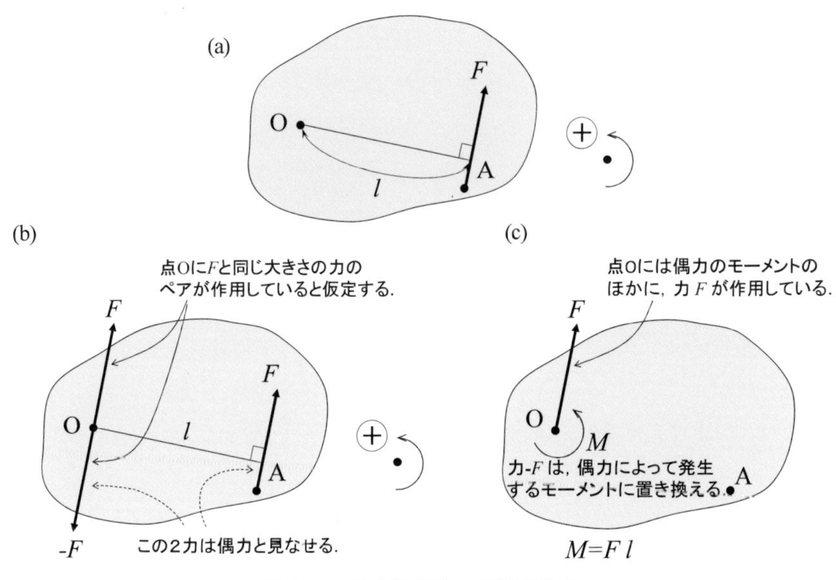

図 3.11　力の等価力への置き換え

移動することになる.

本来は物体のある点 A に力 F を作用させただけであるが，偶力のモーメントと点 O にはたらく力に置き換えられた．このような操作により与えられた力 F と偶力のペアの 1 つの力 $-F$ をあわせて等価力（equivalent force）という．この等価力は点 O の位置が物体内のどの場所であっても同様に考えることができる．ただしここで注意したいのは，回転させる力 $-F$ を点 O に加えるだけではなく，その加えた力 $-F$ と同じ大きさで逆向きの力 F を点 O に作用させることを忘れてはならない.

第 3 章　練習問題

3.1 点 O から 2 m の距離にある点 P に，直線 OP に垂直な方向に 5 N の力がはたらいているとき，点 O のまわりの力のモーメントの大きさを求めよ．

3.2 点 O から 5 m 離れた点 P に，直線 OP に垂直な方向に力 F がはたらいて点 O のまわりに 15 N·m の力のモーメントが作用している．その力 F の大きさを求めよ．

3.3 図 3.12 に示すように，点 O から 2 m の距離にある点 P に直線 OP から 30° の角度で 100 N の力がはたらいているとき，点 O のまわりの力のモーメントを求めよ．

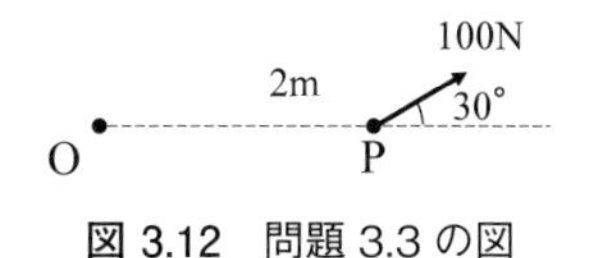

図 3.12　問題 3.3 の図

3.4 図 3.13 に示すように，点 O を原点とする座標 (5 m, 1.5 m) の点 P に，50 N の力がはたらいているとき，点 O のまわりの力のモーメントの大きさを求めよ．

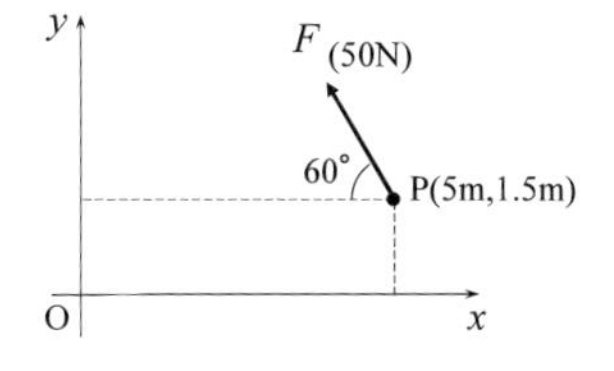

図 3.13　問題 3.4 の図

3.5 図 3.14 に示すように，物体上の点 P，Q，R にそれぞれ F_{P}，F_{Q}，F_{R} の力がはたらいている．点 O のまわりの合モーメント M_{PQR} を求めよ．

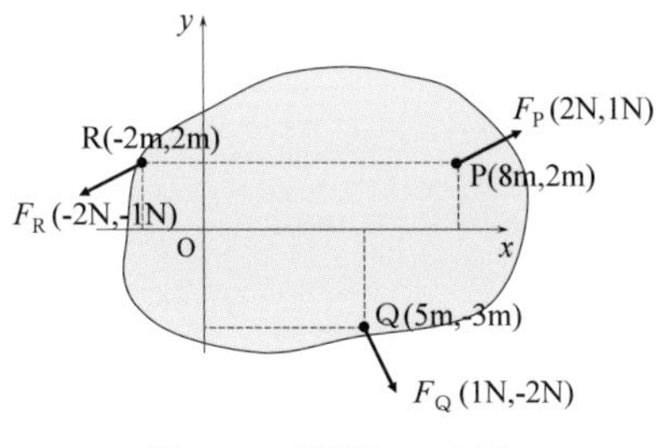

図 3.14　問題 3.5 の図

3.6 図 3.15 に示すように，点 A ならびに点 B にそれぞれ 30 N の力がはたらいている．この 2 つの力の合力 F_{AB} の大きさを求め，さらに F_{AB} が線分 AB 上で作用する位置の点 O を求めよ．

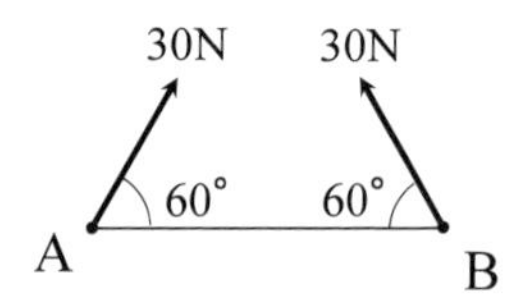

図 3.15　問題 3.6 の図

3.7 図 3.16 に示すように，点 A に 50 N，点 B に 25 N の力がはたらいている．この 2 つの力の合力 F_{AB} の大きさを求め，さらに F_{AB} が線分 AB 上で作用する位置の点 O を求めよ．

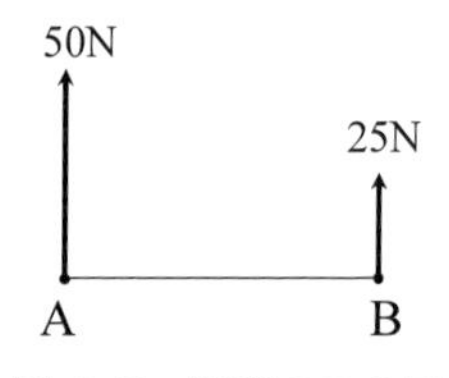

図 3.16　問題 3.7 の図

3.8 図 3.17 に示すように，点 A，点 B，点 C にそれぞれ力 F_A，F_B，F_C がはたらいている．この線分 AB 上に作用する 3 力の合力 F_{ABC} を作図法により求めよ．

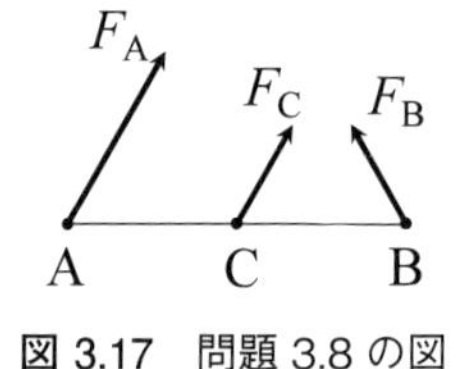

図 3.17　問題 3.8 の図

3.9 図 3.18 に示すように，物体内の点 O からの距離 0.2 m の位置と 0.25 m の位置に，それぞれ逆方向の力 50 N がはたらいている．この物体における偶力のモーメントの大きさを求めよ．

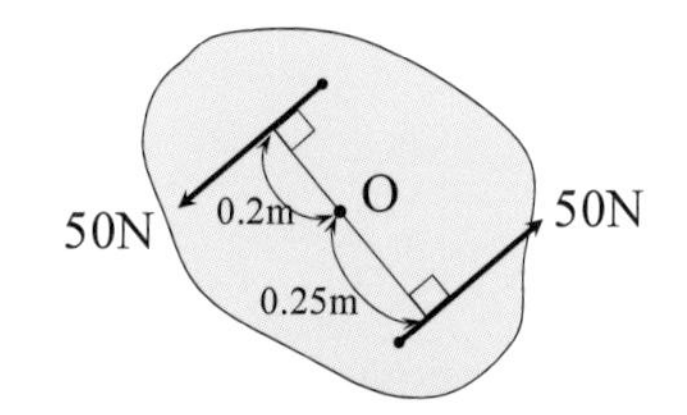

図 3.18　問題 3.9 の図

3.10 図 3.19 に示すように，x 軸上の点 P に 3 N の力がはたらいている．点 Q に力をはたらかせて偶力にするには，点 Q にどのような力を加えればよいか答えよ．また，その偶力のモーメントの大きさを求めよ．

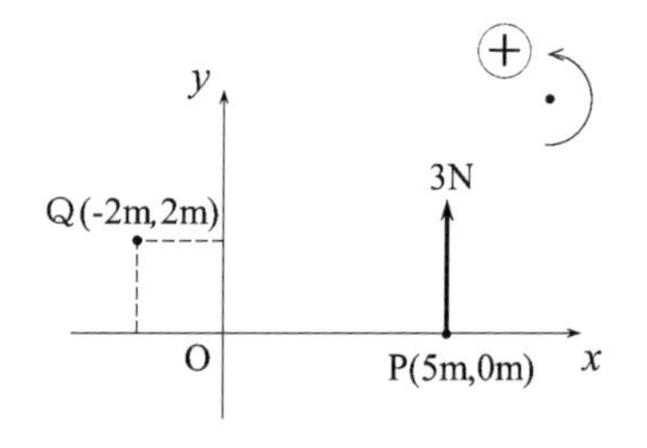

図 3.19　問題 3.10 の図

3.11 図 3.20 に示すように，点 P に 6 N の力が x 方向に対して 45° の角度ではたらいている．点 Q に力をはたらかせて偶力にするとき，その偶力の腕の長さと偶力のモーメントを求めよ．

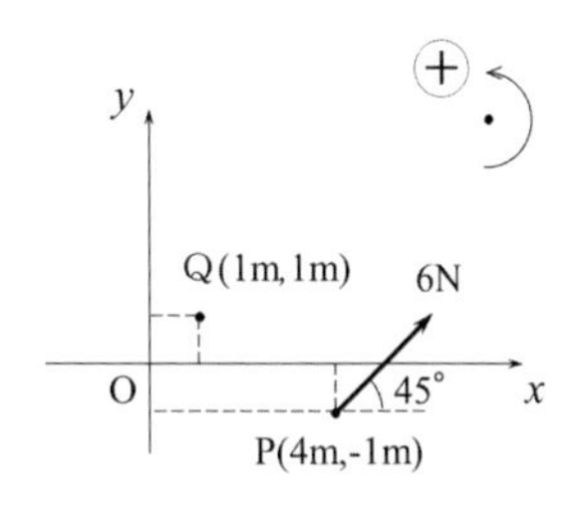

図 3.20　問題 3.11 の図

3.12 図 3.21 に示すように，点 A，点 B，点 C，点 D に力が棒に垂直方向にそれぞれはたらいている．このとき，点 O のまわりの力のモーメントを求めよ．

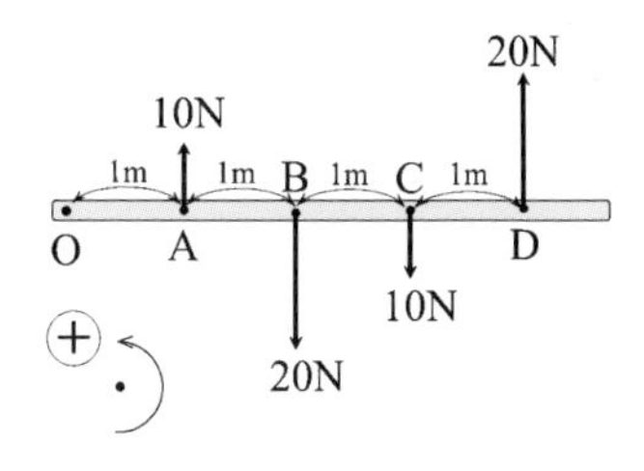

図 3.21　問題 3.12 の図

3.13 問題 3.12 において，偶力が 2 つあるのが図 3.21 からわかる (点 A と点 C，点 B と点 D)．このことを用いてそれぞれの偶力のモーメントの和から，棒にはたらく力のモーメントを求めよ．

3.14 図 3.22 に示すように，点 O，点 A，点 B，点 C，点 D に力が棒に垂直方向にそれぞれはたらいている．このとき，棒上の任意の点にはたらく力のモーメントを，問題 3.13 と同じように偶力のモーメントに基づいて求めよ．

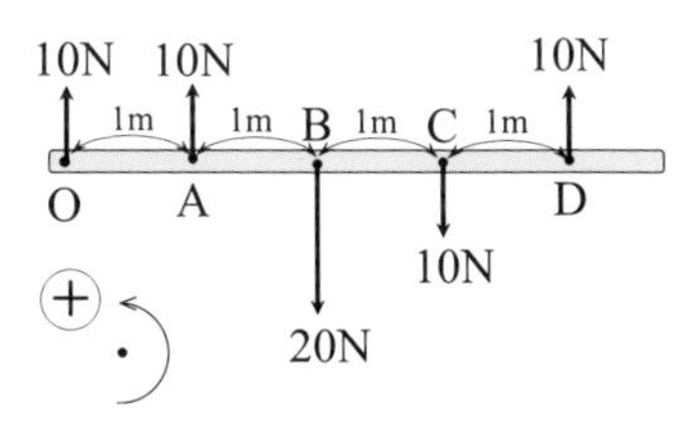

図 3.22　問題 3.14 の図

第4章

力および力のモーメントのつりあい

物体にさまざまな力がはたらいているにも関わらず，その物体は静止し続けるとき，あるいは等速で直線運動をしている物体はその運動を保ち続けるとき，その物体にはたらいている力はつりあった状態にある．力のつりあいは，乗り物や機械の構造を考える場合によく用いられ，なくてはならない知識である．本章では，力と力のモーメントのつりあいについて理解を深める．

〈学習の目標〉

- 剛体のつりあいの条件を説明できる．

4.1 剛体のつりあいの条件

剛体の複雑な運動は，基本的に移動と回転運動を組み合わせたものになっている．どのような複雑な運動でもそうである．質点に複数の力が作用しても，その質点にはたらいている力の合力が0であればつりあい状態にある．つまり，質点が静止していれば静止を，等速直線運動をしていたらその運動をし続ける．剛体がつりあい状態にあるとき，剛体に作用している力の合力 F だけでなく，回転を始めないための条件，つまり力の合モーメント M も0になっている．すなわち次の，移動し始めない条件の (4.1) 式と回転し始めない条件の (4.2) 式が成り立つ．

$$\text{合力}\qquad F = F_1 + F_2 + \cdots\cdots + F_n = 0 \tag{4.1}$$

$$\text{合モーメント}\qquad M = M_1 + M_2 + \cdots\cdots + M_n = 0 \tag{4.2}$$

物体に力が作用する場合には，作用点が1つしかない場合と複数ある場合とが考えられるが，それぞれの場合について力のつりあい条件を考えてみよう．

4.1.1 ◆作用点が1つの場合の力のつりあい

作用点が1つしかない場合について考えてみよう．例えば，図4.1(a)のように物体のある点に力 F が作用しているとき，この物体を移動させないために必要な力は，どのような場合が考えられるだろうか？ 最も単純な場合は，図4.1(b)に示すように同一作用線上に逆向きに同じ大きさの力 $(-F)$ を作用させる場合である．それでは，複数の力を作用させて移動させないようにするにはどうすればよいだろうか？ 2.2節で述べたように，1つの作用点に複数の力が作用する場合の合力は，ベクトルの和で表すことができた．このことを利用して，作用点における1つの力のベクトル F に，物体を静止させるために図4.2に示すように新たに作用させる複数の力のベクトル F_1～F_5 を順次加算していく．最終的にベクトルの和の終点が作用点に戻ってくれば合力が0，すなわち複数の力がつりあいの状態となる．

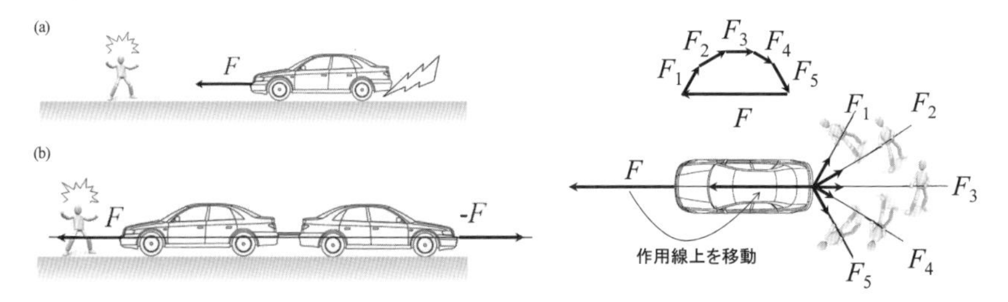

図4.1　力が1つの作用点に作用している場合のつりあい条件

図4.2　複数の力が1つの作用点に作用している場合のつりあい条件

ここでは，より具体的な例として力が3方向に作用する場合について考えてみよう．図4.3に示すように，点Oを作用点とする力 F_1 につりあわせるために必要な力を考えてみる．これだけの条件では上述したように答えが無限に存在するために，加える力 F_2 とその作用線を決めておこう．もう1つの力 F_3

は，F_1 と F_2 の合力を求め，その逆向きの力に相当する．いま，この力 F_1，F_2，F_3 の作用線のなす角が図 4.3 に示すように θ_1，θ_2，θ_3 であり，力がつりあいの状態にあるときには，以下の式が成り立つ．

$$\frac{F_1}{\sin\theta_1}=\frac{F_2}{\sin\theta_2}=\frac{F_3}{\sin\theta_3} \tag{4.3}$$

これは三角形の正弦定理により説明することができて，ラミの定理 (Lami's theorem) という．

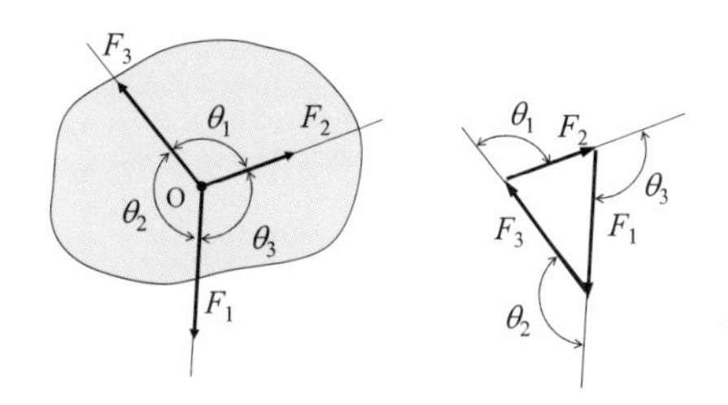

図 4.3　作用点に 3 力が作用している場合のつりあいとラミの定理

この具体的な応用例として，図 4.4 に示すように 3 本の糸の 2 本が天井 A，B で固定されており，1 本の糸の先端 C に質量 m のおもりがつるされているときのつりあい条件を考えてみよう．おもりが静止しているときの糸と天井とのなす角度を α，β とすると，3 本の糸の張力 T_1，T_2，T_3 の合力が 0 となる場合がつりあい状態となる．このときの張力 T_3 の大きさは，おもりの重力 W(つまり mg) の大きさに等しい．
角度が分かっているときにはラミの定理を用いればよいので，

$$\frac{T_3}{\sin(\pi-\alpha-\beta)}=\frac{T_1}{\sin(\pi/2+\beta)}=\frac{T_2}{\sin(\pi/2+\alpha)} \tag{4.4}$$

となり，(4.4) 式から次の (4.5) 式が得られる．

$$\frac{T_3}{\sin(\alpha+\beta)}=\frac{T_1}{\cos\beta}=\frac{T_2}{\cos\alpha} \tag{4.5}$$

よって，T_1 ならびに T_2 は次の式で与えられる．

$$T_1=\frac{T_3\cos\beta}{\sin(\alpha+\beta)}=\frac{mg\cdot\cos\beta}{\sin(\alpha+\beta)},\ T_2=\frac{T_3\cos\alpha}{\sin(\alpha+\beta)}=\frac{mg\cdot\cos\alpha}{\sin(\alpha+\beta)} \tag{4.6}$$

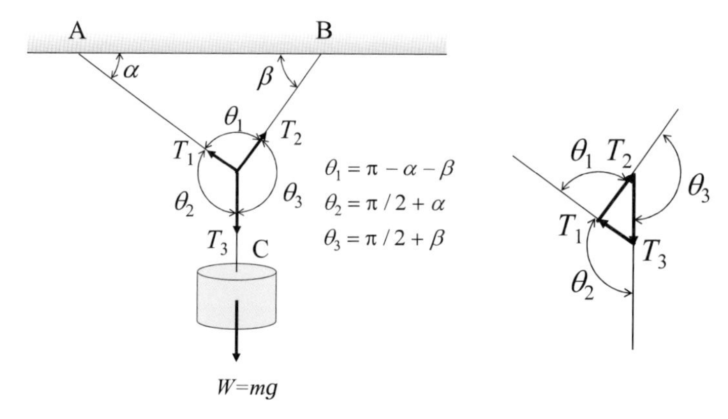

図 4.4　糸の張力とつりあい条件

この方法とは別に，各糸の張力の x 成分と y 成分からでも求められる．具体的には，おもりのぶら下がっている糸の張力 T_3 の x 成分 T_{3x}，y 成分 T_{3y} と，2 本の糸の張力 T_1 および T_2 のそれぞれの x 成分 T_{1x} と T_{2x}，y 成分 T_{1y} と T_{2y} の合力が 0 となる条件である．

$$T_1: x \text{ 成分 } \mathrm{T}_{1x} = \mathrm{T}_1 \cos\alpha, \quad y \text{ 成分 } \mathrm{T}_{1y} = \mathrm{T}_1 \sin\alpha$$

$$T_2: x \text{ 成分 } \mathrm{T}_{2x} = \mathrm{T}_2 \cos\beta, \quad y \text{ 成分 } \mathrm{T}_{2y} = \mathrm{T}_2 \sin\beta$$

$$T_3: x \text{ 成分 } \mathrm{T}_{3x} = 0, \quad y \text{ 成分 } \mathrm{T}_{3y} = mg$$

それぞれの成分を考えると

$$x \text{ 成分}：0 = \mathrm{T}_1 \cos\alpha - \mathrm{T}_2 \cos\beta$$

$$y \text{ 成分}：mg = \mathrm{T}_1 \sin\alpha + \mathrm{T}_2 \sin\beta$$

となる．必要なのは張力 T_1 ならびに T_2 であるので，この連立方程式を解けば上述と同じ式が得られる．

4.1.2 ◆作用点が複数ある場合の力のつりあい

作用点が複数ある場合の力のつりあいについて考えてみよう．図 4.5(a) に示すように物体の作用点 A に力 F_{A} が作用している場合，この作用点以外に力を加えて物体を静止させるにはどうすればよいだろうか？ 最も簡単な方法は，図4.5(b) に示すように F_{A} の作用線の延長線上の任意の点 B に F_{A} と同じ大きさで逆向きの力 F_{B} $(-F_{\mathrm{A}})$ を作用させることである．もし，図 4.5(c) に示すように F_{B} の作用点が F_{A} の作用線上ではない場合や，図 4.5(d) に示すように力 F_{B} の作用方向が F_{A} の作用線と一致していない場合には，物体は回転を始めてしまう．

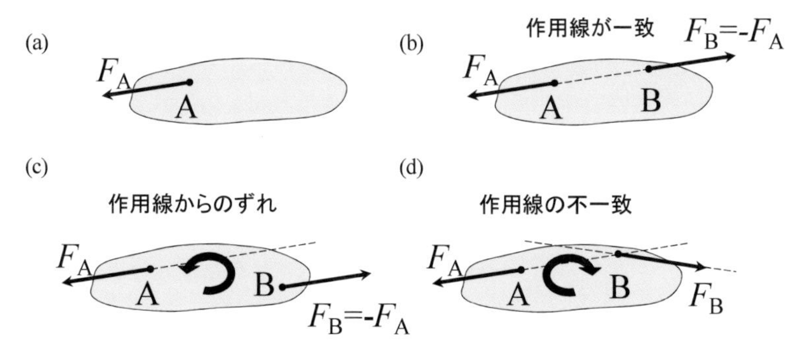

図 4.5　作用点が異なる力のつりあい

例えば図 4.6(a) に示すような棒の点 A において，棒に対して垂直方向に力 F_{A} が作用している場合について，この点 A 以外に棒の任意の点に力を作用させ，棒を静止させることを考えてみよう．点 A 以外の点として，例えば棒の点 B に同じく棒に垂直方向に力 F_{B} をはたらかせてみる．F_{B} の向きが F_{A} と同じだと棒はその力の向きに移動し，逆向きだと棒は回転し始める．棒を移動や回転をさせないようにするには，力のつりあいと力のモーメントのつりあいをいずれも満足しなければならない．ここで，この棒の点 C を回転中心 (支点) と考えてその条件式を考えてみよう．

力のモーメントのつりあい：$M_{\mathrm{A}} + (-M_{\mathrm{B}}) = 0$

M_{A}(F_{A}によるモーメント) $=$ 距離 CA(l_{CA}) $\times F_{\mathrm{A}}$ (点 C を支点にして左回り)

M_{B}(F_{B}によるモーメント) $=$ 距離 CB(l_{CB}) $\times F_{\mathrm{B}}$ (点 C を支点にして右回り)

棒を回転運動させないためには，上の式をつまり具体的には $l_{\mathrm{CA}} \times F_{\mathrm{A}} = l_{\mathrm{CB}} \times F_{\mathrm{B}}$ を満足する必要がある．では，この条件で棒の移動を防ぐことはできるだろうか？ 棒を移動させないためには，次の力のつりあいも考えなければならない．

$$\text{力のつりあい：}\ F_{\mathrm{A}} + F_{\mathrm{B}} = 0$$

しかし，距離 $\mathrm{CB}(l_{\mathrm{CB}}) \neq$ 距離 $\mathrm{CA}(l_{\mathrm{CA}})$ であるので $F_{\mathrm{A}} \neq F_{\mathrm{B}}$ となり，上の式の力のつりあいが成り立たない．棒に作用する力の合力を 0 にするには，この 2 力の差 $(F_{\mathrm{A}} - F_{\mathrm{B}})$ の力を棒のどこかに加える必要がある．この差の力を棒の点 C 以外に作用させてしまうと，モーメントのつりあいが崩れてしまう．モーメントのつりあいも満足させるためには，図 4.6(b) に示すようにモーメントの腕の長さが 0 となる回転中心の点 C にその力を作用させる必要がある．この力を F_{C} とし，つりあい条件を正しく書きなおすと次のとおりとなる．

力のモーメントのつりあい：$M_{\mathrm{A}} + (-M_{\mathrm{B}}) + M_{\mathrm{C}} = 0$

M_{A}(F_{A}によるモーメント) = 距離 $\mathrm{CA}(l_{\mathrm{CA}}) \times F_{\mathrm{A}}$ (点 C を支点にして左回り)

M_{B}(F_{B}によるモーメント) = 距離 $\mathrm{CB}(l_{\mathrm{CB}}) \times F_{\mathrm{B}}$ (点 C を支点にして右回り)

M_{C}(F_{C}によるモーメント) $= 0 \times F_{\mathrm{C}} = 0$

力のつりあい：$F_{\mathrm{A}} + F_{\mathrm{B}} + F_{\mathrm{C}} = 0$

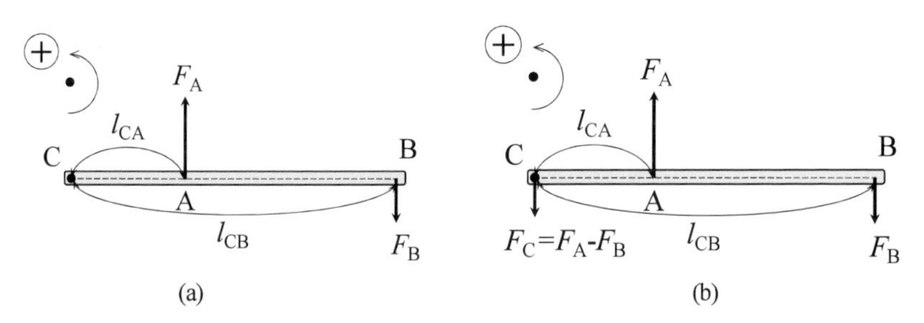

図 4.6　作用点が異なる力のつりあい条件 (棒に対して垂直方向に力が作用する場合)

もし，作用している力の向きが棒に対して垂直でない場合にはどうすればよいだろうか？ その場合には，x-y 座標を任意に定め，力の y 方向 (鉛直方向) の成分と x 方向 (水平方向) の成分とをそれぞれ考えればよい．例として，図 4.7(a) に示すように棒のある点 A に棒に対して角度 α で力 F_{A} が作用しており，点 B に棒に対する角度 β で力 F_{B} を加えた場合のつりあい条件について図

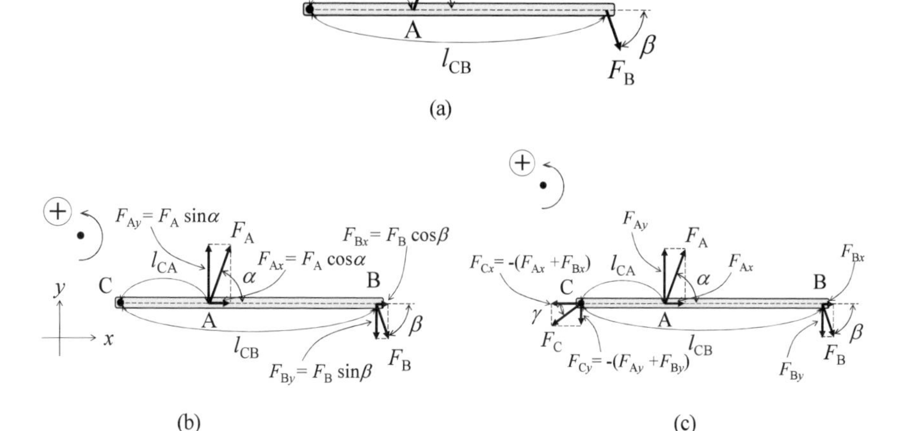

図 4.7　作用点が異なる力のつりあい条件 (棒に対して垂直でない方向に力が作用する場合)

4.7(b) を見ながら考えてみよう．力 F_A および F_B の y 成分と x 成分は次のようになる．

$$y \text{ 成分 (鉛直方向)}：\mathrm{F}_{\mathrm{A}y} = \mathrm{F}_\mathrm{A} \sin\alpha, \mathrm{F}_{\mathrm{B}y} = \mathrm{F}_\mathrm{B} \sin\beta$$

$$x \text{ 成分 (水平方向)}：\mathrm{F}_{\mathrm{A}x} = \mathrm{F}_\mathrm{A} \cos\alpha, \mathrm{F}_{\mathrm{B}x} = \mathrm{F}_\mathrm{B} \cos\beta$$

次に点 C のまわりの力のモーメントのつりあい条件を考えると，力の鉛直方向の y 成分のみを考えればよいので，次のようになる．

力のモーメントのつりあい：$M_A + (-M_B) + M_C = 0$

M_A(F_Aによるモーメント) = 距離 CA(l_{CA}) × $F_A \sin\alpha$ (点 C を支点にして左回り)

M_B(F_Bによるモーメント) = 距離 CB(l_{CB}) × $F_B \sin\beta$ (点 C を支点にして右回り)

M_C(F_Cによるモーメント) = $0 \times F_{Cy} = 0$

この関係を満足すれば，点 C のまわりに回転を生じることはない．一方で，棒を移動させないための力のつりあいは，力の y 成分と x 成分それぞれ求める必要がある．

$$y\text{ 方向 (鉛直方向) の力のつりあい：}F_{\mathrm{A}}\sin\alpha + F_{\mathrm{B}}\sin\beta + F_{\mathrm{C}y} = 0$$

$$x\text{ 方向 (水平方向) の力のつりあい：}F_{\mathrm{A}}\cos\alpha + F_{\mathrm{B}}\cos\beta + F_{\mathrm{C}x} = 0$$

力のつりあいは上述の関係を満足する必要があり，図 4.7(c) に示すように回転中心の点 C には，力 F_{C}(その力の y 方向と x 方向の分力がそれぞれ $F_{\mathrm{C}y}$ と $F_{\mathrm{C}x}$) が作用することになる．力 F_{C} の向きは，棒に対して角度 γ とすると $\tan\gamma = \mathrm{F}_{\mathrm{C}y}/\mathrm{F}_{\mathrm{C}x}$ となる．

力のつりあい条件に関しては，2 次元平面であれば上述したように x 方向，y 方向について考えればよく，一般的な 3 次元の立体の場合であれば，x 方向，y 方向，z 方向について考えればよい．

4.2 自由体図と物体の支持方法

4.2.1 ◆自由体図

複数の物体が組み合わさっているシステムにおいて力のつりあいが保たれている場合，そのシステムを構成する個々の物体ごとに力のつりあいが保たれている．そのシステムから個々の物体のみを抜き出して，その物体に作用する力を考えるための図を自由体図（free body diagram）という．例えば図 4.8(a) のように，斜面上に置かれたボールが本によって静止している場合，システムを構成する物体は「斜面」，「ボール」，「本」である．ただし，この場合の「斜面」はどのような力を受けても動かないと考えると，力のつりあいを考えなければならないのは「ボール」と「本」である．図 4.8(b) に示したものが「本」の自由体図である．「本」には，その重力 m_1g のほか，斜面との反力 R_1 が斜面と垂直方向に作用するとともに，その静止摩擦力 F_{s} が作用する．そして，ボールとの接触面でボールとの反力 R_{12} が作用する．一方で，図 4.8(c) に示したものが「ボール」の自由体図である．「ボール」には，その重力 m_2g のほか，斜面との反力 R_2 が斜面と垂直方向に作用するとともに，本との接触部分で接触面と垂

直方向の反力 R_{12} が生じる．この場合のボールは自由に回転できるため，斜面をすべることがないので斜面や本との接触部分での摩擦力は考える必要がないほどかなり小さい．本とボールが静止し続ける場合，それぞれの物体では，作用している力がつりあいの状態にあるため，その合力が 0 となっていることを利用してそれぞれの力を求めていく．

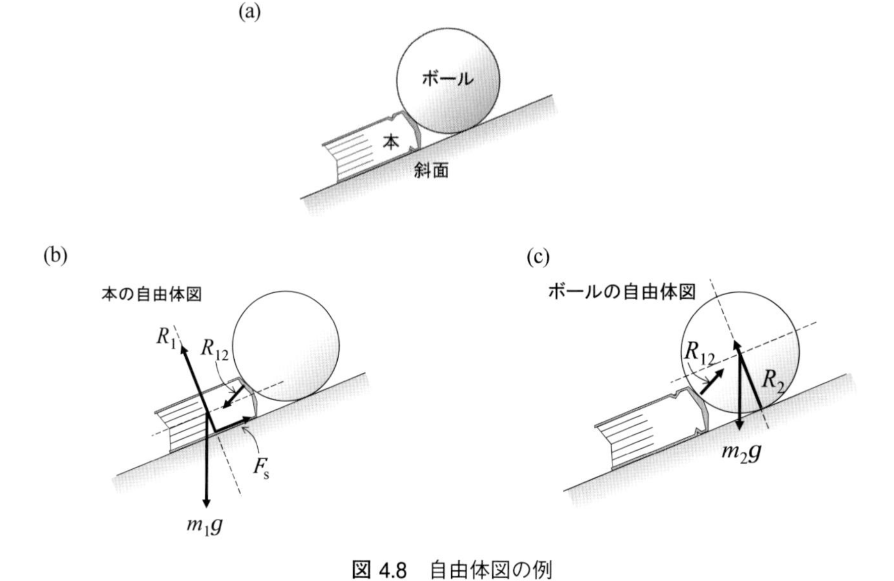

図 4.8　自由体図の例

4.2.2 ◆物体の支持方法

実際の機械や構造物では，部材どうしがさまざまな方法で支持されている．その支持部に生じる力は支持の方法によって異なるため，支持方法に応じて作用する力を考えて力のつりあいを検討する必要がある．例えば，先ほどの図 4.8 において，本と斜面との接触面では接触面の反力と静止摩擦力を考える必要があったが，斜面とボールとの接触面では接触面の反力のみを考えればよかった．ここでは，図 4.9 に示した代表的な物体の支持方法 (移動支持・回転支持・固定支持) と，それぞれの支持方法で考えなければならない力について説明する．

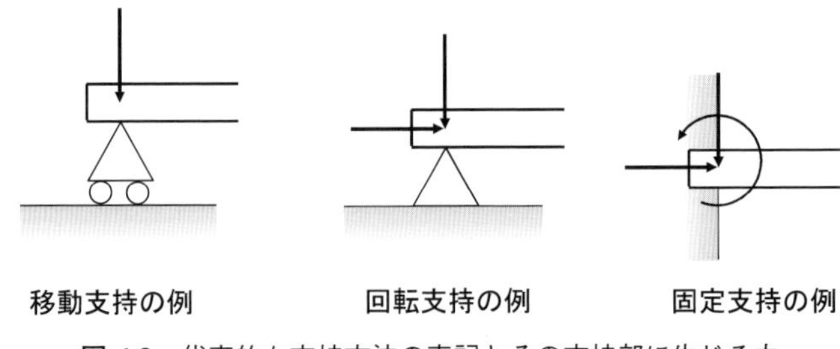

図 4.9　代表的な支持方法の表記とその支持部に生じる力

● **移動支持**

物体は壁面に沿った平行移動や支持点のまわりを抵抗なく回転できるが，垂直方向には移動できない．なお壁面との接触にころ (ローラー) が使用されている場合には，壁面に対して垂直方向の反力のみを生じる．ころが使用されておらずすべりを生じる場合には，この反力に対して壁面と水平方向の摩擦力を考える必要がある．

生じる力　→　壁面に対して垂直方向の反力

● **回転支持**

物体は壁面に沿った平行移動や垂直方向への移動はできないが，支持点まわりに抵抗なく回転できる．垂直方向の反力のほか水平方向の反力を考える必要がある．

生じる力　→　壁面に対して垂直方向の反力，水平方向の反力

● **固定支持**

物体は壁面に沿った平行移動や垂直方向への移動はできない，さらに支持点まわりの回転もできない．垂直方向の反力，水平方向の反力，力のモーメントを考える必要がある．

生じる力など　→　壁面に対して垂直方向の反力，水平方向の反力，力のモーメント

4.3 力のつりあいの例

力のつりあいの式を立てるとき，まず始めに重力 mg の作用により物体が受ける力を考える．図 4.10 に示すように，物体がどのように支持されたとしても，重力はその質量 m に応じた大きさの力が鉛直下向きに作用する．場合によっては重力を考える必要がないケースもあるが，まずは鉛直下向きに重力を書いてみる．そのあと重力によって作用する力を考え，力のつりあいの式を立てると物体にはたらく力を理解しやすい．

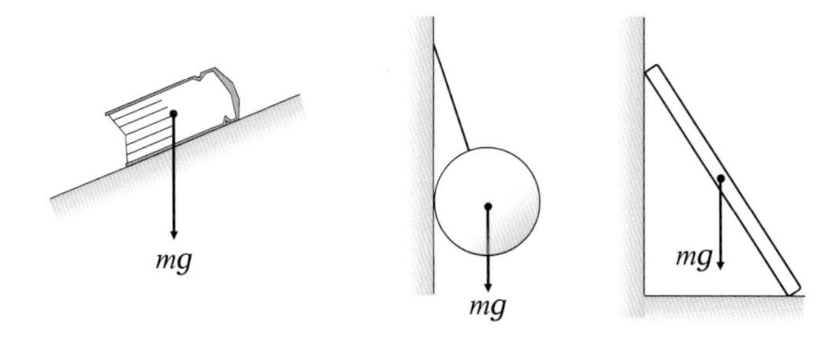

図 4.10　物体にはたらく重力

4.3.1 ◆糸の張力

軽い糸を用いて物体をつるすと，その物体の重力によって糸がピンと張る．糸には引張りの力，すなわち張力しか作用しない．糸の張力を考えるとき，その作用線は糸のどの場所に注目しても糸の方向と一致する．また，糸に対して垂直方向の力や，力のモーメントを考える必要はない．糸でつるされた物体にはたらく力のつりあいについて，次の例題を解きながら考えてみよう．

例題 4.1　糸の張力

図 4.11 に示すように，天井から質量 100 kg の物体 1 が糸 A によってつり下げられている．この物体を，天井に取りつけられた滑車を通して別の糸 B で引っ張り上げる．糸 B の先端に質量 60kg の物体 2 を取りつけたところ，糸を結んだ点 O における糸 A の水平方向に対する角度が θ_1，糸 B の水平方向に対する角度が 40° になって静止したとする．このときの角度 θ_1 ならびに糸 A の張力 T_A の大きさを求めよ．重力加速度 g の大きさを 9.8 m/s² とする．

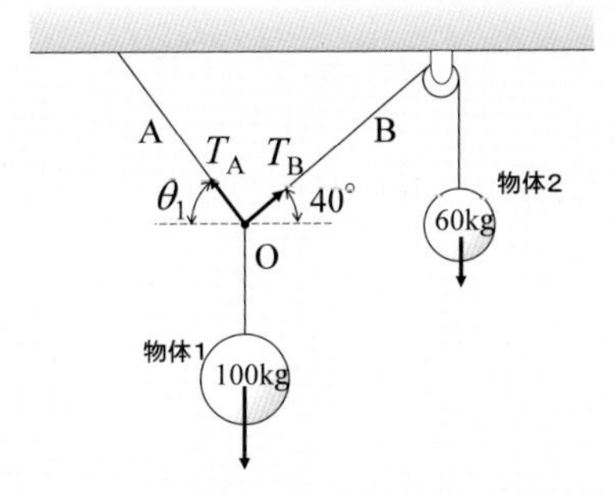

図 4.11　物体が糸によってつり下げられているときの力のつりあい

[解]

糸に関しては，力のモーメントのつりあいを考える必要はなく，点 O における力のつりあいのみを考える．点 O に作用する力は，下記の 3 つである．

物体 1 の重力による力：$100 \times g$ [N](鉛直下方)

物体 2 の重力による力によって糸 B に生じる張力 (糸 B の方向)：$T_B = 60 \times g$ [N]

糸 A に生じる張力 (求めようとする張力 T_A)(糸 A の方向)

各力を水平方向の成分と鉛直方向の成分とに分解し，各成分の和が 0 になることを利用して解くことにする．

水平方向の力のつりあい：$T_A \cos\theta_1 - 60\,\mathrm{kg} \times g \times \cos 40^\circ = 0$

鉛直方向の力のつりあい：$T_A \sin\theta_1 + 60\,\mathrm{kg} \times g \times \sin 40^\circ - 100\,\mathrm{kg} \times g = 0$

これらの式から θ_1 について解くと $\theta_1 = \tan^{-1}\left(\dfrac{100\,\mathrm{kg} \times g - 60\,\mathrm{kg} \times g \times \sin 40^\circ}{60\,\mathrm{kg} \times g \times \cos 40^\circ}\right)$
$= 53.2^\circ$ となる．

よって T_A の大きさは，$T_\mathrm{A} = \dfrac{60\,\mathrm{kg} \times g \times \cos 40^\circ}{\cos 53.2^\circ} = 751.7\,\mathrm{N}$ となる．

4.3.2 ◆斜面と物体

物体を斜面に置いたり，または壁に立てかけたりしてその物体は静止している．そのとき，その物体にはたらいている力のつりあいの式を立てるのに考えることは，物体の重力によってその接触面から垂直抗力を受けていることである．

物体があらい斜面に置かれて静止している，あるいはその斜面上をすべって運動している場合には，摩擦力を考える．球や円板などのような丸い物体がその斜面を転がっているときには，すべるときと比べて摩擦力はかなり小さい．そのため，転がり摩擦を考えなくてよいことが多い (1.1.1 項または 12.2 節を参照)．

例題 4.2　斜面に置かれた物体

図 4.12 に示すように，水平方向に対して角度 30° の斜面と角度 60° の斜面からなる山の形をした台がある．30° の斜面には質量 m_1 の物体 1 が置かれており，60° の斜面には質量 m_2 の物体 2 が置かれている．台の最も高いところにあるなめらかな滑車に糸を通して，その 2 つの物体はつながれている．物体 1 は転がらない固定方法で，物体 2 は斜面を転がることができるような固定方法で，それぞれ糸と結ばれている．物体 1 がその斜面に沿って静かにすべり下りだした．そのとき，$m_1 : m_2$ の比率を求めよ．なお，物体と斜面との間の静止摩擦係数を μ_s とする．

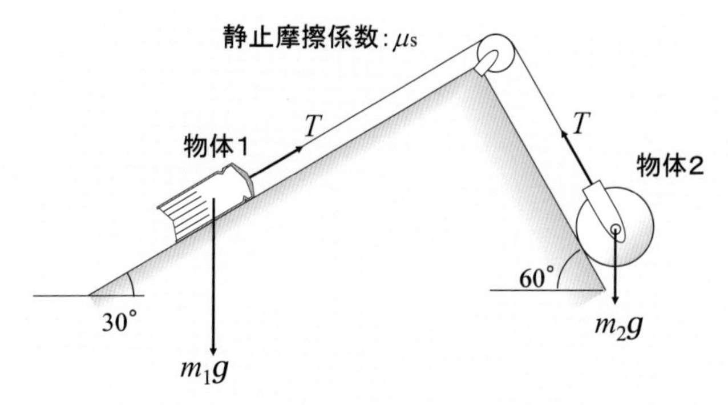

図 4.12　斜面に置かれた 2 つの物体

[解]

図 4.13 は，斜面に置かれた物体の力のつりあいを示している．それぞれの物体に作用する力について，摩擦力の有無を考慮して考える．

<物体 1 に作用する力>

重力 $m_1\ g$ について

重力の斜面に対する垂直成分　$m_1g \times \cos 30°$ (斜面に垂直)

重力の斜面に対する平行成分　$m_1g \times \sin 30°$ (斜面に平行)

斜面の最大摩擦力　$F_s = \mu_s \times m_1g \times \cos 30°$ (斜面に平行)

糸の張力　T (斜面に平行)

斜面から受ける抗力　$R_1 = -m_1g \times \cos 30°$ (斜面に垂直)

<物体 2 に作用する力>

重力 m_2g (鉛直方向) について

重力の斜面に対する垂直成分　$m_2g \times \cos 60°$ (斜面に垂直)

重力の斜面に対する平行成分　$m_2g \times \sin 60°$ (斜面に平行)

斜面の摩擦力　0 と見なす

糸の張力　T (斜面に平行)

斜面から受ける抗力　$R_2 = -m_2g \times \cos 60°$ (斜面に垂直)

物体 1 の力のつりあい条件は

斜面に平行方向：$m_1g \times \sin 30° - \mu_s \times m_1g \times \cos 30° - T = 0$

斜面に垂直方向： $m_1 g \times \cos 30° - R_1 = 0$

物体2の力のつりあい条件は

斜面に平行方向： $m_2 g \times \sin 60° - T = 0$

斜面に垂直方向： $m_2 g \times \cos 60° - R_2 = 0$

これより T を消去すると

$$m_1 g \times \sin 30° - \mu_s \times m_1 g \times \cos 30° - m_2 g \times \sin 60° = 0$$

$$m_1 \times \frac{1}{2} - \mu_s \times m_1 \times \frac{\sqrt{3}}{2} = m_2 \times \frac{\sqrt{3}}{2}$$

$(1 - \sqrt{3}\mu_s) \times m_1 = \sqrt{3} \times m_2$　よって，$m_1 : m_2 = \sqrt{3} : (1 - \sqrt{3}\mu_s)$ となる．

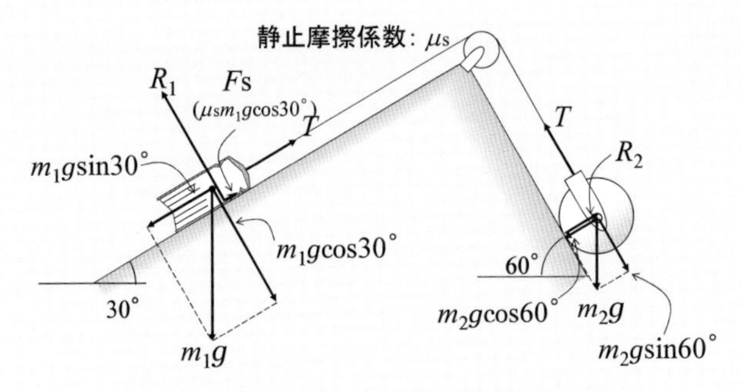

図 4.13　斜面に置かれた物体の力のつりあい

例題 4.3　壁に立てかけられた物体

図 4.14 に示すようになめらかな壁 (静止摩擦係数が 0) に，質量が m で長さ $2l$ の棒が角度 θ で立てかけてある．角度 θ が α になったとき，棒がすべって倒れてしまった．床面の静止摩擦係数を μ_s とすると，μ_s は角度 α を用いてどのように表されるか答えよ．なお，棒には中心の位置 (l) に重力 mg が作用しているとする．

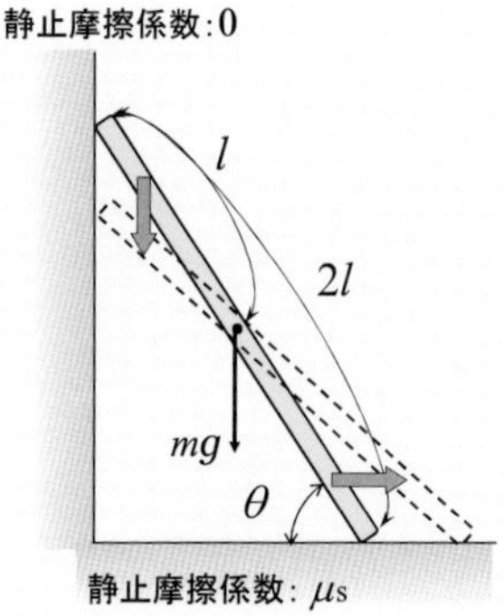

静止摩擦係数:0

l

$2l$

mg

θ

静止摩擦係数: μ_s

図 4.14　壁に立てかけられた棒

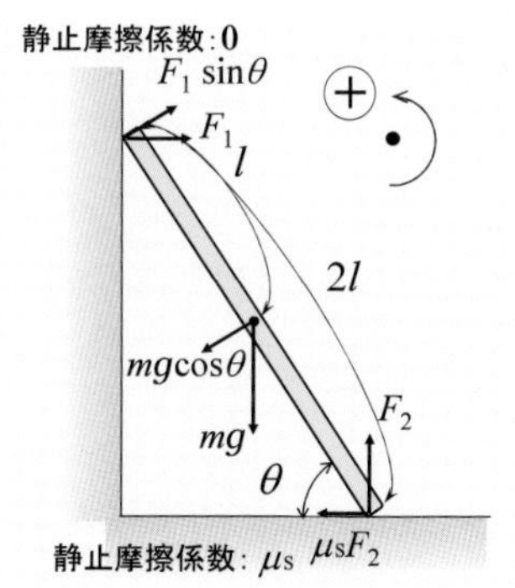

図 4.15　壁に立てかけられた棒の力のつりあい

［解］

図 4.15 に示すように，壁に立てかけられた棒に作用する力は次のようになる．

　重力： mg (棒の中心に鉛直方向)

　壁面からの垂直抗力： F_1 (水平方向)

　床からの垂直抗力： F_2 (床に垂直方向)

　床との最大摩擦力： $\mu_s \times F_2$ (水平方向)

力のつり合いを考えると次のようになる．

　水平方向　$F_1 - \mu_s \times F_2 = 0$，鉛直 (垂直) 方向 $-mg + F_2 = 0$

床の接触点 (支持点) のまわりの力のモーメントのつりあいは，次のようになる．

$$mg \times \cos\theta \times l - F_1 \times \sin\theta \times 2l = 0$$

これらの式より $\tan\theta = 1/2\mu_s$ となり，θ が α のときの静止摩擦係数は $\mu_s = 1/(2\tan\alpha)$ である．

4.3.3 ◆物体の支持方法とつりあい問題

物体の代表的支持方法として (1) 移動支持，(2) 回転支持，(3) 固定支持 があることは 4.2.2 項で述べたとおりである．それぞれの支持方法によって生じる力が異なるので，考えるべき力のつりあい条件も変わる．ここでは，各支持方法における力のつりあいについて考える．

例題 4.4　移動支持と回転支持

図 4.16 は移動支持と回転支持された棒を示している．両端が支持された長さ l の棒の点 C に力 W が角度 θ の方向から作用している．支持点 A が回転支持で，支持点 B が移動支持であるとき，支点 A に作用する力の鉛直方向の反力 $R_{\mathrm{A}y}$，水平方向の反力 $R_{\mathrm{A}x}$ をそれぞれ求めよ．なお，棒の重さは考えなくてよい．

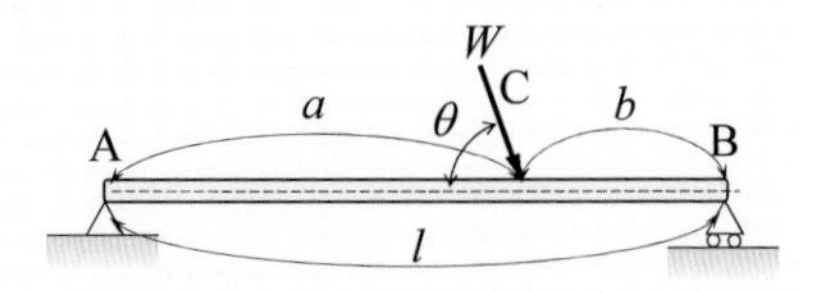

図 4.16　移動支持と回転支持された棒

[解]

図 4.17 は移動支持と回転支持された棒にはたらく力を示している．各支点および点 C に作用する力は，次のようになる．

支点 A に作用する力：鉛直方向の反力 $R_{\mathrm{A}y}$，水平方向の反力 $R_{\mathrm{A}x}$

支点 B に作用する力：鉛直方向の反力 $R_{\mathrm{B}y}$，水平方向の反力は発生しない

作用点 C に作用する力：鉛直成分 $W_y = W\sin\theta$，水平成分 $W_x = W\cos\theta$

鉛直方向と水平方向の力のつりあいと，点 A のまわりの力のモーメントのつりあいは，

鉛直方向の力のつりあい　$R_{\mathrm{A}y} + R_{\mathrm{B}y} - W\sin\theta = 0$

水平方向の力のつりあい　$R_{\mathrm{A}x} - W\cos\theta = 0$

点 A のまわりの力のモーメントのつりあい　$R_{\mathrm{B}y} \times l - W\sin\theta \times a = 0$

となり，よって　$R_{\mathrm{A}x} = W\cos\theta$，$R_{\mathrm{A}y} = (1 - a/l)\,W\sin\theta$ である．

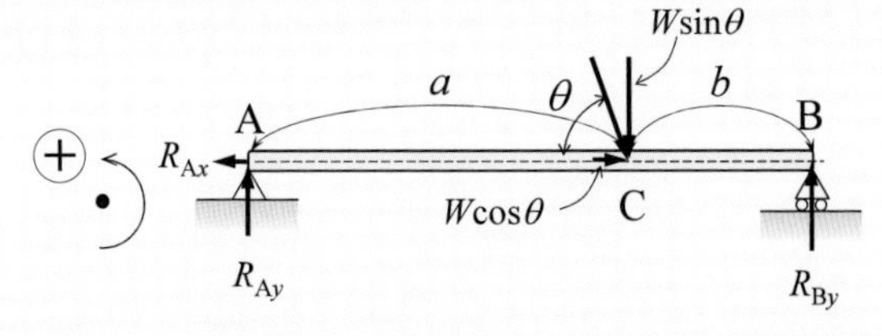

図 4.17　移動支持と回転支持された棒の力のつりあい

例題 4.5　固定支持

図 4.18 のように地面に垂直にポールが固定されており，高さ h のところで垂直に曲げられて信号機 (質量 m) が取りつけられている．信号機の自重 mg は，腕の長さが a の位置に作用するとして，地面の固定支持部に作用する力を求めよ．さらに，その支持部のまわりの力のモーメントも求めよ．なお，ポールの重さは考えなくてよい．

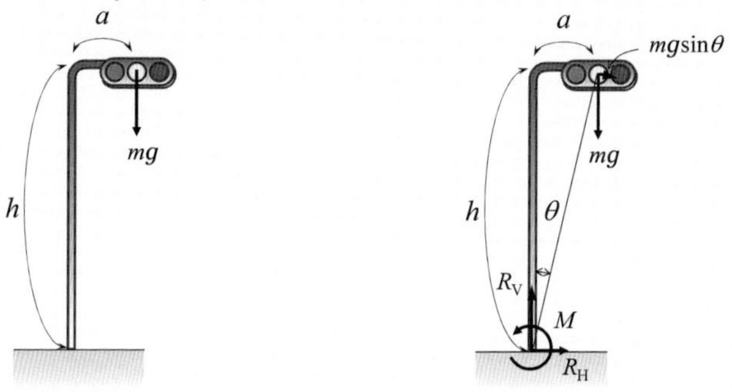

図 4.18　固定支持された信号機　　**図 4.19**　固定支持された信号機の力のつりあい

[解]

図 4.19 に示すように，固定支持部に作用する地面に垂直方向の力を R_V，水平方向の力を R_H とすると

垂直方向の力のつりあい： $R_\mathrm{V} - mg = 0$

水平方向の力のつりあい： $R_\mathrm{H} = 0$

よって　$R_\mathrm{V} = mg$，$R_\mathrm{H} = 0$ となる．

地面の支持部のまわりの力のモーメント M は左回りを正とすると，

$$M = -\sqrt{(a^2 + h^2)} \times mg\sin\theta = -\sqrt{(a^2 + h^2)} \times mg \times \frac{a}{\sqrt{(a^2 + h^2)}} = -mga$$

となる．よって，力のモーメントは右回りに mga である．

例題 4.6　回転支持

図 4.20 に示すように，床の点 A で回転支持された棒 (長さ L，質量 m) の先端 B に，大きな鉄球 (質量 M) が取りつけられている．棒の途中の点 C から壁の方向へロープで棒を引張り，棒の傾きが床に対して 45°，ロープと棒のなす角度が 60° になったとする．このとき，ロープの張力 T の大きさはいくらか？ ただし，棒の自重 mg は棒の中央に作用し，AC 間の長さは a とする．

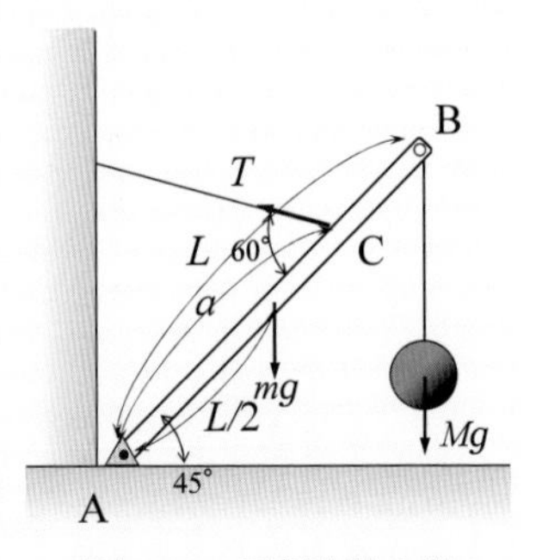

図 4.20　回転支持の例

[解]

床の点 A に作用する鉛直方向の力を R_{V}，水平方向の力を R_{H} とする．図 4.21 に示すように，棒にはたらく力は重力 mg や Mg のほかに，ロープの張力 T である．それぞれの力を鉛直成分と水平成分とに分けて，力のつりあいを考える (図 4.21(a) を参照)．

$$\text{鉛直方向の力のつりあい：}\ R_{\mathrm{V}} + T\sin(60^\circ - 45^\circ) - mg - Mg = 0$$

$$\text{水平方向の力のつりあい：}\ R_{\mathrm{H}} - T\cos(60^\circ - 45^\circ) = 0$$

さらに，点 A のまわりの力のモーメントのつりあいは次のようになる (図 4.21(b) を参照)．

$$-mg\cos 45^\circ \times (L/2) - Mg\cos 45^\circ \times L + T\cos 30^\circ \times a = 0$$

$$-mg\frac{1}{\sqrt{2}} \times \frac{L}{2} - Mg\frac{1}{\sqrt{2}} \times L + T\frac{\sqrt{3}}{2} \times a = 0$$

モーメントのつりあいの式から，T を求めると次のようになる．

$$T\frac{\sqrt{3}}{2} \times a = mg\frac{1}{\sqrt{2}} \times \frac{L}{2} + Mg\frac{1}{\sqrt{2}} \times L = \frac{gL}{\sqrt{2}}\left(\frac{m}{2} + M\right)$$

$$T = \sqrt{\frac{2}{3}}\frac{gL}{a}\left(\frac{m}{2} + M\right)$$

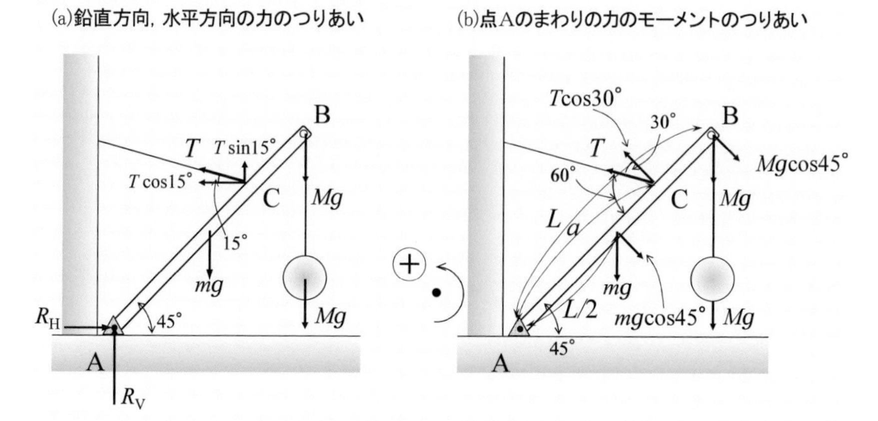

図 4.21　図 4.20 の回転支持に作用する力とそのモーメント

4.3.4 ◆トラス構造

図 4.22 に示したエッフェル塔のような鉄塔，東京ゲートブリッジなどの橋梁などのように，多くの棒状部材が組み合わされた構造を「骨組み構造」という．なかでも，棒材どうしがピンで連結されている (回転支持) 構造のものをトラス構造 (truss structure) という．部材が平面上にあるものを平面トラス，立体的に組み合わさっているものを立体トラスという．棒材どうしが回転支持されているため，支持部分では力のモーメントを考える必要がない．トラス構造のなかでも，力のつりあい条件だけで各部材に作用する力が求められるものを「静定トラス」といい，そうでないものを「不静定トラス」という．一般的な構造物は不静定トラスであるものが多い．ここでは，力のつりあい条件の練習も兼ねて，静定トラスの各部材にはたらく力を考えてみよう．

(a)エッフェル塔

(b)東京ゲートブリッジ

図 4.22　骨組み構造の例

例題 4.7　トラス構造

図 4.23 に示すようなトラス構造体がある．接点 C に 600 N の力が，接点 D に 400 N の力がそれぞれ作用している．部材 AD に作用する力を求めよ．なお，接点 A の支点反力を R_{A}，接点 B の支点反力を R_{B} とする．

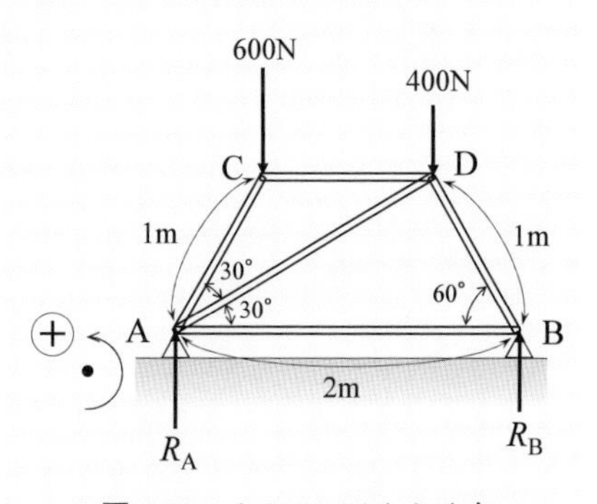

図 4.23　トラスにはたらく力

[解]

まずは x 方向，y 方向，モーメントの回転方向のプラス側を決め，支点反力 R_{A}，R_{B} を求める．

点 A のまわりの力のモーメントのつりあいより，次のようになる．

$$M_{\mathrm{A}} = R_{\mathrm{A}} \times 0 - 1\,\mathrm{m} \times \cos(30^\circ + 30^\circ) \times 600\,\mathrm{N} - (2\,\mathrm{m} - 1\,\mathrm{m} \times \cos 60^\circ) \times 400\,\mathrm{N} + 2\,\mathrm{m} \times R_{\mathrm{B}} = 0$$

$$M_{\mathrm{A}} = -0.5\,\mathrm{m} \times 600\,\mathrm{N} - 1.5\,\mathrm{m} \times 400\,\mathrm{N} + 2\,\mathrm{m} \times R_{\mathrm{B}} = 0$$

鉛直方向の力のつりあいより

$$-600\,\mathrm{N} - 400\,\mathrm{N} + R_{\mathrm{A}} + R_{\mathrm{B}} = 0$$

よって，$R_{\mathrm{A}} = 550\,\mathrm{N}, R_{\mathrm{B}} = 450\,\mathrm{N}$ となる．

次に図 4.24 に示すように，棒 2 本の接点 C および B に着目する．それらの点の力のつりあいを考えよう．棒 (部材) に作用する力の向きは現時点では不明であるので，接点を作用点として棒の中心へ向かう力と考えておく．もし答えがマイナスの値になれば，向きが逆ということになる．

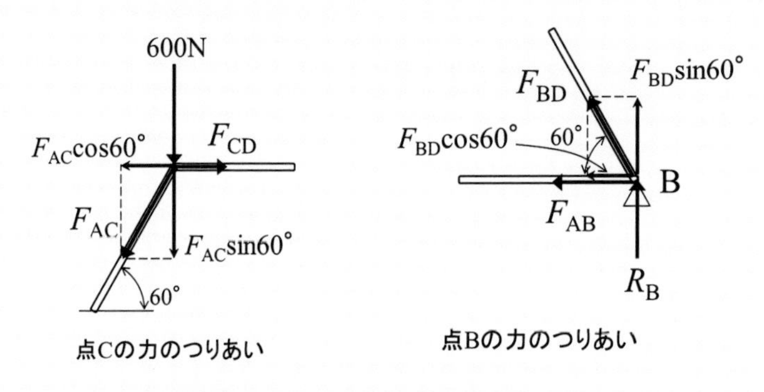

図 4.24　点 C ならびに点 B の力のつりあい

点 C の力のつりあい条件より

鉛直方向　$-600\,\mathrm{N} - F_{\mathrm{AC}} \sin 60° = 0$　よって $F_{\mathrm{AC}} = -693\,\mathrm{N}$

→　部材 AC に作用する力の向きは仮定の逆向き

水平方向　$-F_{\mathrm{AC}} \cos 60° + F_{\mathrm{CD}} = 0$　よって $F_{\mathrm{CD}} = 346.5\,\mathrm{N}$

→　部材 CD に作用する力の向きは仮定のとおり

点 B の力のつりあい条件より

鉛直方向　$R_{\mathrm{B}} + F_{\mathrm{BD}} \sin 60° = 0$　よって $F_{\mathrm{BD}} = -519.6\,\mathrm{N}$

→　部材 BD に作用する力の向きは仮定の逆向き

水平方向　$-F_{\mathrm{AB}} - F_{\mathrm{BD}} \cos 60° = 0$　よって $F_{\mathrm{AB}} = 260\,\mathrm{N}$

→　部材 AB に作用する力の向きは仮定のとおり

次に図 4.25 を見ながら，点 A について力のつりあいを考えよう．

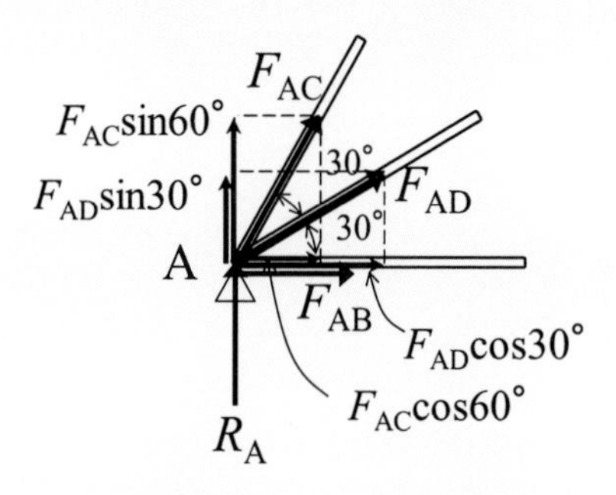

図 4.25　点 A の力のつりあい

点 A の力のつりあい条件より

鉛直方向　$R_{\mathrm{A}} + F_{\mathrm{AC}} \sin 60° + F_{\mathrm{AD}} \sin 30° = 0$

求めた数値を代入すると　$550\,\mathrm{N} + (-693\,\mathrm{N}) \sin 60° + F_{\mathrm{AD}} \sin 30° = 0$

よって $F_{\mathrm{AD}} = 100\,\mathrm{N}$　→　部材 AD に作用する力の向きは仮定の向き

部材 AD に作用する力は鉛直方向の力のつりあいで求められたが，水平方向の力のつりあいで確認してみよう．

水平方向　$F_{\mathrm{AC}} \cos 60° + F_{\mathrm{AD}} \cos 30° + F_{\mathrm{AB}} = 0$

求めた数値を代入すると　$(-693\,\mathrm{N}) \cos 60° + F_{\mathrm{AD}} \cos 30° + 260\,\mathrm{N} = 0$

よって　$F_{\mathrm{AD}} = 100\,\mathrm{N}$ となり，同一の値となった．

トラス構造の各部材に作用する力において，作用点から棒 (部材) の中心に向かう場合は棒に圧縮の力が，作用点に向かう場合は棒に引張の力が作用することを意味する．トラス構造を詳しく勉強したい場合には，「構造力学」を参照してほしい．

第4章　練習問題

4.1 図4.26に示すように，天井から重さ50 Nの球が糸でつり下げられている．糸Aの途中に別の糸Bをくくりつけ，水平方向に引いたとき，最初の糸Aと水平方向とのなす角が60°で静止した．このとき糸Bに加えた力Fの大きさはいくらか？

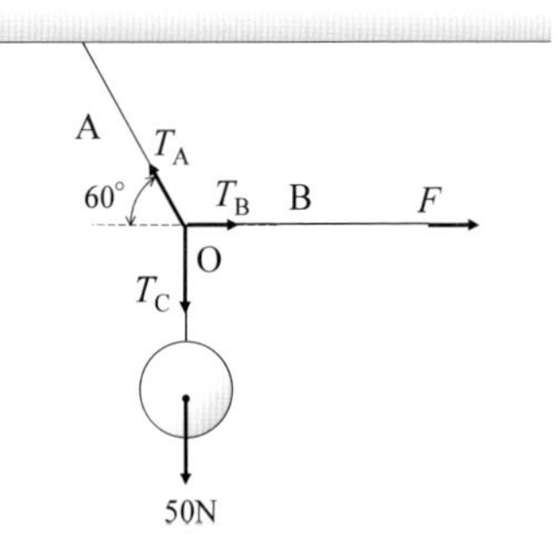

図4.26　問題4.1の図

4.2 図4.27に示すように，壁の点Aから半径10 cm，質量20 kgの球が糸でつり下げられている．点Aから壁と球の接触する点Bまでの距離が30 cmのとき，糸の張力Tと壁の反力Rの大きさを求めよ．重力加速度の大きさを9.8 m/s^{2}とする．

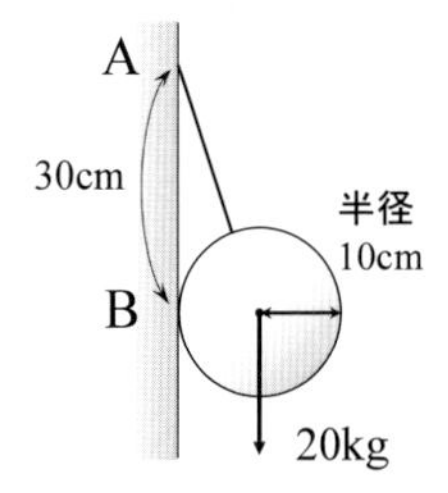

図4.27　問題4.2の図

4.3 図4.28に示すように，Vブロックの上に質量10 kgの鋼球が置かれている．Vブロックの壁面に生じる反力の大きさはいくらか？　重力加速度の大きさを9.8m/s^{2}とする．

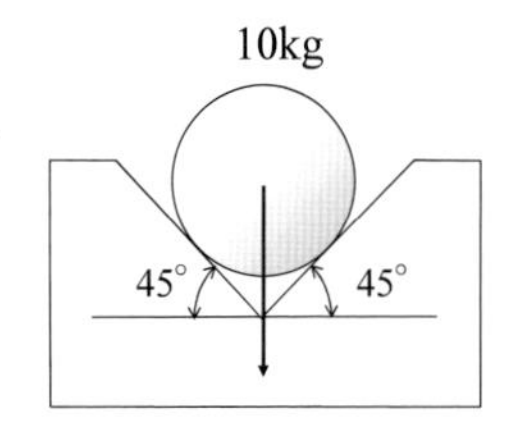

図4.28　問題4.3の図

4.4 図 4.29 に示すように，V ブロックの上に重さ 50 N の同じ大きさの鋼球 2 個が置かれている．V ブロックの壁面 A と鋼球との接触点に生じる反力 R_A の大きさはいくらか？

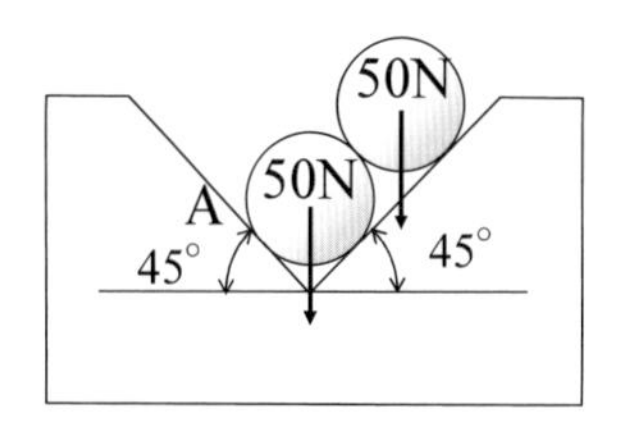

図 4.29　問題 4.4 の図

4.5 図 4.30 に示すように，長さ $2l$ の棒の両端 B と C に質量 25 kg の球が糸でつり下げられており，棒の中点で天井からつるされている．棒が水平状態のまま静止しているとき，天井の点 A に作用する力の大きさを求めよ．ただし棒の重さは無視し，重力加速度の大きさを 9.8m/s^2 とする．

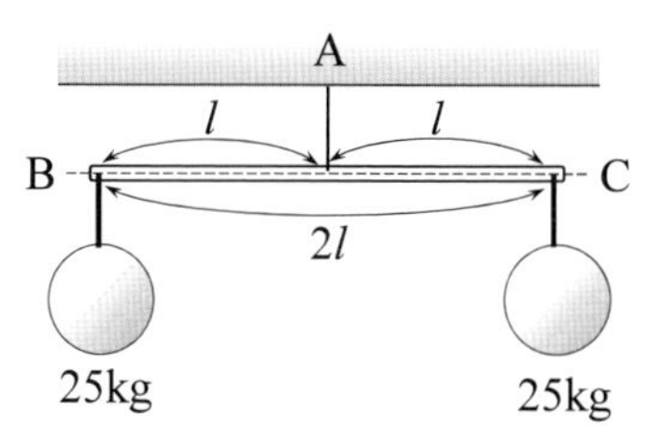

図 4.30　問題 4.5 の図

4.6 図 4.31 に示すように，質量の無視できる 2 本の棒におもりがつるされている．おもりのつるされている位置の比が，BA : CA=1 : 1，DG : EG=1 : 3 である．いま，5 N のおもりを F の位置につるして，棒を水平状態に保ちたいと考えている．DG : FG の比を求めよ．

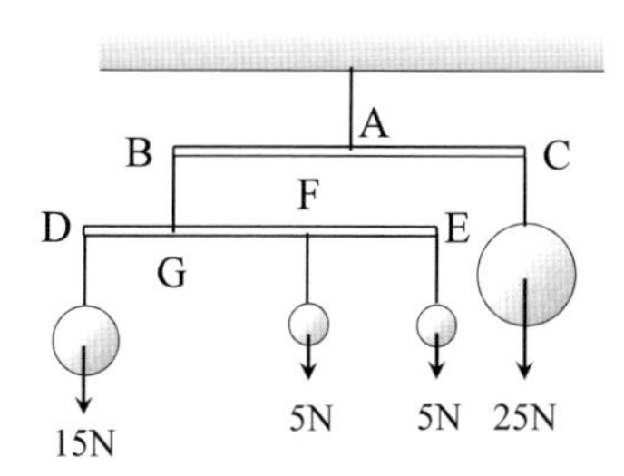

図 4.31　問題 4.6 の図

4.7 図 4.32 に示すように，質量の無視できるピストンが長さ 200 mm の連接棒を通じて，半径 140 mm のクランクシャフトに連結されている．図はピストン上部に 1 kN の力が作用し，クランクの角度が 56° まで回転した状態を示している．この状態における連接棒への力 F とシリンダ壁面方向への力 R の大きさ，角度 θ を求めよ．

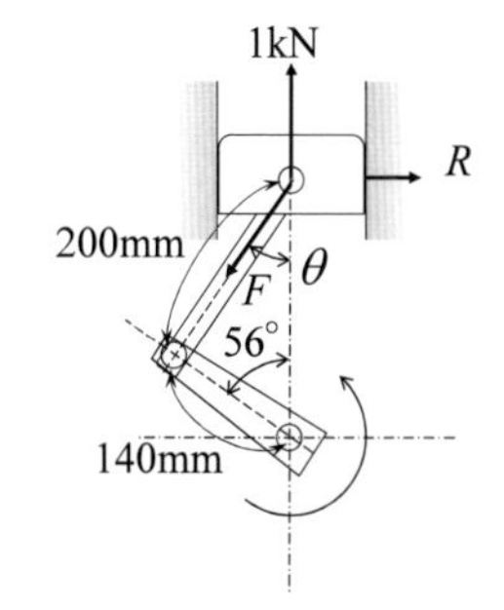

図 4.32　問題 4.7 の図

4.8 図 4.33 に示すように，長さ 3 m，質量 m の棒が天井からつり下げられており，途中の点 C に質量 M のおもりをつり下げた．点 A，点 B の糸の張力 T_{A}，T_{B} を M，m を用いて表しなさい．なお，棒の重力は棒の中心に作用すると考え，重力加速度の大きさを g とする．

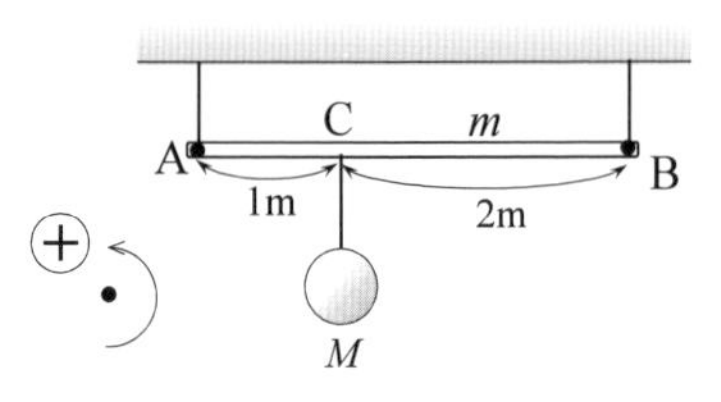

図 4.33　問題 4.8 の図

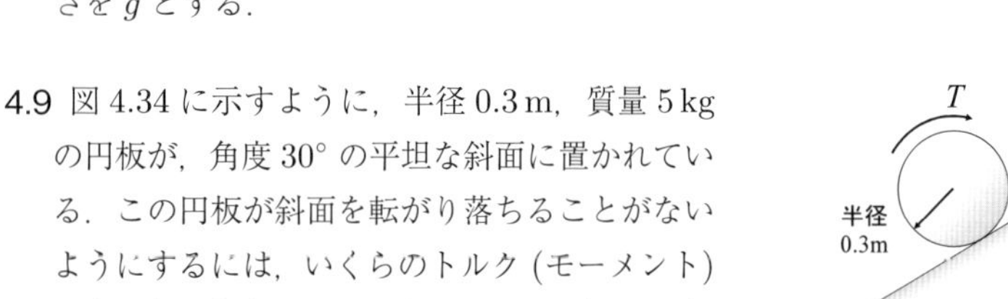
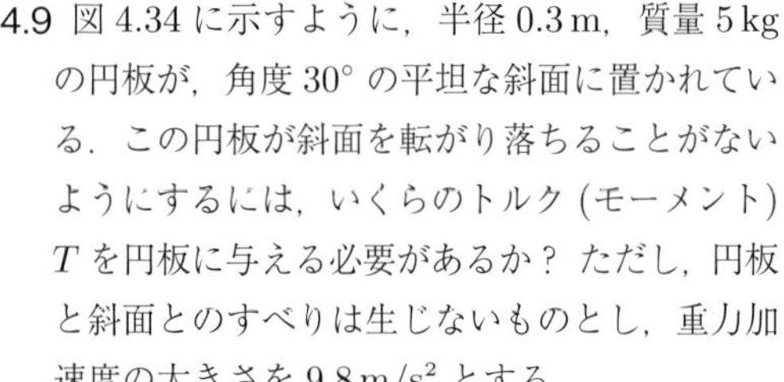

4.9 図 4.34 に示すように，半径 0.3 m，質量 5 kg の円板が，角度 30° の平坦な斜面に置かれている．この円板が斜面を転がり落ちることがないようにするには，いくらのトルク（モーメント）T を円板に与える必要があるか？ ただし，円板と斜面とのすべりは生じないものとし，重力加速度の大きさを 9.8 m/s^2 とする．

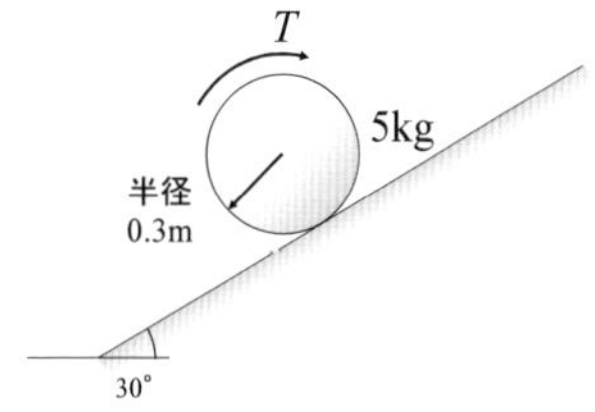

図 4.34　問題 4.9 の図

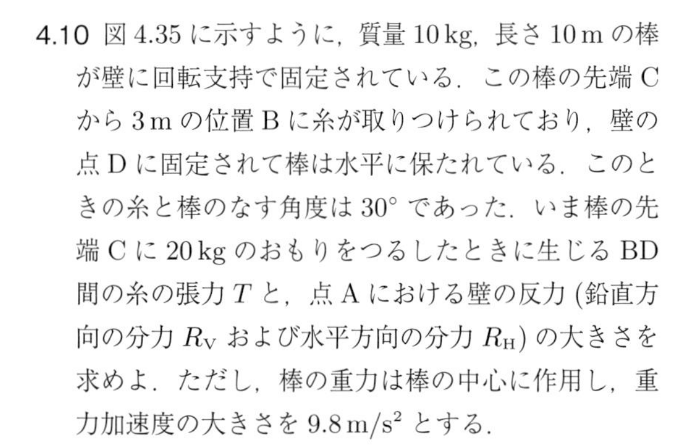

4.10 図 4.35 に示すように，質量 10 kg，長さ 10 m の棒が壁に回転支持で固定されている．この棒の先端 C から 3 m の位置 B に糸が取りつけられており，壁の点 D に固定されて棒は水平に保たれている．このときの糸と棒のなす角度は 30° であった．いま棒の先端 C に 20 kg のおもりをつるしたときに生じる BD 間の糸の張力 T と，点 A における壁の反力（鉛直方向の分力 R_{V} および水平方向の分力 R_{H}）の大きさを求めよ．ただし，棒の重力は棒の中心に作用し，重力加速度の大きさを 9.8 m/s^2 とする．

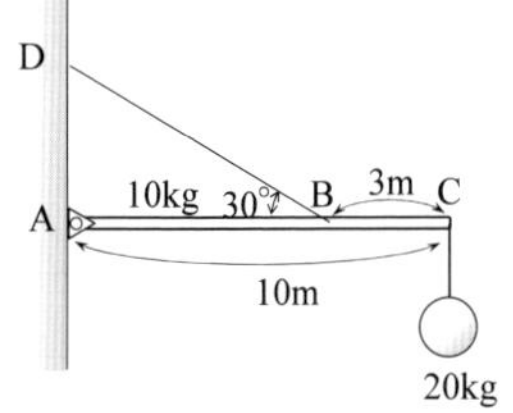

図 4.35　問題 4.10 の図

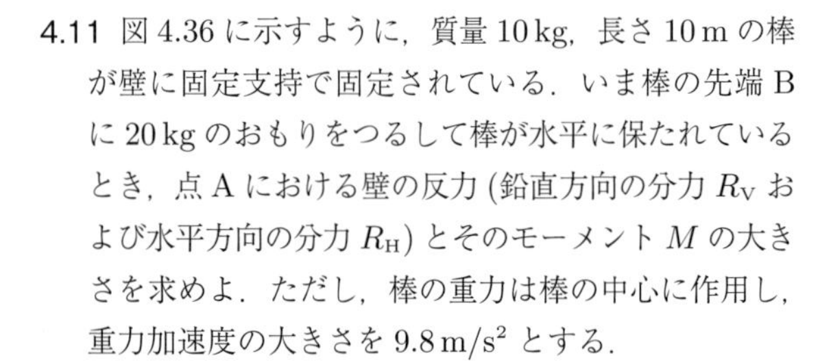

4.11 図 4.36 に示すように，質量 10 kg，長さ 10 m の棒が壁に固定支持で固定されている．いま棒の先端 B に 20 kg のおもりをつるして棒が水平に保たれているとき，点 A における壁の反力（鉛直方向の分力 R_{V} および水平方向の分力 R_{H}）とそのモーメント M の大きさを求めよ．ただし，棒の重力は棒の中心に作用し，重力加速度の大きさを 9.8 m/s^2 とする．

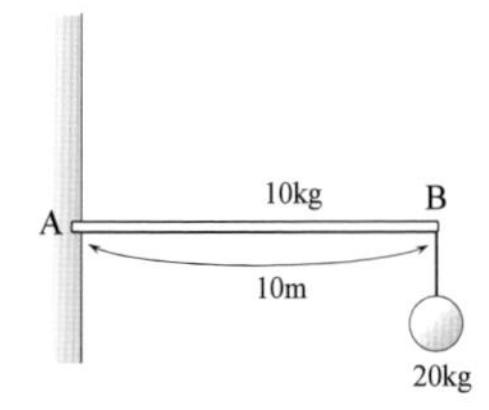

図 4.36　問題 4.11 の図

4.12 図 4.37 に示すように，質量 10 kg，長さ 10 m の棒が点 A で壁に押しつけられている．この棒の先端 C から 3 m の位置 B に糸が取りつけられており，壁の点 D に固定されて棒は水平に保たれている．このときの糸と棒のなす角度は 30° であった．いま棒の先端 C に 20 kg のおもりをつるしてもこの棒がすべり落ちないためには，壁と棒との間の静止摩擦係数 μ は少なくともいくら必要か求めよ．重力加速度の大きさを 9.8 m/s^2 とする．

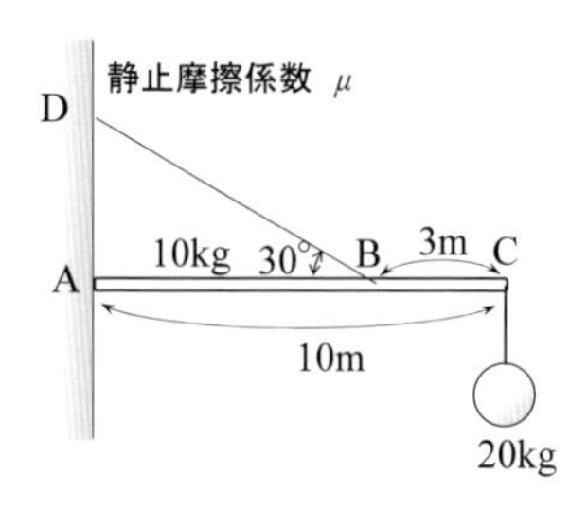

図 4.37　問題 4.12 の図

4.13 図 4.38 に示すように，質量の無視できる長さ 3 m の棒が固定支持と移動支持で保持されている．図のように棒の両端 A および D に力を加えたとき，支点 B ならびに C に作用する反力の鉛直方向および水平方向の成分を求めよ．

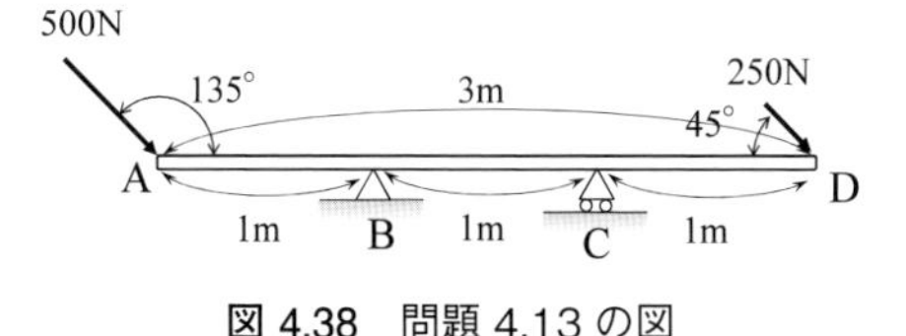

図 4.38　問題 4.13 の図

4.14 図 4.39 に示すように，質量 50 kg の物体をワイヤーでつり上げる．巻き上げ機 B は大小の段付き円柱で構成されており，大径部分にはモーター M につながれたベルトが，小径部分にはワイヤーで滑車 A を通して物体と接続されている．巻き上げ機 B の段付き円柱の直径が 0.5 m と 1 m であるとき，物体を巻き上げるのに必要なモーターのトルクの大きさはいくらか？ ただし，モーターの軸の直径は 0.2 m とし，重力加速度の大きさを 9.8 m/s^2 とする．

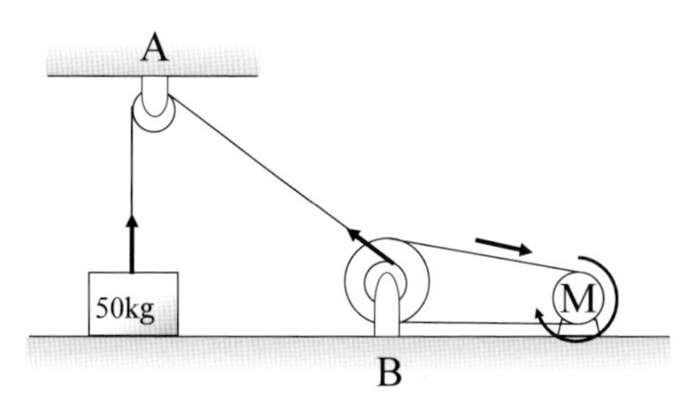

図 4.39　問題 4.14 の図

4.15 問題 4.14 の巻き上げ装置について，天井に取りつけられた滑車 A に注目する．図 4.40 に示すように，滑車の直径が 0.5 m であり，滑車の中心が地面より 6.2 m の高さにある．また巻き上げ機 B の中心軸の位置が地面から 0.7 m で，滑車の中心と巻き上げ機の中心軸との水平距離が 5.5 m である．そのとき，天井の滑車の中心に作用する力 R の大きさとその向き θ を求めよ．ただしワイヤーの張力を 495 N，滑車の質量により生じる重力の大きさを 50 N とする．

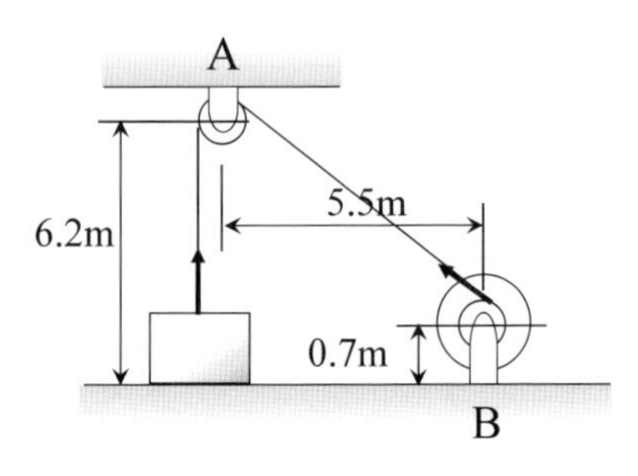

図 4.40　問題 4.15 の図

4.16 問題 4.14 の巻き上げ装置について，図 4.41 のように巻き上げ機に注目する．巻き上げ機の段付き円柱の直径が 0.5 m の部分にワイヤーが 45° 上向きに力 T で引っ張られており，直径が 1 m の部分にベルトが水平方向に対して 30° 下向きに力 T_M で引っ張られている．また，巻き上げ機の質量による重力の大きさが 800 N であるとして，巻き上げ機の中心に作用する力の大きさと向きを求めよ．ただしワイヤーの張力 T を 400 N とする．

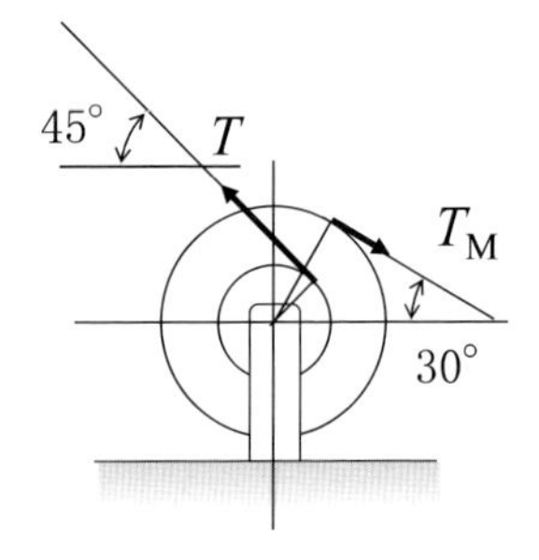

図 4.41　問題 4.16 の図

第5章

重心と図心

物体にはたらく力を，点 (作用点) にはたらく力と仮定してこれまで扱ってきた．これは力学的計算をしやすいようにするためである．しかし，力はある一点に集中してはたらいているとは限らない．重力は物体全体に分布してはたらいている．また，気体や液体のような流体と接している面にはたらく力は，その物体表面に分布してはたらいている．ここでは，その分布力やそれを集中力に置き換える方法を学び，力はどのように作用するのかを考えていく．そのときに積分法をよく用いるため，積分の計算とその基本の考え方をすでに理解したうえで，この章に取り組んでほしい．

〈学習の目標〉

- 棒にはたらく分布力について，その等価集中力の大きさと作用点を求められる．
- さまざまな図形の重心を求められる．
- 物体のすわりと重心の位置との関係を理解する．

5.1 分布力

手のひらで物体を押すとき，接触している手のひら全体に力は分布して物体に作用している．物体の線・表面・体積状に広がって分布してはたらいている力や荷重を，分布力 (distributed force) または分布荷重 (distributed load) という．重力も物体内のあらゆる部分に分布して作用している力なので，分布力または分布荷重である．一方，1 点に力や荷重が作用している場合を集中力 (concentrated force) または集中荷重 (concentrated load) という．現実的には 1 点に集中してはたらく力や荷重は存在しないが, このように理想化して考えても差し支えないため，集中力または集中荷重を用いて力学計算を行うことがある．物体に分布力がはたらいている場合，その分布力の合力の作用点は，その分布力がはたらいている範囲内にある．その作用点にはたらく合力を等価集中力 (equivalent concentrated force) または等価集中荷重 (equivalent concentrated load) という (「力」を工学では「荷重」ということが多い).

例題 5.1　分布力

次のように線・面・体積状に分布力が物体にはたらくとき，その等価集中力の大きさを求めよ．

(1) 長さ 50 cm の部分に，20 N/m の分布力がはたらいている．

(2) 半径 10 cm の球の表面に，圧力 1000 Pa の分布力がはたらいている．

(3) 体積 25 cm^3 の物体に，20000 $\mathrm{N/m}^3$ の分布力がはたらいている．

[解]

(1) $0.5\,\mathrm{m} \times 20\,\mathrm{N/m} = 10\,\mathrm{N}$ となる．

(2) $4\pi \times 0.1^2\,\mathrm{m}^2 \times 1000\,\mathrm{N/m}^2 = 125.6\,\mathrm{N}$ となる．

(3) $25 \times 10^{-6}\,\mathrm{m}^3 \times 20000\,\mathrm{N/m}^3 = 0.50\,\mathrm{N}$ となる．

5.1.1 ◆はりにはたらく一様な分布力の等価集中力

図 5.1 に両端を支持された長さ l [m] の棒が示されている．この図のように，長い棒が主に鉛直方向に力を受けている場合，その棒をはり (beam) という．1 つの例として，例えば自動車や人の通る橋が「はり」である．ほかにも，建物の屋根や床などの荷重を柱に伝えるのにも，はりが用いられている．はりは曲がるような力を受け，その方向に弾性変形する．いまこの図では, はりに単位長さ当たり w [N/m] の均等な分布力が，はり全体にわたってはたらいている．その分布力と等価な集中力 F_0 [N] は，wl [N] である．その F_0 の作用点は，こ

の図に点 O から距離 x_0 [m] のところに示しているが，この場合その距離 x_0 ははりの中央つまり $l/2$ [m] である．

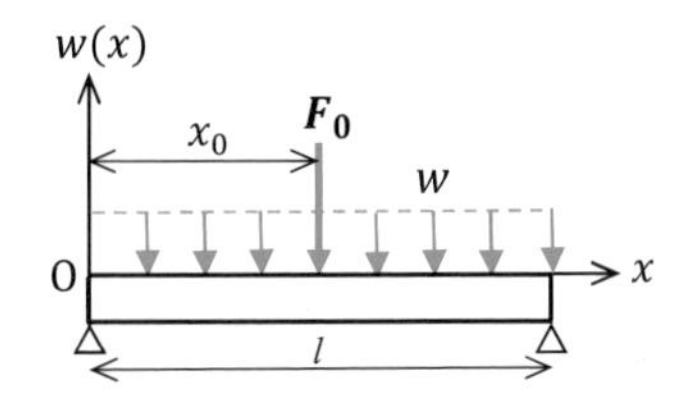

図 5.1　均等な分布力の等価集中力

図 5.2 に示すように，両端を支持されたはりに単位長さ当たり w_1 [N/m] と w_2 [N/m] の一様な分布力が長さ l_1 [m] と l_2 [m] の部分にそれぞれはたらいている．その各部分の等価集中力を F_1 [N] と F_2 [N] とすると，はり全体にはたらく等価集中力 F_0 [N] の大きさは次の (5.1) 式で与えられる．

$$F_0 = F_1 + F_2 \tag{5.1}$$

また F_1 は $w_1 l_1$ [N] に，F_2 は $w_2 l_2$ [N] に等しいので，上の (5.1) 式は次のようになる．

$$F_0 = w_1 l_1 + w_2 l_2 \tag{5.2}$$

F_0, F_1, F_2 の作用点が点 O から x_0 [m], x_1 [m], x_2 [m] にあるとすると，力のモーメントのつりあいから次のようになる．

$$F_0 x_0 = F_1 x_1 + F_2 x_2 \tag{5.3}$$

よって，F_0 の作用点 x_0 は，(5.1) 式と (5.3) 式から導かれた次の (5.4) 式から求められる．

$$x_0 = \frac{F_1 x_1 + F_2 x_2}{F_1 + F_2} \tag{5.4}$$

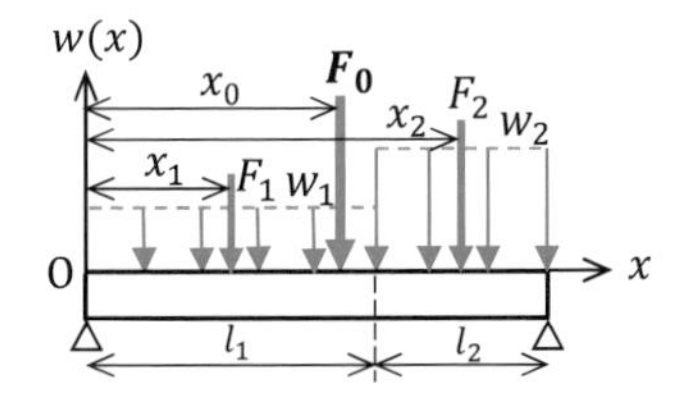

図 5.2　階段状の分布力の等価集中力

例題 5.2　等価集中力と反力

図 5.3 に示すように，両端 A と B で支持された長さ 12 m のはりに単位長さ当たり 10 N/m の一様な分布力が長さ 4.0 m の部分にはたらいている．

(1) この分布力の等価集中力の大きさと作用点を求めよ．

(2) 両支点にはたらく反力 R_{A} と R_{B} の大きさを求めよ．

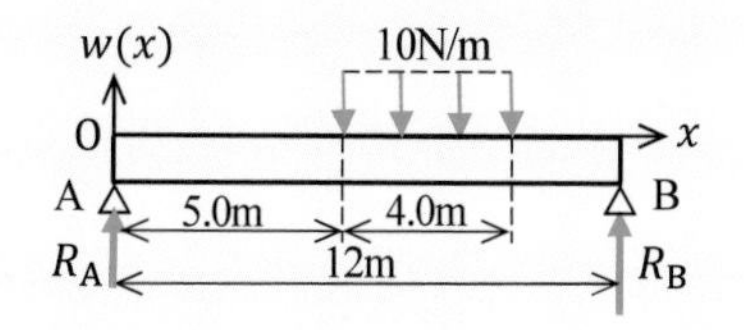

図 5.3　均等な分布力が部分的にはたらくはり

[解]

(1) 等価集中力の大きさは $10\,\mathrm{N/\,m} \times 4\,\mathrm{m} = 40\,\mathrm{N}$ となる．
等価集中力の作用点は，$x = 7.0\,\mathrm{m}$ の点である．

(2) 力のつりあいから $-40\,\mathrm{N} + R_{\mathrm{A}} + R_{\mathrm{B}} = 0$
力のモーメントのつりあいから $-40\,\mathrm{N} \times 7\,\mathrm{m} + R_{\mathrm{B}} \times 12\,\mathrm{m} = 0$
よって，この 2 式から両支点にはたらく反力は，$R_{\mathrm{A}} = 16.7\,\mathrm{N}$, $R_{\mathrm{B}} = 23.3\,\mathrm{N}$ となる．
この解き方は，4.1.2 項で扱った「力のつりあい」と「力のモーメントのつりあい」を用いている．この例題が難しいと思ったら，その項を振り返ってほしい．

はりにかかった荷重つまり例題 5.2 では分布力を，はりのどこかで必ず支えている．その支持部，ここでは支点 A と B でその分布力を支えている．その 2 つの支点では，その分布力と逆向きに力がはたらいて支え，それぞれその負担をになっている．このように支えている力を反力 (reaction force) という．

5.1.2 ◆はりにはたらく一様でない分布力の等価集中力

図 5.4 に示すように，両端を支持されたはりに一様でない分布力がはたらい

ている．その分布力は，はりの位置 x の関数として $w(x)$ [N/m] で表されている．そのとき，等価集中力 F_0 [N] を考えてみよう．F_0 の大きさは，x が 0 から l までの分布力の総和に等しい．つまり，F_0 は次の (5.5) 式から求められる．

$$F_0 = \int_0^l w(x)dx \tag{5.5}$$

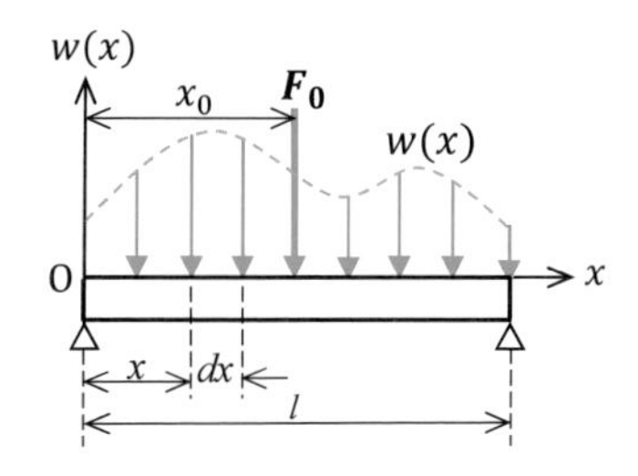

図 5.4　一様でない分布力の等価集中力

それでは，F_0 の作用点は位置 x がいくらのところにあるのだろうか？ それは次のようにして求められる．位置 x が x_0 のところに，F_0 の作用点があるとすると，点 O のまわりの力のモーメント M の大きさは F_0x_0 である．これは，分布力 $w(x)$ と点 O からその分布力までの長さ x との積 xw を，x が 0 から l まで総和したものに等しい．つまり，M は次の (5.6) 式で表される．

$$M = F_0x_0 = \int_0^l xw(x)dx \tag{5.6}$$

よって，(5.5) 式と (5.6) 式から x_0 は，次の (5.7) 式から求められる．

$$x_0 = \frac{M}{F_0} = \frac{\int_0^l xw(x)dx}{\int_0^l w(x)dx} \tag{5.7}$$

例題 5.3　等価集中力と反力

図 5.5 に示しているように，両端を支持された長さ 5 m のはりに一様でない分布力 $w(x)$ [N/m] がはり全体にはたらいている．$w(x)$ は点 O を原点とする位置 x の関数 $3x^2(5-x)$ で与えられる．そのとき，次の問いに答えよ．

(1) この分布力の等価集中力の位置と大きさはいくらか.

(2) 支持点に生じる反力 R_A と R_B の大きさはいくらか.

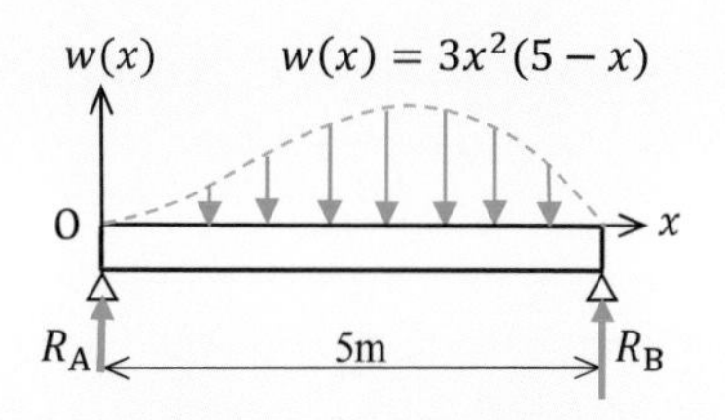

図 5.5　一様でない分布力がはたらくはり

[解]

(1) 等価集中力 F_0 の大きさは

$F_0 = \int_0^5 w(x)dx = \int_0^5 3x^2(5-x)dx = \left[5x^3 - \frac{3}{4}x^4\right]_0^5 = 625 - 468.75 = 156.3\,\mathrm{N}$ である.

点 O のまわりの力のモーメント M_0 は

$$M_0 = \int_0^5 xw(x)dx = \int_0^5 3x^3(5-x)dx = \int_0^5 (15x^3 - 3x^4)dx$$
$$= \left[\frac{15}{4}x^4 - \frac{3}{5}x^5\right]_0^5 = 2343.75 - 1875 = 468.8\,\mathrm{N{\cdot}m}\ \text{である.}$$

よって，等価集中力の位置 x_0 は (5.7) 式より

$x_0 = \frac{M_0}{F_0} = \frac{468.8}{156.3} = 3.0\,\mathrm{m}$ である.

(2) 点 O のまわりで，(各力のモーメントの和) = (合力のモーメント) より

$R_\mathrm{B} \times 5\,\mathrm{m} = M_0$ である．よって，$R_\mathrm{B} = \frac{468.8}{5} = 93.8\,\mathrm{N}$

また，$R_\mathrm{A} + R_\mathrm{B} = F_0$ より，$R_\mathrm{A} + 93.8\,\mathrm{N} = 156.3\,\mathrm{N}$

よって，$R_\mathrm{A} = 62.5\,\mathrm{N}$ である.

5.2 重心と図心

剛体の各部分にはたらく重力の合力の作用点を重心 (center of gravity) とい

う．つまり，物体の全重量を集中させた点である．均質で厚さが一様な板や断面が一様な物体では，その形状だけから重心は求められる．その重心を図心 (centroid) という．

質量 m_1 [kg], m_2 [kg] の 2 つの物体が，重さの無視できる軽い棒でつながれている．その 2 つの物体は，図 5.6 に示すようにそれぞれ x_1 [m], x_2 [m] にあり，重力のみがはたらいている．そのとき，重心の位置 x_G [m] を求めてみる．

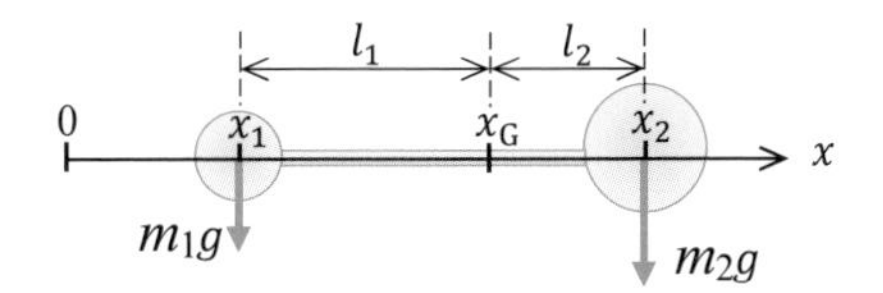

図 5.6　2 つの物体にはたらく重力の重心

公園によく設置されている「シーソー」をイメージしてほしい．位置 x_G に支点があり両端にそれぞれ人が座り，ぎっこんばったん上下運動を繰り返さずに平衡を保ちつりあっている．そのとき支点からの長さ l_1, l_2 と質量 m_1, m_2 との間には，次のような関係がある．

$$l_1 : l_2 = m_2 : m_1 \tag{5.8}$$

その 2 つの物体間の長さを $l_1 : l_2$ に内分する位置が重心である．次の (5.9) 式を (5.8) 式へ代入すると (5.10) 式となる．

$$l_1 = x_G - x_1,\ l_2 = x_2 - x_G \tag{5.9}$$

$$(x_G - x_1) : (x_2 - x_G) = m_2 : m_1 \tag{5.10}$$

(5.10) 式から次のようになる．

$$m_1 x_G - m_1 x_1 = m_2 x_2 - m_2 x_G \tag{5.11}$$

$$(m_1 + m_2) x_G = m_1 x_1 + m_2 x_2 \tag{5.12}$$

よって (5.12) 式を x_G について求めると，重心の位置は次の (5.13) 式によって求められる．

$$x_G = \frac{m_1 x_1 + m_2 x_2}{m_1 + m_2} \tag{5.13}$$

左回りを正とする $x=0$ のまわりの力のモーメントを考えると，もっと簡単に x_{G} を求められるだろう．つまり，(各力のモーメントの和) = (合力のモーメント) より次の (5.14) 式が得られる．

$$-m_1 g \times x_1 - m_2 g \times x_2 = -(m_1 + m_2) g \times x_{\mathrm{G}} \tag{5.14}$$

よって，重心の位置 x_{G} は次の (5.15) 式によって求められる．

$$x_{\mathrm{G}} = \frac{m_1 g x_1 + m_2 g x_2}{(m_1 + m_2) g} = \frac{m_1 x_1 + m_2 x_2}{m_1 + m_2} \tag{5.15}$$

次に，平面上に n 個からなる物体の重心の位置 $(x_{\mathrm{G}}, y_{\mathrm{G}})$ を考えてみよう．図 5.7 のように各物体の質量と重心の座標は $i = 1, 2, 3, \cdots, n$ として，$m_i, (x_i, y_i)$ で示されている．その重心の位置 $(x_{\mathrm{G}}, y_{\mathrm{G}})$ は，(5.13) 式または (5.15) 式に従って導いた次の式から求められる．

$$x_{\mathrm{G}} = \frac{m_1 x_1 + m_2 x_2 + m_3 x_3 + \cdots + m_{\mathrm{n}} x_{\mathrm{n}}}{m_1 + m_2 + m_3 + \cdots + m_{\mathrm{n}}} \tag{5.16}$$

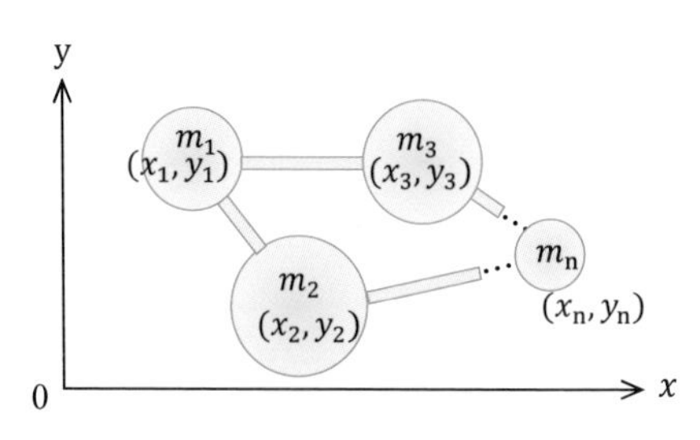

図 5.7　n 個の物体の重心

各物体の質量の和 $(m_1 + m_2 + m_3 + \cdots + m_{\mathrm{n}})$ はすべての物体の質量 m であり，和記号 Σ を用いると (5.16) 式は次の (5.17) 式で表される．

$$x_{\mathrm{G}} = \frac{1}{m} \sum_{i=1}^{n} m_i x_i \tag{5.17}$$

同様にして，y_{G} は次のようにして求められる．

$$y_{\mathrm{G}} = \frac{m_1 y_1 + m_2 y_2 + m_3 y_3 + \cdots + m_{\mathrm{n}} y_{\mathrm{n}}}{m_1 + m_2 + m_3 + \cdots + m_{\mathrm{n}}} \tag{5.18}$$

つまり (5.19) 式で表される.

$$y_G = \frac{1}{m}\sum_{i=1}^{n} m_i y_i \tag{5.19}$$

複雑な形でできた物体の重心は，考えやすいようにその物体を分けて，各物体の質量と重心を求めれば計算することができる.

例題 5.4　折れ曲がった棒の重心の計算

図 5.8 に示すような折れ曲がった棒の重心の位置を求めよ．ただし，棒の材質や太さは一様とする.

[解]

棒の材質や太さは一様である．つまり，棒の質量密度 (density of mass, 単位体積あたりの質量) や断面積は同じである．そのため，各部分の質量 m_1, m_2, m_3, m_4 をその各棒の長さ 9 m, 12 m, 6 m, 12 m にそれぞれ書き換えた (5.16) 式と (5.18) 式より，重心の位置 (x_G, y_G) を計算することができる.

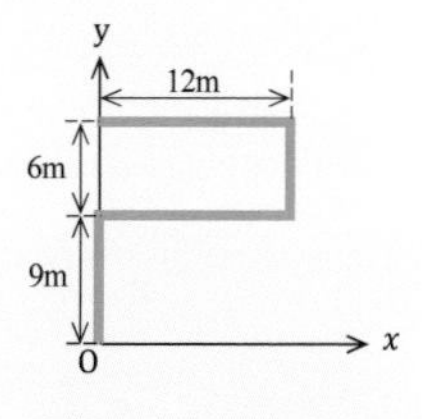

図 5.8　曲がった均等な棒

$$x_G = \frac{9\,\mathrm{m} \times 0\,\mathrm{m} + 12\,\mathrm{m} \times 6\,\mathrm{m} + 6\,\mathrm{m} \times 12\,\mathrm{m} + 12\,\mathrm{m} \times 6\,\mathrm{m}}{9\,\mathrm{m} + 12\,\mathrm{m} + 6\,\mathrm{m} + 12\,\mathrm{m}} = \frac{216}{39} = 5.54\,\mathrm{m}$$

同様にして (5.18) 式より，

$$y_G = \frac{9\,\mathrm{m} \times 4.5\,\mathrm{m} + 12\,\mathrm{m} \times 9\,\mathrm{m} + 6\,\mathrm{m} \times 12\,\mathrm{m} + 12\,\mathrm{m} \times 15\,\mathrm{m}}{9\,\mathrm{m} + 12\,\mathrm{m} + 6\,\mathrm{m} + 12\,\mathrm{m}} = \frac{400.5}{39}$$
$$= 10.27\,\mathrm{m}$$

このような棒の重心の位置 (5.54 m, 10.27 m) は，棒上ではなく何もない場所にある．必ずしも，重心はその物体内にあるとは限らない．例えば，一様なドーナツ型の円環も重心は円の中心の何もない場所にある.

5.2.1 ◆平面図形の重心

材質が一様で厚さが一定な平板の質量は，その平板の面積に比例する.

(5.16) 式から (5.19) 式の各部分の質量 $m_1, m_2, m_3, \cdots, m_{\mathrm{n}}$ を各部分の面積 $a_1, a_2, a_3, \cdots, a_{\mathrm{n}}$ に書き換えた次の (5.20) 式と (5.21) 式から，その平板の重心 $(x_{\mathrm{G}}, y_{\mathrm{G}})$ を計算することができる．平面図形の場合は厚みがないので，その重心を図心という．

$$x_{\mathrm{G}} = \frac{a_1x_1 + a_2x_2 + a_3x_3 + \cdots + a_{\mathrm{n}}x_{\mathrm{n}}}{a_1 + a_2 + a_3 + \cdots + a_{\mathrm{n}}} = \frac{1}{A}\sum_{i=1}^{n} a_i x_i \qquad (5.20)$$

$$y_{\mathrm{G}} = \frac{a_1y_1 + a_2y_2 + a_3y_3 + \cdots + a_{\mathrm{n}}y_{\mathrm{n}}}{a_1 + a_2 + a_3 + \cdots + a_{\mathrm{n}}} = \frac{1}{A}\sum_{i=1}^{n} a_i y_i \qquad (5.21)$$

ただし, $a_1, a_2, a_3, \cdots, a_{\mathrm{n}}$ は各部分の面積で, A は全体の面積 $a_1+a_2+a_3+\cdots+a_{\mathrm{n}}$ である．各部分の重心の座標は，$(x_1, y_1), (x_2, y_2), (x_3, y_3), \cdots, (x_{\mathrm{n}}, y_{\mathrm{n}})$ である．

例題 5.5　平面図形の重心の計算

図 5.9 に示すように，2 つの長方形 A と B からなる図形の重心 $(x_{\mathrm{G}}, y_{\mathrm{G}})$ を求めよ．

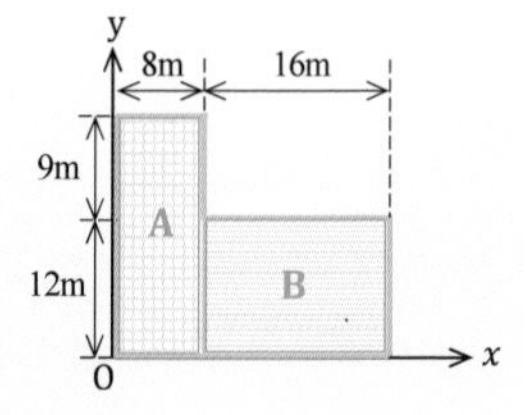

図 5.9　2 つの長方形からなる図形

[解]

長方形 A について

面積 $a_{\mathrm{A}} = (9\,\mathrm{m} + 12\,\mathrm{m}) \times 8\,\mathrm{m} = 168\,\mathrm{m}^2$

重心の座標 $(x_{\mathrm{A}}, y_{\mathrm{A}}) = (4\,\mathrm{m}, 10.5\,\mathrm{m})$

長方形 B について

面積 $a_{\mathrm{B}} = 12\,\mathrm{m} \times 16\,\mathrm{m} = 192\,\mathrm{m}^2$

重心の座標 $(x_{\mathrm{B}}, y_{\mathrm{B}}) = (16\,\mathrm{m}, 6\,\mathrm{m})$

よって，(5.20) 式と (5.21) 式より，重心の位置 $(x_{\mathrm{G}}, y_{\mathrm{G}})$ を計算することができる．

$$x_{\mathrm{G}} = \frac{a_{\mathrm{A}}x_{\mathrm{A}} + a_{\mathrm{B}}x_{\mathrm{B}}}{a_{\mathrm{A}} + a_{\mathrm{B}}} = \frac{168 \times 4 + 192 \times 16}{168 + 192} = \frac{3744}{360} = 10.4\,\mathrm{m}$$

$$y_{\mathrm{G}} = \frac{a_{\mathrm{A}}y_{\mathrm{A}} + a_{\mathrm{B}}y_{\mathrm{B}}}{a_{\mathrm{A}} + a_{\mathrm{B}}} = \frac{168 \times 10.5 + 192 \times 6}{168 + 192} = \frac{2916}{360} = 8.1\,\mathrm{m}$$

重心の位置は（10.4 m, 8.1 m）である．

例題 5.6　穴が空いた平面図形の重心の計算

図 5.10 に示すように，直径 12 m の円板に直径 4 m の穴が空いている．この図形の重心 $(x_{\mathrm{G}}, y_{\mathrm{G}})$ を求めよ．

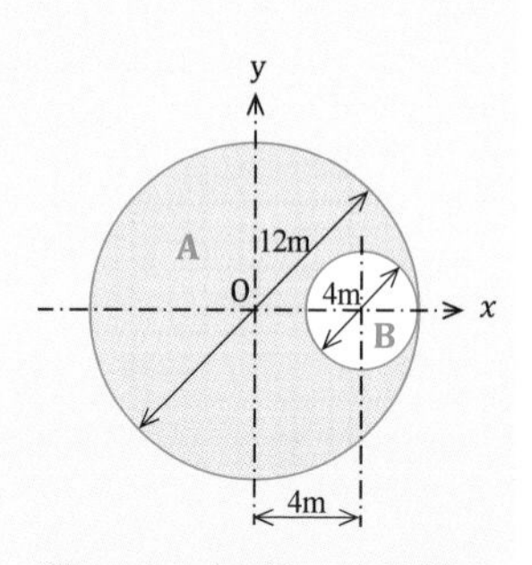

図 5.10　穴が空いた円板の図形

[解]

穴を空ける前の大きな円板について

　面積 $a_{\mathrm{A}} = 6\,\mathrm{m} \times 6\,\mathrm{m} \times \pi = 36\pi\,\mathrm{m}^2$

　重心の座標 $(x_{\mathrm{A}}, y_{\mathrm{A}}) = (0\,\mathrm{m}, 0\,\mathrm{m})$

穴を空ける円 B の部分について

　面積 $a_{\mathrm{B}} = 2\,\mathrm{m} \times 2\,\mathrm{m} \times \pi = 4\pi\,\mathrm{m}^2$

　重心の座標 $(x_{\mathrm{B}}, y_{\mathrm{B}}) = (4\,\mathrm{m}, 0\,\mathrm{m})$

よって，(5.20) 式と (5.21) 式より，次のように計算して穴が空いた円板の重心 $(x_{\mathrm{G}}, y_{\mathrm{G}})$ を求めることができる．

$$x_{\mathrm{G}} = \frac{a_{\mathrm{A}}x_{\mathrm{A}} - a_{\mathrm{B}}x_{\mathrm{B}}}{a_{\mathrm{A}} - a_{\mathrm{B}}} = \frac{36\pi \times 0 - 4\pi \times 4}{36\pi - 4\pi} = \frac{-16\pi}{32\pi} = -0.5\,\mathrm{m}$$

$$y_{\mathrm{G}} = \frac{a_{\mathrm{A}}y_{\mathrm{A}} - a_{\mathrm{B}}y_{\mathrm{B}}}{a_{\mathrm{A}} - a_{\mathrm{B}}} = \frac{36\pi \times 0 - 4\pi \times 0}{36\pi - 4\pi} = \frac{0}{32\pi} = 0\,\mathrm{m}$$

重心は (–0.5 m, 0 m) である．

例題 5.6 は，力のモーメントの代わりに面積のモーメントから求めている．つまり原点 0 のまわりで，(各面積のモーメントの和) = (全面積のモーメント) から計算している．そのとき，切り抜かれた部分の面積 (この例題では，円 B の部分) を負 (–) としている．大きな円板から小さな円板形穴の部分を引き算されていると考える．

5.2.2 ◆立体図形の重心

密度 × 体積 = 質量 であるため，密度が一様な立体の質量は，その立体の体積に比例する．そのため，(5.16) 式から (5.19) 式の各部分の質量 $m_1, m_2, m_3, \cdots, m_{\mathrm{n}}$ を各部分の体積 $v_1, v_2, v_3, \cdots, v_{\mathrm{n}}$ に書き換えた次の (5.22) 式と (5.23) 式から，

その立体の重心 $(x_{\mathrm{G}}, y_{\mathrm{G}})$ を計算することができる.

$$x_{\mathrm{G}} = \frac{v_1 x_1 + v_2 x_2 + v_3 x_3 + \cdots + v_{\mathrm{n}} x_{\mathrm{n}}}{v_1 + v_2 + v_3 + \cdots + v_{\mathrm{n}}} = \frac{1}{V}\sum_{i=1}^{n} v_i x_i \qquad (5.22)$$

$$y_{\mathrm{G}} = \frac{v_1 y_1 + v_2 y_2 + v_3 y_3 + \cdots + v_{\mathrm{n}} y_{\mathrm{n}}}{v_1 + v_2 + v_3 + \cdots + v_{\mathrm{n}}} = \frac{1}{V}\sum_{i=1}^{n} v_i y_i \qquad (5.23)$$

ただし, $v_1, v_2, v_3, \cdots, v_{\mathrm{n}}$ は各部分の体積, V は全体の体積 $v_1+v_2+v_3+\cdots+v_{\mathrm{n}}$ である. 各部分の重心の座標は, $(x_1, y_1), (x_2, y_2), (x_3, y_3), \cdots, (x_{\mathrm{n}}, y_{\mathrm{n}})$ である.

例題 5.7　立体図形の重心の計算

図 5.11 に示すように, 直径 6 m で長さ 8 m の円柱 A と一辺 10 m の立方体 B からなる図形の重心 $(x_{\mathrm{G}}, y_{\mathrm{G}})$ を求めよ. 2 つの物体 A と B は, 同一の材質で作られている.

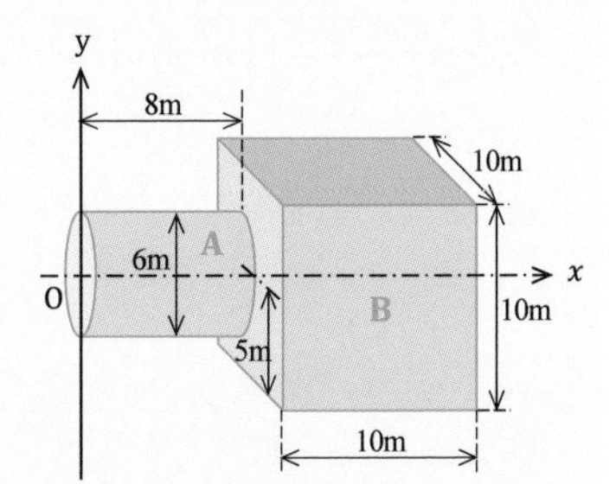

図 5.11　円柱と立方体からなる図形

[解]

円柱 A について

体積 $v_{\mathrm{A}} = 3\,\mathrm{m} \times 3\,\mathrm{m} \times \pi \times 8\,\mathrm{m} = 72\pi\,\mathrm{m}^3$

重心の座標 $(x_{\mathrm{A}}, y_{\mathrm{A}}) = (4\,\mathrm{m}, 0\,\mathrm{m})$

立方体 B について

体積 $v_{\mathrm{B}} = 10\,\mathrm{m} \times 10\,\mathrm{m} \times 10\,\mathrm{m} = 1000\,\mathrm{m}^3$

重心の座標 $(x_{\mathrm{B}}, y_{\mathrm{B}}) = (13\,\mathrm{m}, 0\,\mathrm{m})$

よって, (5.22) 式と (5.23) 式より, 次のように計算して重心 $(x_{\mathrm{G}}, y_{\mathrm{G}})$ を求めることができる.

$$x_{\mathrm{G}} = \frac{v_{\mathrm{A}} x_{\mathrm{A}} + v_{\mathrm{B}} x_{\mathrm{B}}}{v_{\mathrm{A}} + v_{\mathrm{B}}} = \frac{72\pi \times 4 + 1000 \times 13}{72\pi + 1000} = \frac{13904}{1226} = 11.34\,\mathrm{m}$$

$$y_{\mathrm{G}} = \frac{v_{\mathrm{A}} y_{\mathrm{A}} + v_{\mathrm{B}} y_{\mathrm{B}}}{v_{\mathrm{A}} + v_{\mathrm{B}}} = \frac{72\pi \times 0 + 1000 \times 0}{72\pi + 1000} = \frac{0}{1226} = 0\,\mathrm{m}$$

重心は (11.3 m, 0 m) である.

5.2.3 ◆さまざまな形状の剛体の重心

これまで，棒または平面や立体図形の重心を求めてきた．そこでは物体の密度は一様なため，質量を棒は長さ，平面図形は面積，立体図形は体積にそれぞれ書き換えた (5.16) 式から (5.19) 式に基づいて重心を求めてきた．各物体を組み合わせて，(質量 × 重心座標) の和 ÷(質量の和) をこれらの式は表している．このような考えを用いて，さまざまな形状の剛体の重心をさらに求めてみよう．剛体を極限まで細かく分けると，剛体は質点の集まりと見なすことができる．そのとき，(5.17) 式は (5.24) 式へ，(5.19) 式は (5.25) 式へ表すことができる．

$$x_{\mathrm{G}} = \frac{1}{m}\sum_{i=1}^{n} m_i x_i \Rightarrow x_{\mathrm{G}} = \frac{1}{m}\int_V x dm \tag{5.24}$$

$$y_{\mathrm{G}} = \frac{1}{m}\sum_{i=1}^{n} m_i y_i \Rightarrow y_{\mathrm{G}} = \frac{1}{m}\int_V y dm \tag{5.25}$$

ここでは，dm は微小部分の質量で，x と y はその微小部分の位置である．$\int_V$ は体積積分の記号で，積分領域が V なので剛体の体積全体にわたって積分するということである．

例題 5.8　円すいの重心の計算

図 5.12 に示すように，半径 R 長さ h の直円すいがある．r は x の関数で $r(x) = -\frac{R}{h}(x-h)$ で表される．次の問いに答えよ．

(1) 円すいの体積を求めよ．

(2) 円すいの重心 x_{G} を求めよ．

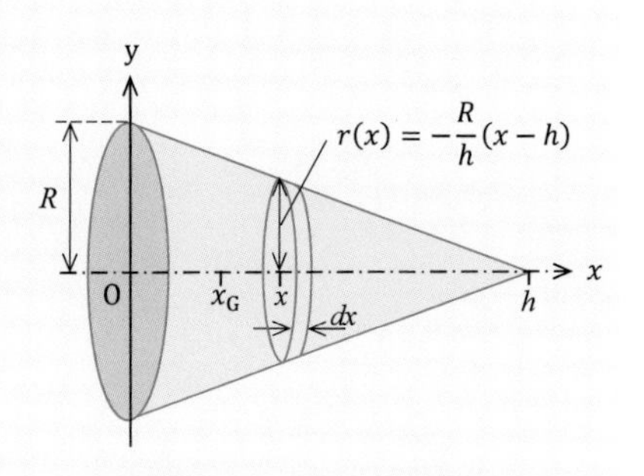

図 5.12　円すいの重心

[解]

(1) 体積 $V = \int_0^h \pi\{r(x)\}^2 dx = \int_0^h \pi \left\{-\frac{R}{h}(x-h)\right\}^2 dx$

$$= \frac{\pi R^2}{h^2}\int_0^h (x^2 - 2hx + h^2)dx = \frac{\pi R^2}{h^2}\left(\frac{h^3}{3} - h^3 + h^3\right) = \frac{\pi R^2 h}{3}$$

よって，体積は $\frac{\pi R^2 h}{3}$ である．

(2) 重心 $x_{\mathrm{G}} = \frac{1}{V}\int_0^h \pi\{r(x)\}^2 x dx = \frac{3}{\pi R^2 h}\int_0^h \pi \left\{-\frac{R}{h}(x-h)\right\}^2 x dx$

$$= \frac{3}{h^3}\int_0^h (x^3 - 2hx^2 + h^2 x)dx = \frac{3}{h^3}\left(\frac{h^4}{4} - \frac{2h^4}{3} + \frac{h^4}{2}\right) = \frac{h}{4}$$

よって，重心は $\left(\frac{h}{4}, 0\right)$ である．

そのほかの形状の重心を表 5.1 に示す．

表 5.1　簡単な形状の重心

線分	円弧	半円弧
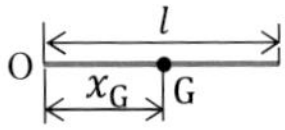	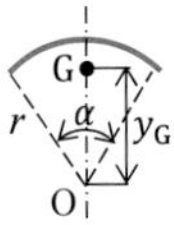	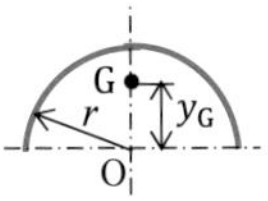
$x_{\mathrm{G}} = \frac{l}{2}$	$y_{\mathrm{G}} = \frac{2r}{\alpha}\sin\frac{\alpha}{2}$	$y_{\mathrm{G}} = \frac{2r}{\pi}$
三角形	平行四辺形	台形
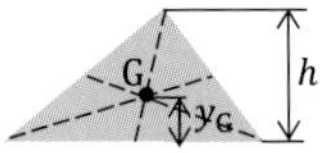	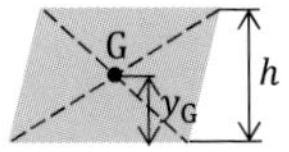	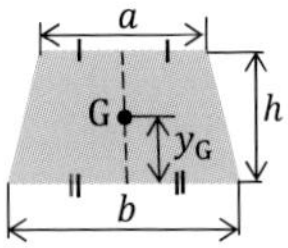
$y_{\mathrm{G}} = \frac{h}{3}$, 3 つの中線の交点	$y_{\mathrm{G}} = \frac{h}{2}$, 対角線の交点	$y_{\mathrm{G}} = \frac{h}{3}\left(\frac{2a+b}{a+b}\right)$
扇形	半円	角すい
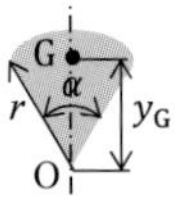	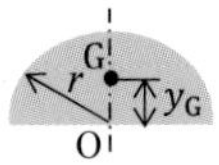	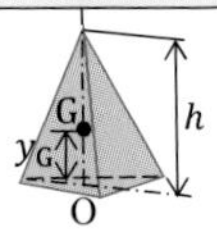
$y_{\mathrm{G}} = \frac{4r}{3\alpha}\sin\frac{\alpha}{2}$	$y_{\mathrm{G}} = \frac{4r}{3\pi}$	$y_{\mathrm{G}} = \frac{h}{4}$

5.3 物体のすわり

物体の各部分にはたらく重力を，重心の 1 点にその重力の和がはたらくものとして扱うことができる．重心を求めることができれば，物体にはたらく力がその物体にどのように作用するかわかるようになる．図 5.13(a)～(d) は縦 h 横 l の長方形を，(e)～(h) は高さ h 底辺 l の三角形を，(a) と (e) に示す点 O を中心に右回りにそれぞれ回転させている．

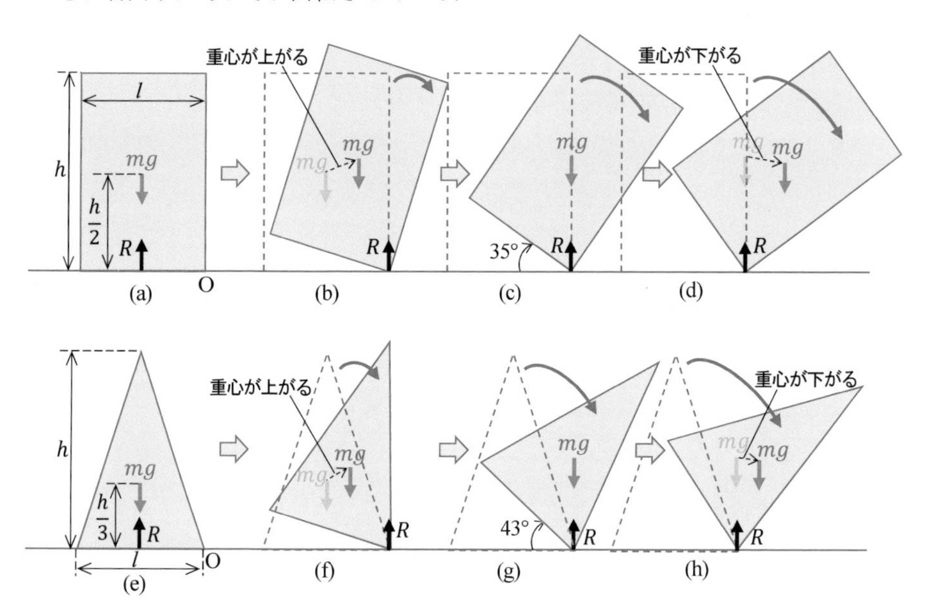

図 5.13　物体の回転と安定

それらの物体には，重力 mg と水平面からの反力 R のみがはたらいている．図 (c) と (g) では，その物体の重力 mg の作用線と反力 R のそれとが同一直線上にある．そのとき，物体の重心の位置は最高点になる．その反力 R の作用線上に重心がないとき，その 2 力は物体を回転運動させるようにはたらくことになる．つまり，図 (c) と (g) よりも物体の回転角が小さい (b) や (f) では，偶力のモーメントは左回りで最初の位置 (a) や (e) に戻すようにはたらく (3.3 節で述べたように，重力と反力のように大きさが等しく逆向きの平行な 2 力を偶力といい，剛体を回転させるはたらきをもつ）．この回転の向きのときの物体を安定な (stable) すわりであるという．それよりも回転角が大きい (d) や (h) では，その偶力のモーメントは右回りで物体は最初の位置 (a) や (e) に戻ろうとしないで反対側に倒れるようにはたらく．そのときの物体を不安定な (unstable) すわりであるという．物体の状態が (a) → (c) や (e) → (g) では，重心の位置は回転とともにだんだん高くなっている．(c) → (d) や (g) → (h) では，逆にそれは低くなっている．水平面に置かれた球のように，転がしても常に重心の位置が変わらないような物体は中立の (neutral) すわりという．物体が最初の位置に戻るか，それとも戻れずに反対側に倒れてしまうかの境界の物体の状態が (c) や (g) になる (mg の作用線と R の作用線とが重なった状態)．(c) や (g) の状態になるまでの物体の回転角は，物体の重心が低いと大きくなる．つまり反対側に倒れにくく，少しの回転ではすぐに最初の状態 (a) や (e) に戻る．図 5.13 では，長方形の重心の高さが h/2 でその回転角が約 35°，三角形の場合は重心 h/3 で約 43° がその境界となっている．

第 5 章　練習問題

5.1 図 5.14 に示すように，両端を支持された長さ 10 m のはりの一部に単位長さ当たり 20 N/m の一様な分布力がはたらいている．次の問いに答えなさい．

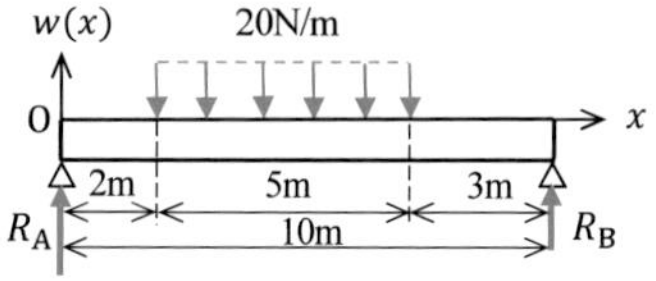

図 5.14　問題 5.1 の図

(1) この分布力の等価集中力の大きさと作用点を求めよ．

(2) 両支点にはたらく反力 R_A と R_B の大きさを求めよ．

5.2 図 5.15 に示すように，両端を支持された長さ 10 m のはりの一部に単位長さ当たり 10 N/m の一様な分布力と 20 N の集中力がはたらいている．次の問いに答えなさい．

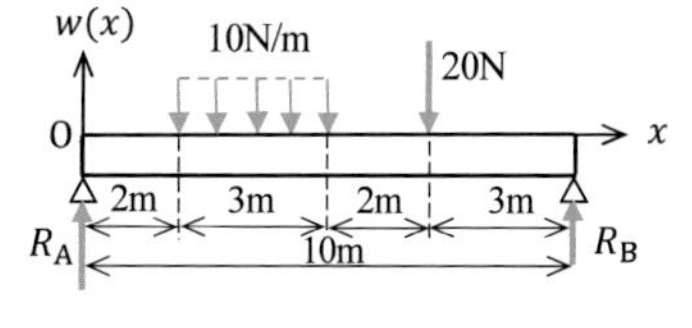

図 5.15　問題 5.2 の図

(1) この分布力の等価集中力の大きさと作用点を求めよ．

(2) 両支点にはたらく反力 R_A と R_B の大きさを求めよ．

5.3 図 5.16 に示すように，長さ 20 m のはりに単位長さ当たり 20 N/m の一様な分布力がはたらいている．次の問いに答えなさい．

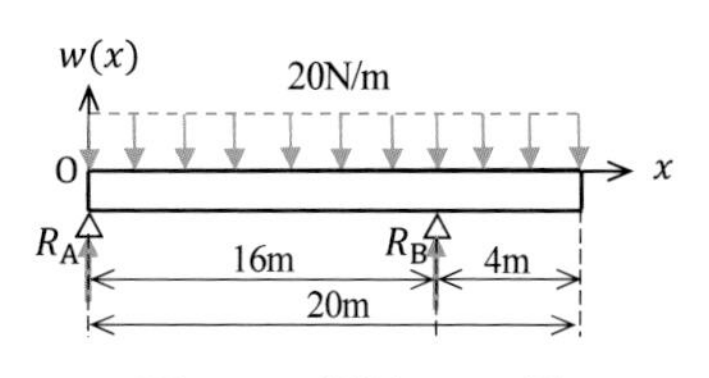

図 5.16　問題 5.3 の図

(1) この分布力の等価集中力の大きさと作用点を求めよ．

(2) 両支点にはたらく反力 R_A と R_B の大きさを求めよ．

5.4 図 5.17 に示すような分布力 $w(x) = 10\sin\left(\frac{\pi x}{50}\right)$ [N/m] が，長さ 50 m のはりにはたらいている．次の問いに答えなさい．

(1) この分布力の等価集中力の大きさと作用点を求めよ．

(2) 両支点にはたらく反力 R_{A} と R_{B} の大きさを求めよ．

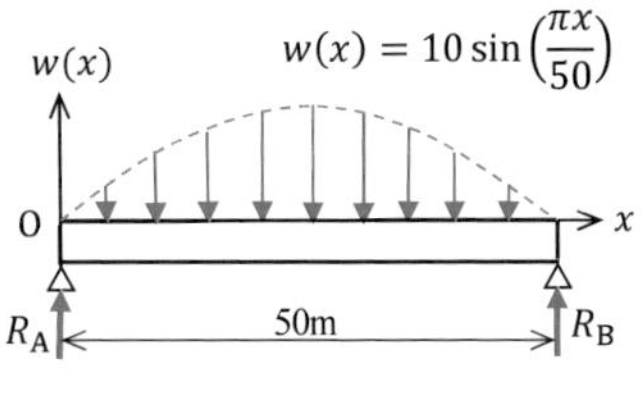

図 5.17　問題 5.4 の図

5.5 図 5.18 に示すような折れ曲がった棒の重心の座標 $(x_{\mathrm{G}}, y_{\mathrm{G}})$ を求めよ．ただし，棒の材質や太さは一様とする．

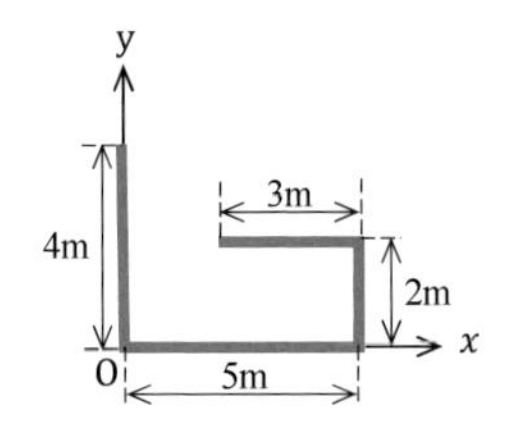

図 5.18　問題 5.5 の図

5.6 図 5.19 に示すような折れ曲がった棒の重心の座標 $(x_{\mathrm{G}}, y_{\mathrm{G}})$ を求めよ．ただし，棒の材質や太さは一様とする．

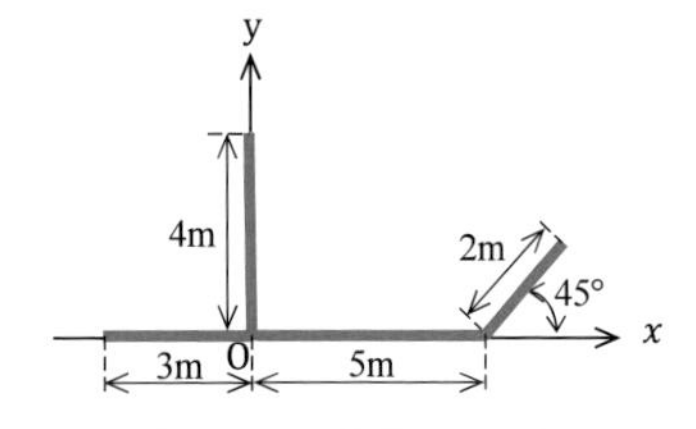

図 5.19　問題 5.6 の図

5.7 図 5.20 に示すような台形の図心の座標 $(x_{\mathrm{G}}, y_{\mathrm{G}})$ を求めよ．

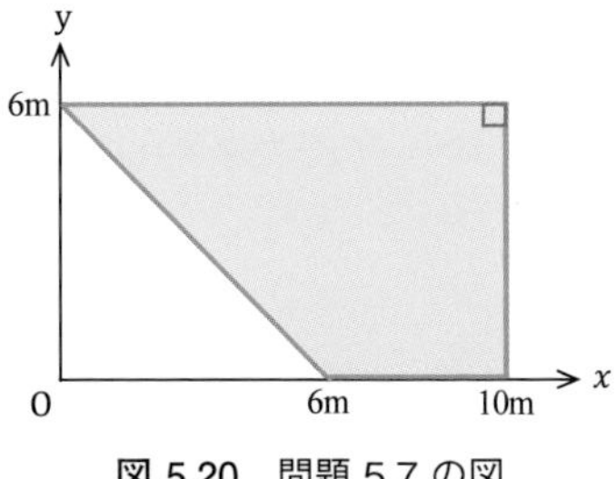

図 5.20　問題 5.7 の図

5.8 図 5.21 に示すように，半径 4 m 高さ 8 m の直円すいから，上部の半径 2 m 高さ 4 m の円すい部分を切り取った図形の重心 y_G を求めよ．

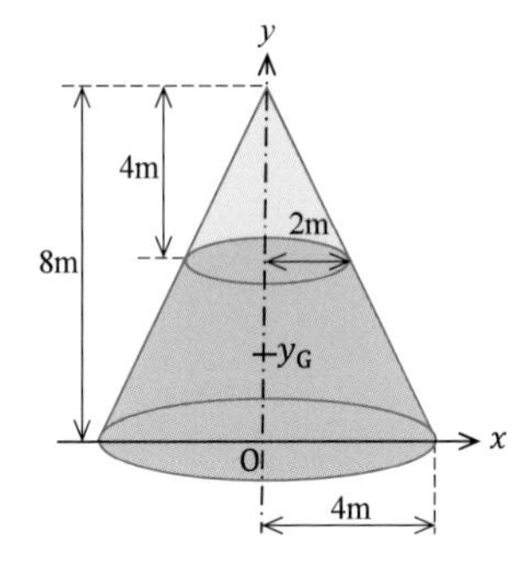

図 5.21　問題 5.8 の図

5.9 図 5.22 に示す半径 r の半球について，次の問いに答えよ．

(1) 体積 V を求めよ．

(2) 中心 O からの重心の位置 y_G を求めよ．

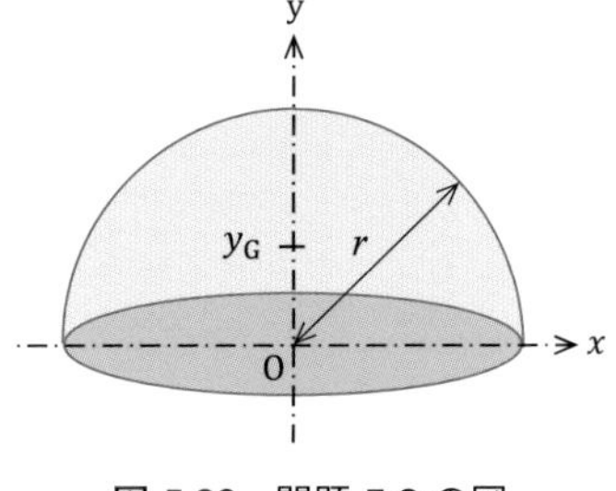

図 5.22　問題 5.9 の図

5.10 直線 $y = 3x$ と放物線 $y = \frac{1}{2}x^2$ に囲まれた図形について，次の問いに答えよ．

(1) その図形の面積 S の値を求めよ．

(2) 図心の座標 (x_G, y_G) を求めよ．

第6章

質点の運動

乗り物の開発や設計の現場では，複雑な数値シミュレーションや実機を伴う試験などの前に，まず単純な現象として物体にはたらく力と運動について検討が行われる．本章では，物体をその全質量が集まっている点つまり質点として，外力によるその位置の変化やさまざまな運動について理解を深める．

〈学習の目標〉

- 物体の運動を点の運動に置き換える考え方を理解する．
- 物体の変位・速度・加速度をベクトル量で扱うことを理解する．
- 直線運動，放物線運動，円運動などの運動を理解する．
- 相対運動について考え方を理解する．

6.1 運動を表現する

物体は質量をもった点，すなわち質点 (mass point) に置き換えて，質点に外力や重力がはたらくと時間とともにどのように位置を変えていくのか考えてみる．そのとき，その運動をどのように表現するかを決めなければならない．例えば，身近にある下敷きを手に持ち，その上にビー玉のような球を乗せることを想像してみよう．下敷きを水平にするのは難しいので，ビー玉は重力の影響を受けて，いずれかの方向に向かって動き出す．物体の運動には方向があるということである．また，そのビー玉が運動する速さは下敷きの持ち方によって変わってくることから，重力によってそのビー玉が動く向きにはたらく力に大きさの違いがあるということである．つまり，本書の「2.1 力の表し方の基本」図 2.1 と同じ示し方ができる．そのため，その運動もベクトル (vector) で扱うことができる．また，質点が通る軌跡を経路 (path) という．

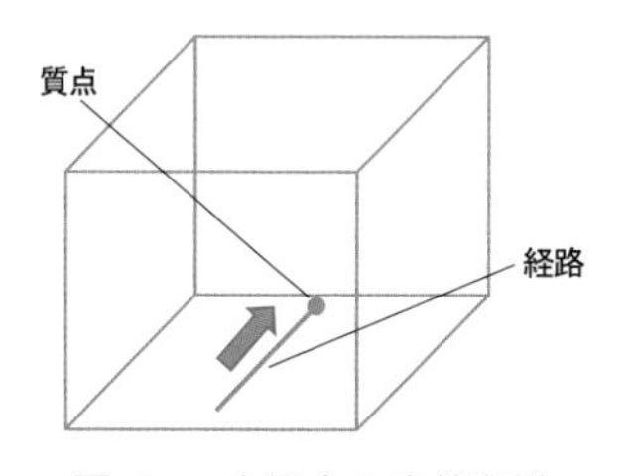

図 6.1　空間内の直線運動

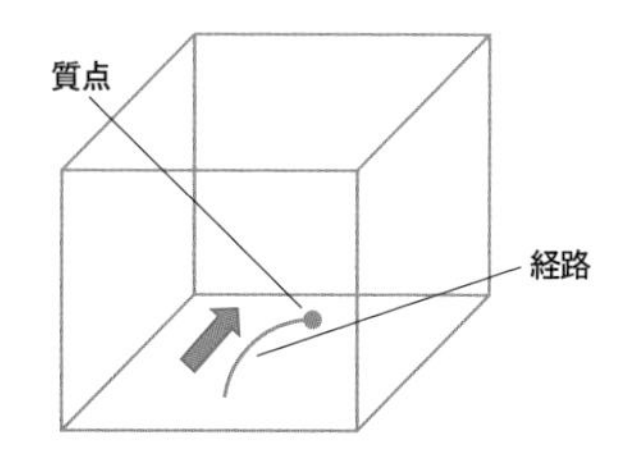

図 6.2　空間内の曲線運動

経路とは，例えば自動車が通る道路や電車の線路のように車両が通る「みち」を想像するとよい．図 6.1 と図 6.2 は，3 次元空間の底面内を運動する質点を示したものである．図 6.1 は直線運動を，図 6.2 は曲線運動をそれぞれ示している．その質点が運動している空間内で，経路が直線であれば直線運動，経路が曲線であれば曲線運動である．

6.1.1 ◆運動の変化を表現する

変化の最小単位として，Δ(デルタ) の記号が用いられる．例えば，時刻 t は Δt のように用いる．この記号は変化の最小単位 (瞬間) を意味している便宜上の表現で，アニメーションや動画の 1 コマをイメージするとわかりやすいのではないだろうか．

質点の移動は位置の変化で表される．その位置の変化量を変位 (displacement) という．変位は m (メートル) のような長さの単位で表され，ベクトルである．ここでは，ベクトルを太文字で表現している (本章では，時間 Δt の間の変位を $\Delta \boldsymbol{r}$，その大きさを Δs で示している)．その質点は経路上を前に進むか，後ろに戻るかのどちらかの向きに移動する．変位はベクトルであるから，質点が前進するときを正 (+) とすると，後退するときは負 (−) となる．経路上を移動する質点の位置は，時間とともに変わる．ある時間内の変位を速度 (velocity) という．速度の単位は m/s(メートルを秒で割ったもの) または km/h (キロメートルを時間で割ったもの，時速) で表されることが多い．さらに，ある時間内の速度の変化を示す量を加速度 (acceleration) といい，単位は $\mathrm{m/s^2}$ (速度を秒で割ったもの，メートル毎秒毎秒と読む) でよく表される．速度や加速度も変位と同様に，「大きさ」と「向き」を与えないと決まらないのでベクトルである．

6.1.2 ◆速度

図 6.3 のように，任意の時刻 t [s] から Δt [s] だけ時間が経過したとき，経路上を質点が点 P_1 から点 P_2 まで移動したとする．そのとき，質点の出発点 P_0 (時刻 0) から点 P_1 までの長さを s [m]，点 P_0 から点 P_2 までの長さを $s + \Delta s$ [m] と定めると，$\Delta s/\Delta t$ [m/s] を平均の速さという．また，点 P_1 と点 P_2 は点 P_0 から見れば，t [s] 後と $t + \Delta t$ [s] 後の質点の位置の変化と見なすことができる．そのため点 P_1 と点 P_2 は時刻の関数として，それぞれ $\mathrm{P}_1(t)$，$\mathrm{P}_2(t + \Delta t)$ で表される．

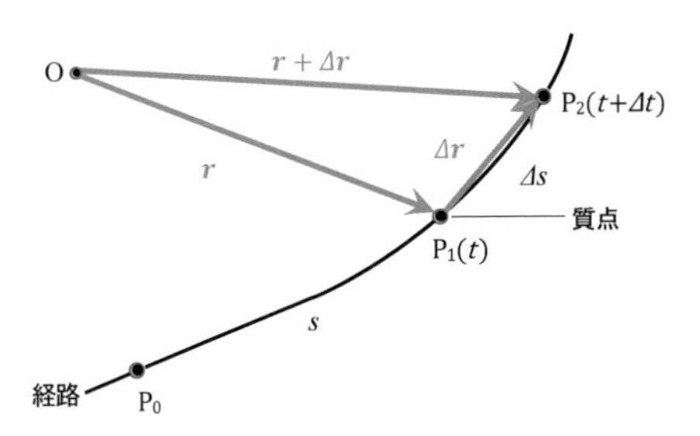

図 6.3　質点の変位と速度

これを現実世界と置き換えて考えてみよう．例えば，自動車で点 P_1 から点 P_2 まで移動するとしよう．この場合，経路の途中には直線道路ばかりでなく，曲線道路や信号などによる加減速があり，自動車の走行状態は常に一定ではないことが容易に想像できる．そして，多くの事象を扱う場合には，時間変化を微小とした Δt で考えるので，その瞬間の移動距離は Δs となる．その結果，自動車の速さは平均の速さ $\dfrac{\Delta s}{\Delta t}$ として扱うことになる．Δt を限りなく小さくして一瞬の出来事を考えると，その自動車の移動距離も微小となり，図 6.3 の点 P_2 が点 P_1 に限りなく近づく．これによって，$\dfrac{\Delta s}{\Delta t}$ は次の (6.1) 式のように一定の値 v に近づく．

$$v = \lim_{\Delta t \to 0} \frac{\Delta s}{\Delta t} = \frac{ds}{dt} = \dot{s} \tag{6.1}$$

(6.1) 式が意味するところは，$\dfrac{\Delta s}{\Delta t}$ の Δt を 0 に限りなく近づけると，経路の長さ (または距離)s を時間 t で微分することに等しいということである．すなわち $\dfrac{ds}{dt}$ で示され，これを $\dot{s}$ と表現することもある．なお，$(\dot{\ })$ は $\frac{d}{dt}$ (時間で 1 階微分) のことである．

ここまで扱った速さは，大きさのみを示すスカラーである．これに運動の方向と向きを考えていくことにする．点 O から見た点 P_1 の位置が，位置ベクトル $\boldsymbol{r}$ で示され，時刻 Δt [s] 後の位置ベクトルは $\boldsymbol{r} + \Delta \boldsymbol{r}$ で示される．このとき，$\Delta \boldsymbol{r}$ が変位ベクトルとなり，瞬間の位置の変化を示すことになる．(6.1) 式と同様に Δt の間の位置ベクトルの変化について示すと $\dfrac{\Delta \boldsymbol{r}}{\Delta t}$ となり，これは次の (6.2) 式のように平均の速度 $\boldsymbol{v}$ を示している．

$$\boldsymbol{v} = \lim_{\Delta t \to 0} \frac{\Delta \boldsymbol{r}}{\Delta t} = \frac{d\boldsymbol{r}}{dt} = \dot{\boldsymbol{r}} \tag{6.2}$$

図 6.3 で Δt を 0 に近づけるとき，点 P_2 は点 P_1 に限りなく近づくので，$\Delta \boldsymbol{r}$ の方向は経路の点 P_1 での接線の方向と一致する．このことを図 6.4 は示している．

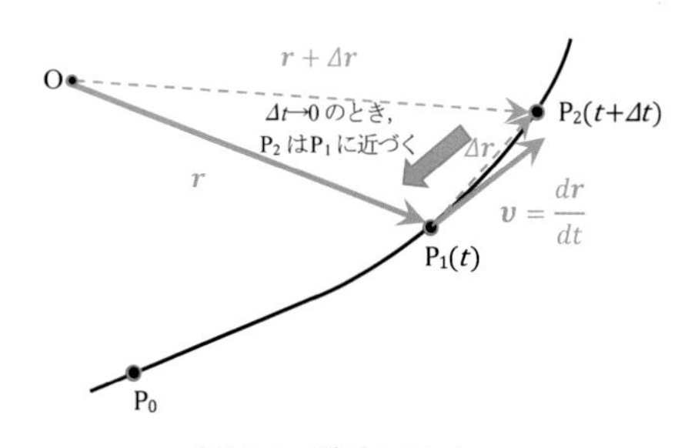

図 6.4　速度ベクトル

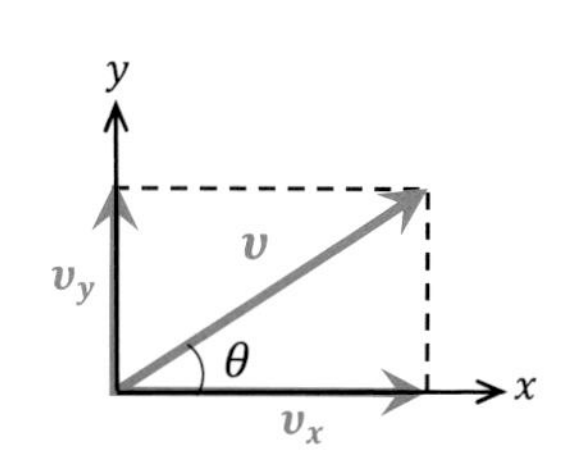

図 6.5　速度ベクトルの分解

すなわち速度 $\boldsymbol{v}$ は，大きさが v で方向は経路の接線方向となり，進む向きは経路に沿って図 6.4 の右上の向きをもつベクトルである．速度はベクトルであるから，その性質を利用して $x-y$ 平面上の運動を考える場合には，図 6.5 に示すように x 方向の速度 $\boldsymbol{v}_x$ と y 方向の速度 $\boldsymbol{v}_y$ に分解することができる．その分解した速度を分速度(ぶん) (component of velocity) という．また次の (6.3) 式のように，速度 $\boldsymbol{v}$ の水平方向となす角度 θ [rad] は，図 6.4 の経路を表す曲線上の点 P_1 での接線の傾きになる．

$$\tan\theta = \frac{v_y}{v_x} = \frac{\dfrac{dy}{dt}}{\dfrac{dx}{dt}} = \frac{dy}{dx} \tag{6.3}$$

6.1.3 ◆加速度

図 6.4 の質点の運動で，速度が時間とともに変化しているので，加速度が生じていることになる．加速度も，速度と同様に大きさと向きをもつ量であるからベクトルである．図 6.6 のように時刻 t における速度を $\boldsymbol{v}$，時刻 $t+\Delta t$ における速度を $\boldsymbol{v}+\Delta\boldsymbol{v}$ とする．時間 Δt の間に速度の変化量は $\Delta\boldsymbol{v}$ であるから，その変化の割合 $\dfrac{\Delta\boldsymbol{v}}{\Delta t}$ は Δt 秒間の平均の加速度となる．Δt を限りなく小さくしていくときの $\dfrac{\Delta\boldsymbol{v}}{\Delta t}$ が，点 P_1 での瞬間の加速度となる．時刻 t における加速度は，次の (6.4) 式で表される．またこの式に示されるように，加速度 $\boldsymbol{a}$ は，(6.2) 式の $\boldsymbol{v}=\dfrac{d\boldsymbol{r}}{dt}$ より位置ベクトル $\boldsymbol{r}$ を時刻 t で 2 階微分することによって次のように求められる．

$$\boldsymbol{a} = \lim_{\Delta t\to 0}\frac{\Delta\boldsymbol{v}}{\Delta t} = \frac{d\boldsymbol{v}}{dt} = \dot{\boldsymbol{v}} = \frac{d}{dt}\left(\frac{d\boldsymbol{r}}{dt}\right) = \frac{d^2\boldsymbol{r}}{dt^2} = \ddot{\boldsymbol{r}} \tag{6.4}$$

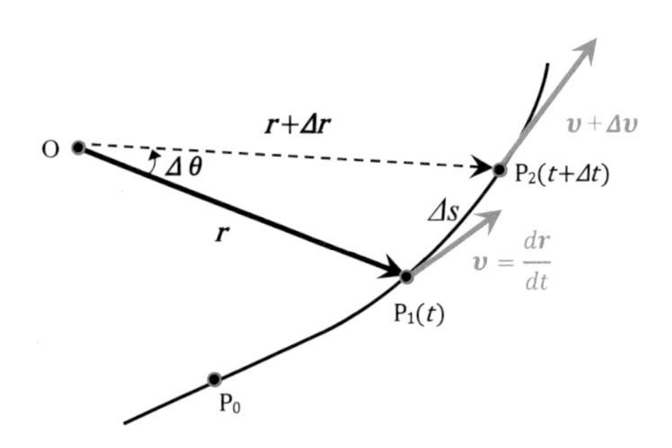

図 6.6　速度ベクトルの時間変化

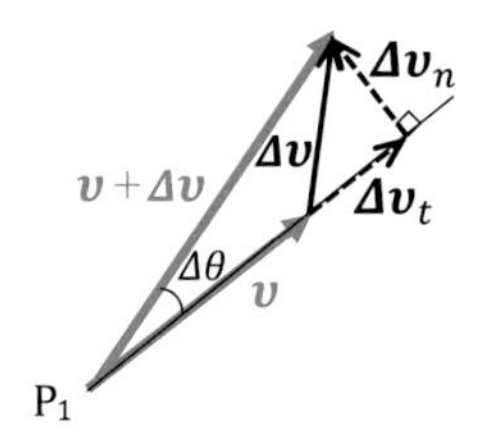

図 6.7　接線加速度 $\boldsymbol{a}_t(=\Delta\boldsymbol{v}_t/\Delta t)$ と法線加速度 $\boldsymbol{a}_n(=\Delta\boldsymbol{v}_n/\Delta t)$

曲線運動は，速度 $\boldsymbol{v}$ の向きが変わるので加速度をもった運動である．一定の速さ (一定の速度の大きさ) で曲線運動しても，加速度 $\boldsymbol{a}$ は 0 にはならない．

なぜなら，その加速度 $\boldsymbol{a}$ の向きは速度 $\boldsymbol{v}$ の向きとは異なるからである．図 6.7 は，図 6.6 の速度ベクトル $\boldsymbol{v}$ と $\boldsymbol{v}+\Delta\boldsymbol{v}$ の始点を点 P_1 に一致させて書いている．この図に示すように，加速度 $\boldsymbol{a}$ の向きと一致する速度の変化 $\Delta\boldsymbol{v}$ を，速度 $\boldsymbol{v}$ と一致する方向の速度変化 $\Delta\boldsymbol{v}_t$ と，それに垂直な方向の速度変化 $\Delta\boldsymbol{v}_n$ に分けて考えてみよう．

$\Delta\boldsymbol{v}_t$ と $\Delta\boldsymbol{v}_n$ の単位時間当たりの変化量から，各方向の加速度 $\boldsymbol{a}_t$ と $\boldsymbol{a}_n$ の大きさを次の (6.5) 式と (6.6) 式から求めることができる．

$$a_t = \lim_{\Delta t\to 0}\frac{\Delta v_t}{\Delta t} = \lim_{\Delta t\to 0}\frac{(v+\Delta v)\cos\Delta\theta - v}{\Delta t} = \lim_{\Delta t\to 0}\frac{\Delta v}{\Delta t} = \frac{dv}{dt} \tag{6.5}$$

$$a_n = \lim_{\Delta t\to 0}\frac{\Delta v_n}{\Delta t} = \lim_{\Delta t\to 0}\frac{(v+\Delta v)\sin\Delta\theta}{\Delta t} = \lim_{\Delta t\to 0}\frac{v\Delta\theta}{\Delta t} = \lim_{\Delta t\to 0}\frac{v\Delta\theta}{\Delta s}\frac{\Delta s}{\Delta t} = \frac{v^2}{\rho} \tag{6.6}$$

(6.6) 式の ρ は，経路上の点 P_1 での曲率半径である．上の式のなかの過程で,$\dfrac{\Delta\theta}{\Delta s} = \dfrac{\Delta s}{\rho}\dfrac{1}{\Delta s} = \dfrac{1}{\rho}$ と，$\Delta\theta\,[\mathrm{rad}]$ は微小なため $\cos\Delta\theta \approx 1$，$\sin\Delta\theta \approx \Delta\theta$, $\Delta v\Delta\theta \approx 0$ を用いている ($\approx$ は「ほぼ等しい」という意味である)．

加速度 $\boldsymbol{a}_t$ の向きは経路上の点 P_1 での接線方向で接線加速度 (tangential acceleration) といい，加速度 $\boldsymbol{a}_n$ の向きは経路上の点 P_1 での法線方向で法線加速度 (normal acceleration) という．接線加速度は，質点が進む速さを変える加速度であり，法線加速度は質点が進む向きを変える加速度である．

加速度の大きさは，接線加速度と法線加速度のベクトルの合成となるから，力の合成と同様に考えて次のように表される．

$$a = \sqrt{{a_t}^2 + {a_n}^2} = \sqrt{\left(\frac{dv}{dt}\right)^2 + \left(\frac{v^2}{\rho}\right)^2} \tag{6.7}$$

6.1.4 ◆変位・速度・加速度と微積分の役割

変位・速度・加速度は，時間とともに変化できる量である．これらの関係を考えるときには，微分積分を用いることがよくある．速度は単位時間当たりの変位，加速度は単位時間当たりの速度の変化であることは，前項の 6.1.2 速度，6.1.3 加速度ですでに述べている．その関係は，微分を用いて表すことができる．つまり，変位を時間 t で微分すると速度が，速度を時間 t で微分すると加速度が求まる．微分の逆演算である積分を用いても，その関係を表すことができる．つまり，加速度を時間 t で積分すると速度が，速度を時間 t で積分すると変位が求まる．これらの関係を図 6.8 にまとめている．ここで $\boldsymbol{v}_0$ は初速度である．

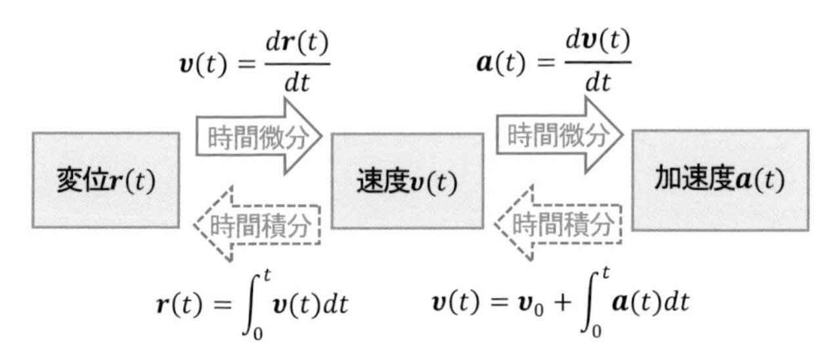

図 6.8　変位・速度・加速度と微積分

微分積分を用いると変位，速度，加速度の相互の関係が明らかになるので，微分積分は質点の運動を考えるとき重要なツールの一つといえる．

6.1.5 ◆加加速度

単位時間当たりの加速度の変化の割合 $\Delta\boldsymbol{a}/\Delta t$ を加加速度（かかそくど）または躍度（やくど）(jerk) という．加速度 $\boldsymbol{a}$ はベクトル量であるので，加加速度 $\boldsymbol{j}$ [m/s^3] もベクトル量であり次の式で表される．加加速度の単位はメートル毎秒毎秒毎秒と読む．

$$\boldsymbol{j} = \lim_{\Delta t \to 0} \frac{\Delta \boldsymbol{a}}{\Delta t} = \frac{d\boldsymbol{a}}{dt} = \dot{\boldsymbol{a}} = \frac{d^2\boldsymbol{v}}{dt^2} = \ddot{\boldsymbol{v}} = \frac{d^3\boldsymbol{r}}{dt^3} = \dddot{\boldsymbol{r}} \tag{6.8}$$

自動車や電車の加加速度が大きいと，乗り心地が悪く不快に感じる．そのため，乗り物は加加速度を制限するよう設計に考慮されている．また大きな加加速度は，機械装置の損傷にもつながる場合があるので注意が必要である．

補足　乗っている電車が加速するとき，慣性力によって電車の進む向きと反対向きに人は動こうとする．電車が減速するときは，電車の進む向きと同じ向きに動こうとする．人が受けるこの力の大きさは，電車の加速度の大きさに比例する．電車が加減速を繰り返すと，慣性力が変化 (加速度が変化) し，人は前後に揺すぶられることになる．この程度が乗り心地に関係している．

この加速度の変化量が加加速度である．一定な加速や減速をする新幹線は，電車よりも乗り心地は良いと感じたことはないだろうか？

6.2 直線運動

図 6.3 で示す経路が曲線ではなく直線の場合について，その質点の運動について考えていこう．直線運動では，変位・速度・加速度の方向はすべて同じ直線方向である．前述のように，変位の大きさはその経路の長さ s であり，速度 $\boldsymbol{v}$ の大きさつまり速さは (6.1) 式から求めることができる．時間 Δt の間の変位 $\Delta \boldsymbol{r}$ の大きさとなる経路の長さは Δs になるので，(6.4) 式より加速度の大きさ a は次の (6.9) 式のようになる．

$$a = \lim_{\Delta t \to 0} \frac{\Delta v}{\Delta t} = \frac{dv}{dt} = \frac{d}{dt}\left(\frac{ds}{dt}\right) = \frac{d^2 s}{dt^2} = \ddot{s} \tag{6.9}$$

6.2.1 ◆等速度運動，等加速度運動

質点の速度や加速度が一定な直線運動について考えてみよう．速度が一定となる運動を等速度運動 (uniform motion)，加速度が一定となる運動を等加速度運動 (uniform acceleration motion) という．等速度運動では速度は変化しないので，時間に対する速度の変化つまり加速度は 0 である．等速度運動の速さは，時間 t が経過しても初速 (時刻が 0 のときの速さ)v_0 のまま変化せず，その変位の大きさを s とすると次の (6.10) 式が成り立つ．

$$v_0 = \frac{ds}{dt} \tag{6.10}$$

この式を変形させた式 $ds = v_0 dt$ の両辺を時間 t で積分すると，変位の大きさ s は次のようになる．

$$s = \int_0^t v_0 dt = v_0 t \tag{6.11}$$

等加速度運動は，時間が経過しても加速度の大きさ a が変化せず一定となる運動である．t 秒後に速さ v になったとすれば，その加速度の大きさは次の (6.12)

式のような関係となる.

$$a = \frac{dv}{dt} \tag{6.12}$$

この式を変形させた式 $dv = adt$ の両辺を先ほどと同じように時間 t で積分し，初速を v_0 とすると速さ v は次のようになる.

$$v = v_0 + \int_0^t adt = v_0 + at \tag{6.13}$$

さらに，(6.1) 式の $v = \frac{ds}{dt}$ を変形させた式 $ds = vdt$ に (6.13) 式を代入すると次の (6.14) 式が得られる.

$$ds = (v_0 + at)dt \tag{6.14}$$

この (6.14) 式を時間 t で積分したのが，次の (6.15) 式である.

$$s = \int_0^t (v_0 + at)dt = v_0 t + \frac{1}{2}at^2 \tag{6.15}$$

また，(6.13) 式と (6.15) 式から t を消去すると，速さ v と変位の大きさ s との関係式は次のようになる.

$$v^2 - {v_0}^2 = 2as \tag{6.16}$$

例題 6.1　$v - t$ グラフと物体の運動

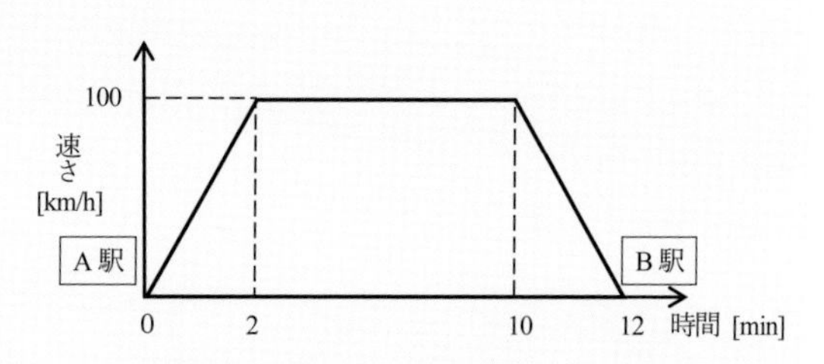

図 6.9　電車の速さと時間との関係

直線レールの上を走る電車が，A 駅を出発し等加速度で 2 分間走行して速さ 100 km/h になった．電車は 100 km/h で 8 分間走行した後，ブレーキをかけて 2 分間一定の割合で減速して B 駅に着いた．A 駅と B 駅との間の距離を求めよ．

[解]

電車は，最初に等加速度直線運動 (加速度は正) で走行し，その後等速直線運動を経て，最後に再び等加速度直線運動 (加速度は負) をしている．その電車の速さと時間との関係を図 6.9 に示す．$v-t$ グラフの台形の面積は，この電車の変位を表している．2 分まで，2 分から 10 分まで，10 分から 12 分までの 3 つに分けて走行距離を計算し，それらを足し合わせて A 駅と B 駅との間の距離 s を求めてみる．速さ 100 km/h は単位換算して 1.67 km/min となるので，その距離 s は次のようになる．

$$s = \frac{1}{2} \times 2 \times 1.67 + 1.67 \times (10-2) + \frac{1}{2} \times (12-10) \times 1.67 = 16.7\,\mathrm{km}$$

解説　変位 s の大きさ (例題 6.1 では電車の進む距離) の求め方について，もう少し考えてみよう．短い時間 Δt の間に進む変位の大きさ Δs は，その間の平均の速さ $\bar{v}$ と Δt との積である．時間 t の間に進む距離 s は，その Δs の総和になる．よって，Δt をきわめて短くすると，$v-t$ グラフの面積 (例題 6.1 では台形の面積) が電車の走行した距離である．これは v を時間 t で積分することになる．縦軸の速度を単位換算して 100 km/h = 1.67 km/min で，台形の面積を求める公式にあてはめると，次のように解が得られる．

$$s = \frac{((\text{上底} + \text{下底}) \times \text{高さ})}{2} = \frac{((8+12) \times 1.67)}{2} = 16.7\,\mathrm{km}$$

6.2.2 ◆落体の運動

落体の運動では，重力だけを受けて運動をしている．地球上では常に重力がはたらいているため，その力が作用する鉛直方向は等加速度運動をすることになる．その加速度の大きさは，約 9.8 m/s² で重力加速度という．

初速度 v_0 [m/s] の大きさで鉛直下向きに投げた物体の t 秒後について考えてみよう．この運動は鉛直下向きであるから下向きを正 (+) とし，変位量 s [m] を落下量 h [m] に置き換えて，t 秒後の速さを v [m/s] とする．(6.13) 式，(6.15) 式，(6.16) 式から，次の (6.17)〜(6.19) 式が得られる．いずれも元の式から，変位量が落下量に，加速度 a [m/s^2] が重力加速度 g [m/s^2] に置き換わった形である．

$$v = v_0 + gt \tag{6.17}$$

$$h = v_0 t + \frac{1}{2}gt^2 \tag{6.18}$$

$$v^2 - {v_0}^2 = 2gh \tag{6.19}$$

物体を静かに落とすとき，これらの式で初速度 v_0 が 0 となり，(6.17)〜(6.19) 式は次の (6.20)〜(6.22) 式となる．これらは自由落下の運動を示している．

$$v = gt \tag{6.20}$$

$$h = \frac{1}{2}gt^2 \tag{6.21}$$

$$v^2 = 2gh \tag{6.22}$$

また，鉛直に投げ上げる (鉛直投射) ときは，この運動は鉛直上向きであるから上向きを正 (+) とすると，重力加速度 g は負 (−) の値となり，(6.17)〜(6.19) 式は次の (6.23)〜(6.25) 式となる．

$$v = v_0 - gt \tag{6.23}$$

$$h = v_0 t - \frac{1}{2}gt^2 \tag{6.24}$$

$$v^2 - {v_0}^2 = -2gh \tag{6.25}$$

6.3 平面運動

6.2 節では直線運動を扱ったが，この節では平面運動を考えよう．その例として，放物線運動と円運動を取り上げてみる．

6.3.1 ◆放物線運動

重力が作用する地上から物体を斜めに投げると，図 6.10 のような軌跡を描いて物体は運動をする．斜方投射したこの物体の軌跡は放物線を示し，この運動を放物線運動 (parabolic motion) という．図 6.10 は，物体を水平から角度 θ 上方に初速度 $\boldsymbol{v}_0$ で投げたその軌跡の放物線を描いている．実際の運動では空気抵抗があるので，厳密にはそれを考慮する必要があるが，ここでは空気抵抗を無視している.

投射した点を原点とし，水平方向の右向きに x 軸，鉛直方向の上向きに y 軸をとると，投射する角度が θ であるから初速度 $\boldsymbol{v}_0$ の x 成分 v_x と y 成分 v_y はそれぞれ次のようになる.

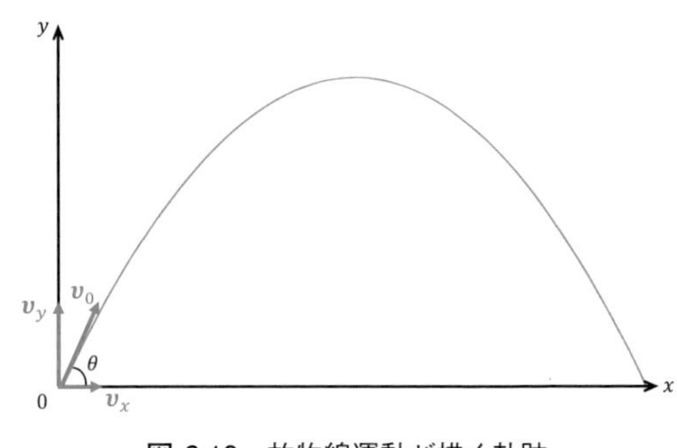

図 6.10　放物線運動が描く軌跡

$$v_x = v_0 \cos\theta, \quad v_y = v_0 \sin\theta \tag{6.26}$$

これらの速度 $\boldsymbol{v}_x$ と $\boldsymbol{v}_y$ を分速度という．t [s] 後のその分速度は，鉛直方向にのみ重力による加速度 (重力加速度 g) があるので，次の式が成り立つ.

$$v_x = v_0 \cos\theta \tag{6.27}$$

$$v_y = v_0 \sin\theta - gt \tag{6.28}$$

その放物線運動を x 軸方向の運動と y 軸方向の運動とに分けて考えると，(6.27) 式と (6.28) 式から x 軸方向には速度 $v_0 \cos\theta$ の等速直線運動をし，y 軸方向には初速度 $v_0 \sin\theta$ の鉛直投げ上げの運動をしているのがわかる．また，t 秒後の物体の位置 (x, y) は，(6.27) 式と (6.28) 式をそれぞれ時間 t で積分して，次のように得られる.

$$x = (v_0 \cos\theta)t \tag{6.29}$$

$$y = (v_0 \sin\theta)t - \frac{1}{2}gt^2 \tag{6.30}$$

(6.29) 式と (6.30) 式を用いて，物体の位置 (x, y) の関係式 (経路である放物線の式) を示すと，

$$y = x \tan\theta - \frac{g}{2(v_0 \cos\theta)^2}x^2 \tag{6.31}$$

となり，(6.31) 式を図で示すと図 6.10 の放物線を描くことができる.

6.3.2 ◆円運動

平面上で図 6.11(a) のように，質点が円軌道を描く運動を円運動 (circular motion) という．円運動では，変位量は角度で表現しており，円軌道を 2π [rad] だけ進むと 1 周したことになる．図 6.11 では，時刻 t から Δt だけ経過する間に速度が $\boldsymbol{v}$ から $\boldsymbol{v}'$ になり，点 P_1 から点 P_2 まで移動した状態を示している．このとき Δt [s] の間の回転角 $\Delta\theta$ [rad] を角変位 (angular displacement) という．また，直線運動と同様に $\Delta\theta/\Delta t$ を時刻 t から $t+\Delta t$ の間の平均の角速度 (average angular velocity) という．

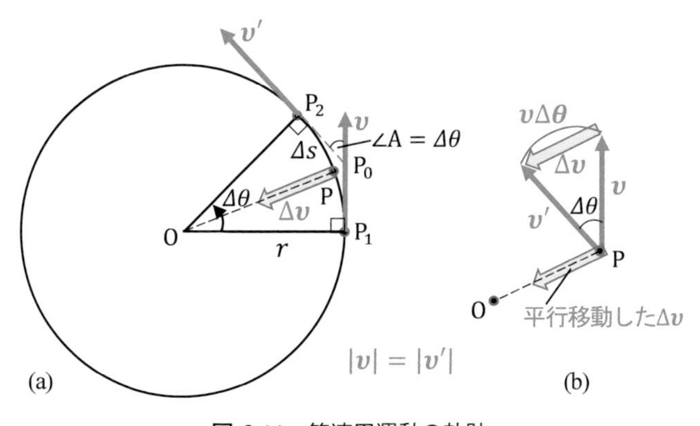

図 6.11　等速円運動の軌跡

ここで直線運動の速度と同様に，$\Delta\theta/\Delta t$ の Δt を限りなく小さくすれば時刻 t における角速度 ω [rad/s] になり，次の (6.32) 式が成り立つ．

$$\omega = \lim_{\Delta t\to 0}\frac{\Delta\boldsymbol{\theta}}{\Delta t} = \frac{d\theta}{dt} = \dot{\theta} \tag{6.32}$$

図 6.11 のなかで，質点が点 P_1 から点 P_2 まで動いたときの半径 r の円周上の距離を Δs とすれば，次の (6.33) 式が得られる (角度 $\Delta\theta$ は弧度法(こどほう)すなわち (円弧の長さΔs) ÷ (半径 r) = (角度$\Delta\theta$) で表しており，単位にラジアン (記号 rad) を用いている)．

$$\Delta s = r\Delta\theta \tag{6.33}$$

よって (6.1) 式に (6.33) 式を代入すると，円周上の速度 (周速度)v は，

$$v = \lim_{\Delta t\to 0}\frac{\Delta s}{\Delta t} = r\lim_{\Delta t\to 0}\frac{\Delta\theta}{\Delta t} = r\omega \tag{6.34}$$

となる．(6.34) 式は，速度と角速度との関係を示すもので重要である．

次に円運動の加速度となる角加速度 (angular acceleration) について考える．角加速度 $\dot{\omega}$ [rad/s²] は次の (6.35) 式となる．

$$\dot{\omega} = \frac{d\omega}{dt} = \frac{d}{dt}\left(\frac{d\theta}{dt}\right) = \frac{d^2\theta}{dt^2} = \ddot{\theta} \tag{6.35}$$

また，角加速度 $\dot{\omega}$ と接線加速度 a_t [m/s²] (6.1.3 項を参照) との関係は，(6.34) 式の両辺を時間 t で微分して，

$$\frac{dv}{dt} = r\frac{d\omega}{dt} = r\dot{\omega} = a_t \tag{6.36}$$

となる．質点が円周上を一定の速さで回る運動，つまり角速度が一定の円運動を等速円運動 (uniform circular motion) といい，$\frac{dv}{dt} = 0$ となる．そのため等速円運動では質点が進む速さを変える接線加速度 a_t は 0 となり，質点が進む向きを変える法線加速度 a_n [m/s²] (6.1.3 項を参照) は (6.6) 式に (6.34) 式を代入して求まるので，次の (6.37) 式が成り立つ．

$$a_t = 0, \quad a_n = \frac{v^2}{r} = r\omega^2 \tag{6.37}$$

質点の等速円運動は，質点が通る経路の接線方向の加速度はなく，その経路の法線方向のみ加速度がある．等速円運動では，常に円の中心を向いた加速度のみがある．この加速度を向心加速度 (centripetal acceleration) という．またその加速度 $\boldsymbol{a}$ $(= \Delta\boldsymbol{v}/\Delta t)$ の向きを，ベクトル図からも求めてみる．速度ベクトル $\boldsymbol{v}$ と $\boldsymbol{v}'$ の始点を点 P_1 と点 P_2 の中間点 P に移動すると，$\Delta\boldsymbol{v}(= \boldsymbol{v}' - \boldsymbol{v})$ は図 6.11(b) のように表される．さらにその $\Delta\boldsymbol{v}$ の始点を点 P まで平行移動させると，$\Delta\boldsymbol{v}$ つまり加速度 $\boldsymbol{a}$ の向きは円の中心 O に向く．また図 6.11(b) に示すように，$\Delta\theta$ が小さくなると $\Delta\boldsymbol{v}$ の大きさは弧の長さ $v\Delta\theta$ に近づいて，向心加速度 $\boldsymbol{a}$ の大きさは次の (6.38) 式のようになる．

$$a = \frac{\Delta v}{\Delta t} = \frac{v\Delta\theta}{\Delta t} = \frac{v\omega\Delta t}{\Delta t} = v\omega = r\omega^2 \tag{6.38}$$

このようにして，等速円運動の加速度を求めることもできる．

補足　図 6.11 のなかで，速度 $\boldsymbol{v}$ と $\boldsymbol{v}'$ のなす角 $\angle \mathrm{A}$ が $\Delta\theta$ に等しいのは以下のように説明できる．$\angle \mathrm{OP_2P_0} = \angle \mathrm{OP_1P_0} = 90^\circ$ と四角形 $\mathrm{OP_1P_0P_2}$ の内角の和は 360° から，$\angle \mathrm{P_1P_0P_2} + \Delta\theta = 180^\circ$ である．また，直線は 180° であるため $\angle \mathrm{P_1P_0P_2} + \angle \mathrm{A} = 180^\circ$ である．よって，$\angle \mathrm{A} = \Delta\theta$ となる．

次に角加速度 $\dot{\omega}$ が一定となる運動を考える．角加速度 $\frac{d\omega}{dt} = \dot{\omega}$ より $d\omega = \dot{\omega}dt$ となり，この両辺を時間 t で積分すると，

$$\omega = \omega_0 + \int_0^t \dot{\omega}dt = \omega_0 + \dot{\omega}t \tag{6.39}$$

となる．ここでは，$t = 0$ の角速度を ω_0 としている．また，t[s] 後の角変位 θ は，$\frac{d\theta}{dt} = \omega$ より $d\theta = \omega dt = (\omega_0 + \dot{\omega}t)dt$ となり，この両辺を時間 t で積分すると，

$$\theta = \int_0^t (\omega_0 + \dot{\omega}t)dt = \omega_0 t + \frac{1}{2}\dot{\omega}t^2 \tag{6.40}$$

となる．(6.39) 式と (6.40) 式から t を消去すると，角速度 ω と角変位 θ との関係式は，次の (6.41) 式になる．

$$\omega^2 - {\omega_0}^2 = 2\dot{\omega}\theta \tag{6.41}$$

上記の (6.39) 式～(6.41) 式は，直線運動の場合の関係式 (6.13) 式，(6.15) 式，(6.16) 式と同じ形となっている．

例題 6.2　円運動の角速度と角加速度

毎分 600 回転の速さで回っている歯車を，30 秒かけて等角加速度運動で毎分 400 回転の速さに減速させることができる．この等角加速度運動で歯車を減速をさせたら，毎分 400 回転の状態から停止させるまでにかかる時間とその間の歯車の回転数を求めよ．

[解]

30 秒の間に，毎分 600 回転から毎分 400 回転に減速するときの角加速度 $\dot{\omega}$ [rad/s^2] を求める．そのためには，毎分 600 回転と毎分 400 回転を rad/s へ単位の換算をする．これには，次のように $\frac{2\pi}{60}$ を乗じて計算する (1 回転が

2π [rad] であることと，1 分が 60 秒であるため).

$$\dot{\omega} = \frac{(400 - 600) \times \dfrac{2\pi}{60}\,[\mathrm{rad/s}]}{30\,[\mathrm{s}]} = -0.698\,\mathrm{rad/s^2}$$

よって，停止までの時間 t は，(6.39) 式に $\omega = 0$ と $\omega_0 = 400$ を代入して次のように求められる．

$$t = \frac{\omega - \omega_0}{\dot{\omega}} = \frac{(0 - 400) \times \dfrac{2\pi}{60}\,[\mathrm{rad/s}]}{-0.698\,[\mathrm{rad/s^2}]} = \frac{-41.9}{-0.698} = 60.0\,\mathrm{s}$$

停止までの回転数は，(6.41) 式より θ について解いて，単位を換算すると，

$$\theta = \frac{\omega^2 - {\omega_0}^2}{2\dot{\omega}} = \frac{0 - \left(400 \times \dfrac{2\pi}{60}\right)^2}{2 \times (-0.698)} = 1256\,\mathrm{rad} = \frac{1256}{2\pi} = 200\ \text{回転となる．}$$

解説　円運動に関わる問題では，回転数や回転速度を扱うことがよくある．この例題 6.2 でも 1 分間当たりの回転速度を扱っているが，機械を扱うときには，これを rpm という単位で表現する場合がある．この単位は，"**r**evolutions **p**er **m**inute" を略して表現したものである．主に自動車のエンジンやさまざまな機械を動かすモーターでよく用いられている単位で，1 分間当たりの回転数を表している．

一方，力学における計算では SI 単位で行うことが多いので，教科書でも円運動における角変位の単位は SI 組立単位に属する rad で表現している．

つまり，機械を扱う実務では，1 回転が 2π [rad] であることを基本にした単位換算を伴う場合があることに注意してほしい．例題 6.2 で述べられている「毎分 400 回転」は 400 rpm で表現できて，これに 2π をかけることで単位を rad とし，さらに時間 60 秒で割ることによって，角速度 [rad/s] を得ることができる．逆に角速度から回転速度 [rpm] への変換は，60 秒をかけて 1 分間当たりとし，さらに 2π で割ることによって求まる．

6.4 相対運動

これまで述べてきた運動は，静止しているところから物体の運動を観測してきた．つまり，観測者は静止している．それでは観測者が動きながら物体を見

たとき，その物体はどのように見えるだろうか？ 観測者が動きながら見た物体の運動を相対運動 (relative motion) という．同じ物体の運動でも，観測者が静止しているときと動いているときとでは異なって見えることを想像してほしい．ここでは動いている方を基準にして，質点の運動について考えていこう．例えば，走っている電車の窓から外を見たときの雨は斜めに降っているように見えるが，これは地面に立って静止している人から見れば，雨は鉛直に降っているといった具合である．このとき，斜めに見える雨滴の落下が相対運動である．

2 つの質点 A と B を考えたとき，これらがともに運動していれば，A から見た B の速度 (または，B から見た A の速度) という見方ができる．そして A から見た B の速度 $\boldsymbol{v}_{\mathrm{AB}}$ を，A に対する B の相対速度といい，(6.42) 式で表される．

$$\boldsymbol{v}_{\mathrm{AB}} = \boldsymbol{v}_{\mathrm{B}} - \boldsymbol{v}_{\mathrm{A}} \tag{6.42}$$

$\boldsymbol{v}_{\mathrm{A}}$ は，観測者の速度，$\boldsymbol{v}_{\mathrm{B}}$ は対象物の速度と考えるとイメージしやすく，(6.42) 式はベクトルの演算であることに注意してほしい．また参考として，B から見た A の速度 $\boldsymbol{v}_{\mathrm{BA}}$ は，(6.43) 式となる．

$$\boldsymbol{v}_{\mathrm{BA}} = \boldsymbol{v}_{\mathrm{A}} - \boldsymbol{v}_{\mathrm{B}} \tag{6.43}$$

2 つの質点 A と B のどちらを基準にするかによって，相対速度は変わるので注意が必要である．質点 A と質点 B が直線運動の場合，直線上を移動するだけなので，(6.42) 式または (6.43) 式に値を代入して簡単に計算することができる．平面運動でも同様にして求めることができる．例にあげた電車の運動と雨滴の運動について，図 6.12(a) と (b) を用いて説明する．図 6.12(a) は，静止している観測者が電車と雨滴の運動を見た状態である．電車は水平方向の右向きに一定の速さ v_{A} で進み，雨滴は鉛直下向きに一定の速さ v_{B} で落下している．そのとき，その電車内の人が電車の窓から見た雨滴の相対速度 $\boldsymbol{v}_{\mathrm{AB}}$ が，図 6.12(b) に示されている．$\boldsymbol{v}_{\mathrm{A}}$，$\boldsymbol{v}_{\mathrm{B}}$，$\boldsymbol{v}_{\mathrm{AB}}$ は大きさと向きをもつベクトル量であるから，平面内の運動として扱う．相対速度の (6.42) 式から，図 6.12(b) のようにベクトル図を書いてベクトル量 $\boldsymbol{v}_{\mathrm{AB}}$ を求める．その相対速度 $\boldsymbol{v}_{\mathrm{AB}}$ の大きさと向きは，それぞれ次のようになる．

$$大きさ：v_{\mathrm{AB}} = |\boldsymbol{v}_{\mathrm{AB}}| = \sqrt{{v_{\mathrm{A}}}^2 + {v_{\mathrm{B}}}^2}, \quad 向き：\tan\theta = \frac{v_{\mathrm{A}}}{v_{\mathrm{B}}} \tag{6.44}$$

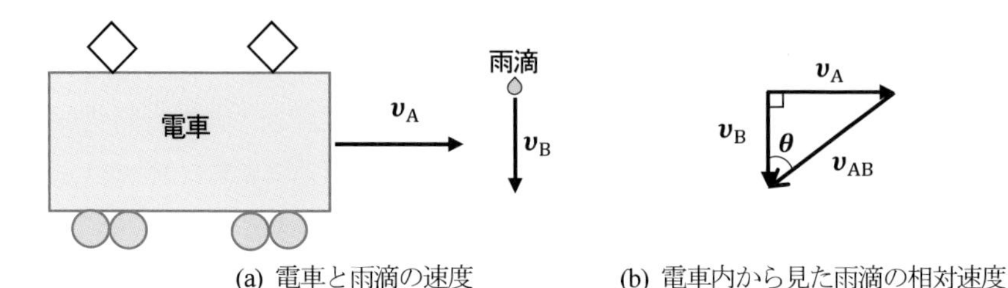

(a) 電車と雨滴の速度　　(b) 電車内から見た雨滴の相対速度

図 6.12　電車と雨滴の相対運動

例題 6.3　相対速度

図 6.12 に示されている電車と雨滴の相対運動について，電車の速度 $\boldsymbol{v}_{\mathrm{A}}$ を 30 km/h，雨滴の落下する速度 $\boldsymbol{v}_{\mathrm{B}}$ を 20 km/h とすると，電車内から見た雨滴の速さとその向きを求めよ．

[解]

電車内から見た雨滴の相対速度の大きさは，(6.44) 式で示されるので次のようになる．

$$v_{\mathrm{AB}} = |\boldsymbol{v}_{\mathrm{AB}}| = \sqrt{{v_{\mathrm{A}}}^2 + {v_{\mathrm{B}}}^2} = \sqrt{30^2 + 20^2} = \sqrt{900 + 400} = 36.1\,\mathrm{km/h}$$

また，その向きは，

$$\tan\theta = \frac{v_{\mathrm{A}}}{v_{\mathrm{B}}} = \frac{30}{20} = 1.5 \text{ より，} \theta = \tan^{-1} 1.5 = 56.3^\circ \text{ となる．}$$

解説　図 6.12(a) に示されるように，雨滴は風の影響を受けなければ，鉛直下向きに運動 (落下) する．電車や自動車などに乗って雨の中を移動するとき，その乗り物の側面の窓から雨滴を見ると斜めに動いて見えるのは，図 6.12(b) の相対速度 $\boldsymbol{v}_{\mathrm{AB}}$ のためである．

例題 6.3 で電車の速さだけを 10 倍つまり 300 km/h に上げて，その相対運動 $\boldsymbol{v}_{\mathrm{AB}}$ を計算してみると，

$$\tan\theta = \frac{v_A}{v_B} = \frac{300}{20} = 15 \text{ から，} \theta = \tan^{-1} 15 = 86.2^\circ \text{ となる．}$$

図 6.12(b) の θ が 86.2° ということになり，およそのイメージは次のよう

に図示され，その電車内から雨はほぼ真横に降っているように見える．

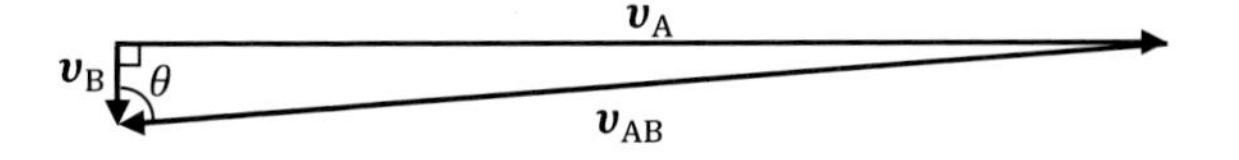

また，その相対速度の大きさは下に示す値となり，その電車内から見ればたたきつけるような雨に見える．

$$
\begin{aligned}
v_{\mathrm{AB}} = |\boldsymbol{v}_{\mathrm{AB}}| = \sqrt{{v_{\mathrm{A}}}^2 + {v_{\mathrm{B}}}^2} = \sqrt{300^2 + 20^2} \\
= \sqrt{90000 + 400} = 301\,\mathrm{km/h}
\end{aligned}
$$

第６章　練習問題

6.1 物体の運動に関係する次の値を，それぞれ単位換算しなさい．

(1) 40 km/h　→　m/s へ　　(2) 100 m/s　→　km/h へ
(3) 42 km/h　→　m/min へ　　(4) 100 m/min　→　km/h へ
(5) 5.0 m/s^2　→　km/h/s へ　　(6) 25.2 km/h/s　→　m/s^2 へ
(7) 2000 rpm　→　rad/s へ　　(8) 62.8 rad/s　→　rpm へ

6.2 60 km 離れた 2 つの街を，行きは 50 km/h，帰りは 30 km/h の速さで往復する自動車 A と，同じ経路を行きも帰りも 40 km/h の速さで走る自動車 B とでは，どちらの自動車の方が往復の時間が短いか求めよ．

6.3 自動車が直線道路を出発してから 10 秒後に速度が 50 km/h になった．この自動車が等加速度運動をしたとして，自動車の加速度の大きさと，その 10 秒間に進んだ距離を求めよ．

6.4 40 km/h で走っている自動車が，赤信号のためブレーキをかけたら 15 m 走行して停止した．その自動車の停止能力が速度に関係なく一定ならば，速さ 80 km/h で走行している自動車がブレーキをかけたとき，何 m 走行して停止するか．また，このときブレーキをかけてから停止するまでの時間はいくらか．

6.5 物体を 10 m の高さから静かに落とした．地面に達するまでの時間と，そのときの物体の速さを求めよ．ただし，重力加速度の大きさを 9.8 m/s^2 とする．

6.6 地面から 30 m/s の速度で真上に小球を投げ上げたとき，その小球の最高点は地上何 m の高さか．また，小球を投げ上げてから地面に戻ってくるまでに何秒かかるか．ただし，重力加速度の大きさを 9.8 m/s^2 とする．

6.7 地上から重力加速度の大きさの 5 倍の加速度で鉛直上向きに打ち上げたロケットは，30 秒後にいくらの高さまで到達するか．また，そのときの速さは何 km/h か．ただし，重力加速度の大きさを 9.8 m/s^2 とする．

6.8 等角加速度で回転することができる歯車が，最初静止している状態から動き始めて 30 秒後に 250 rpm となった．このときの角加速度はいくらか．また，30 秒間でこの歯車は何回転したか.

6.9 300 rpm で回転している歯車を減速して，20 秒後に回転速度が半分になった. このまま減速を続けて，歯車を停止させるにはあと何秒かかるか.

6.10 丸棒を回転させながら，直径 60 mm の寸法に旋盤（せんばん）という工作機械で切削する. その切削速度を 150 m/min にするには，丸棒を回転させる主軸の回転数を何 rpm にすればよいか.

6.11 直線上の線路を全長 100 m の列車が速さ 10 m/s で等速直線運動をしている. そこに線路と平行で，列車と同じ向きに 20 m/s の等速度で飛んでいる鳥が列車の最後尾にさしかかった. 鳥が列車の先頭部に達するまでの時間を求めよ.

6.12 川の流れがないとき (これを静水という) の速さが 0.5 m/s の船で，図 6.13 に示すように 0.3 m/s で流れている川を直角方向に横切る. そのためには，船首を川岸に沿った上流の向きにいくらの角度 θ で進めばよいか. また川の幅が 80 m のとき，何秒で横切れるか求めよ.

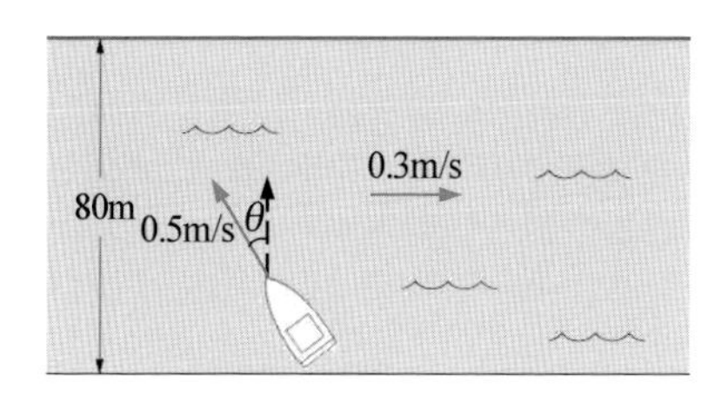

図 6.13　問題 6.12 の図

第7章 物体の運動と作用する力

物体に力を加えると，静止している物体は運動を始め，すでに動いている物体はその力によって運動の変化を生じる．つまり運動の原因を考えるとき，力の作用が重要となる．本章では運動と力との関係を表す動力学 (dynamics) について学ぶ．

前章と同様に，物体を質点 (大きさを無視できるような質量のある小さな物体) と見なすことでモデルを単純化し，直線運動・曲線運動・振動などさまざまな運動を扱う．

〈学習の目標〉

- 動力学の基本となる運動の法則を理解する．
- 直線運動や曲線運動に関する動力学について理解する．
- 振動についての現象を理解する．

7.1 運動の法則

動力学について法則性を見いだしてまとめあげたのは，アイザック・ニュートン (1643〜1727 年) であり，ニュートンの運動の法則 (Newton's law of motion) として広く知られている．これは以下に述べるように，運動の第一法則，運動の第二法則，運動の第三法則からなる．これら 3 つの法則を用いて，質点にはたらく力やその運動について考えることができるようになる．そのため，その法則は非常に重要なツールであるので理解しておくとよい．

7.1.1 ◆運動の第一法則

物体は，静止の場合も含めてその運動状態を保とうとする性質をもっている．これを慣性という．運動の第一法則は，慣性の法則 (law of inertia) ともいう．

運動の第一法則：あらゆる物体は，外部から力を受けないまたは受けていてもその合力が 0 の場合，静止している物体は静止状態を，運動している物体は等速直線運動を保ち続ける．

図 7.1(a) に示すように，物体の初速度 v [m/s] は 0 で外力の作用がない (重力と垂直抗力とはつりあっている) のであれば，速度は 0 の状態を保ち続ける．すなわち，静止状態を保ち続ける．図 7.1(b) では，物体は速度 v_0 [m/s] で外力を受けずに運動しているので，その速度で運動し続ける．つまり等速直線運動を保ち続ける．現実には，その直線運動中に物体と接する面との間に摩擦が生じる．しかしここでは，その摩擦力は作用していないと考えている．摩擦が生じないと見なしてもよいなめらかな面上を物体は運動しているという仮定で，この法則は成り立っている．

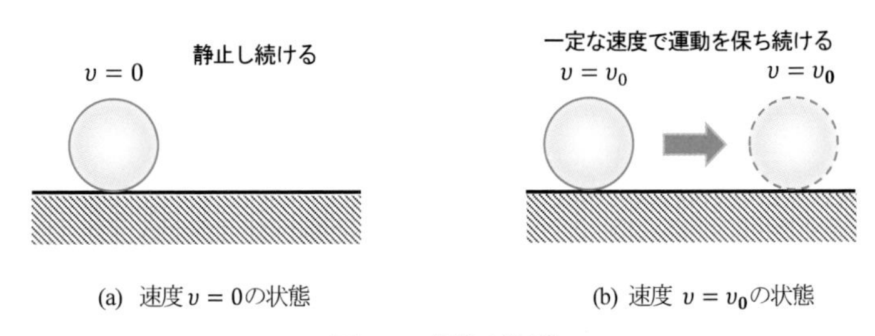

図 7.1　慣性の法則

7.1.2 ◆運動の第二法則

図 7.2 のように物体に力がはたらくと運動状態が変化し，加速度が生じる．なめらかな面上に置かれた物体に力 F を加えて，その物体の動きにくさを考えてみる．図 7.2(a) は小さい物体を左から水平方向に押していて，図 7.2(b) は大きい物体を同じように押している．これらの物体は同じ物質でできているとす

れば，(a) よりも (b) の物体の方が質量は大きい．そのため，(a) は動きやすく (b) は動きにくいといえる．物体に同じ力を加えた場合に，その動きにくさは加速度の発生のしにくさにも通じている．例えば，静止している物体に力を加えて運動させようとするとき，(a) の軽い物体よりも (b) の重い方がゆっくりと運動することになる．

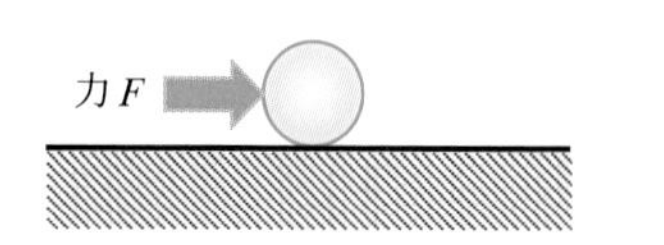

(a) 質量が小さい物体の場合

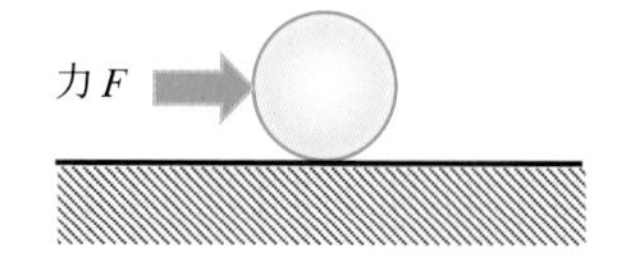

(b) 質量が大きい物体の場合

図 7.2　物体の質量と動きにくさ

重い方の物体を動かすには大きな力を必要とし，動いてもその加速度は小さい．質量 m [kg] の物体に加える力 F とその加速度 a [m/s²] との関係を式で表すと，次の (7.1) 式のようになる．

$$m = k \cdot \frac{F}{a} \quad (k \text{ は比例定数}) \tag{7.1}$$

(7.1) 式の比例定数 $k = 1$ になるように，力 F の単位 N(ニュートン) は定められている．また，(7.1) 式は，(7.2) 式のように書き換えることができる．

$$a = \frac{F}{m}, \quad \text{または}, F = ma \tag{7.2}$$

物体に力がはたらくと，その加速度の大きさは力の大きさに比例し，物体の質量に反比例する．これを運動の第二法則といい，運動の法則 (law of motion) ともいう．

> **運動の第二法則：質量 m の物体に外部から力 $\boldsymbol{F}$ が作用すると，その力を質量で割った値の加速度 a が，その力と同じ向きに物体に生じる．**

(7.2) 式の $F = ma$ を運動方程式 (equation of motion) という．このとき，力 F が物体に作用していなければ加速度は 0 となるから，速度に変化が生じない等速直線運動 (または静止状態) となる．質量 m の物体にはたらく重力

W [N] は，物体に重力加速度 g [m/s^2] を生じさせるので，このときの運動方程式は (7.3) 式で表すことができる．

$$W = mg \tag{7.3}$$

例題 7.1　運動方程式

質量 1800 kg の自動車が，2.0 m/s^2 の加速度で直線道路を走行している．この自動車にはたらいている力の大きさを求めよ．

[解]

質量と加速度がわかっていて，自動車にかかる力を求めるという問題である．運動方程式 $F = ma$ に当てはめて考えると次のようになる．

$$F = 1800\,\mathrm{kg} \times 2.0\,\mathrm{m/s^2} = 3600\,\mathrm{N} = 3.6\,\mathrm{kN}$$

よって，自動車には 3.6 kN の大きさの力がはたらいている．

解説　質量の単位として，ton(トン) を用いることがある．表記は t で示し，1 t は 1000 kg である．1 kg は 1000 g なので，1 t はその 1000 倍のため 1 Mg (メガグラム) となる．

7.1.3 ◆運動の第三法則

図 7.3 のように，なめらかな面上で物体 B は物体 A に力 F で押されて右向きに動き出し，物体 A も物体 B に同じ力の大きさで押されて左向きに動き出そうとしている．2 つの物体の間でこのように，互いに力ははたらく．このとき，一方の力を作用 (action)，他方の力を反作用 (reaction) という．この 2 力は同じ作用線上で，大きさが等しく向きが反対である．これを運動の第三法則といい，作用反作用の法則 (law of action and reaction) ともいう．

運動の第三法則：**2** つの物体が互いに力を及ぼし合うとき，それらの力は向きが反対で大きさが等しい．

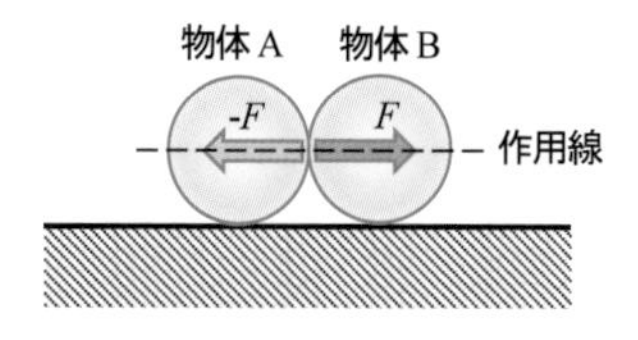

図 7.3 作用反作用の法則

力を及ぼし合うこの2物体の間の力は，それらが静止状態でも運動状態でも適用することができる．この法則の注意点は，大きさが等しく向きが反対の力がはたらくからといって，必ずしも力がつりあっているわけではないということである．その理由は，それぞれの力が異なる物体に作用しているからである (力のつりあいは，同じ物体に作用している力についてのみ考えることができる．1.1.3 項を参照).

7.2 慣性力

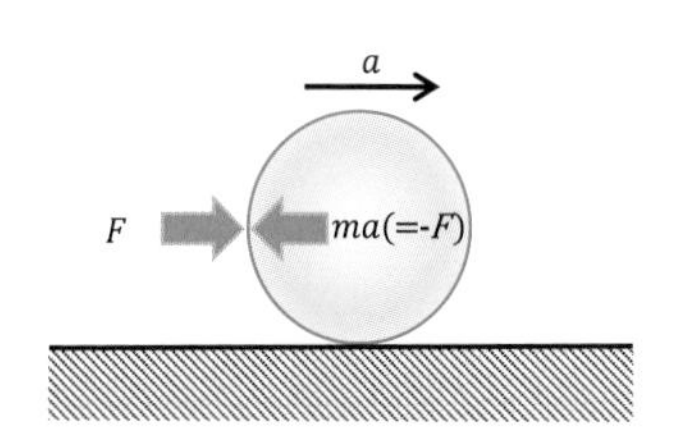

図 7.4 物体の慣性力 ma

運動の法則により，質量 m [kg] の物体に大きさ a [m/s²] の加速度を与えるためには，これらの積 ma に等しい力 F [N] をその物体に作用させる必要がある．図 7.4 に示すような質量 m の物体が，その力 F によってなめらかな面上を加速度 a で運動している．そのとき，慣性に基づく (1.1.3 項を参照) 見かけの力 $-ma$ [N] をその物体は受けている (右向きを正としている)．この $-ma$ を慣性力 (inertia force) といい，質量が大きくなるほど物体の慣性は大きくなる．例えば，エレベータに乗って上昇するときに体がエレベータの床面に押しつけられるような感覚を受けたり，乗っている電車が急停止するときに体がその運動状態を続けようとして前方に倒れこんだりするのは，いずれも慣性力が作用しているためである．慣性力 ma は，外力 F と同じ大きさで向きが反対の力である．次の式は，外力と慣性力のつりあいの式である．

$$F + (-ma) = 0 \tag{7.4}$$

この (7.4) 式のように，動力学的な加速度の現象を静力学的なつりあいの現象に考えなおして表わすことができる (動力学や静力学については 1.1 節を参照)．このように考えることを，ダランベールの原理 (d'Alembert's principle) という．

例題 7.2　慣性力

上下に移動できるエレベータが，加速度 $1.0\,\mathrm{m/s^2}$ で上昇している．そのとき，エレベータの質量を $1000\,\mathrm{kg}$ として，つり上げているロープにはいくらの力が作用しているか求めよ．

[解]

上昇時のエレベータの状態を図 7.5 に示す．質量 m のエレベータには重力 mg のほか，加速度 a で上昇しているので慣性力 ma が下向きに生じている．

ロープにはこれら 2 力が下向きにはたらいていて，ロープの張力 T とつりあっている．

エレベータ内から見た力のつりあいは次のようになる．

$$T - mg - ma = 0$$

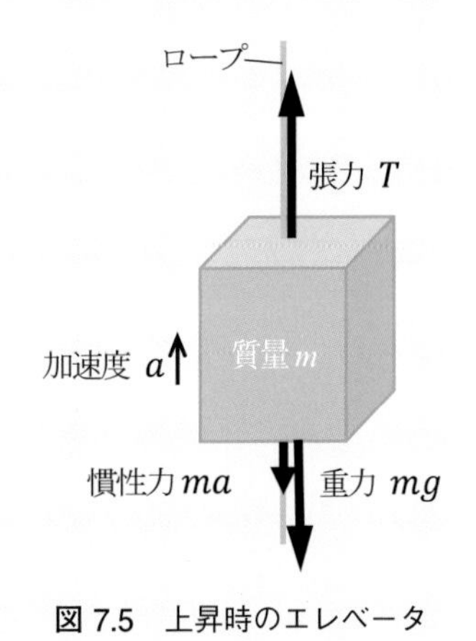

図 7.5　上昇時のエレベータ

よって張力 T は，

$$T = m(g + a) = 1000(9.8 + 1.0)$$
$$= 10800\,\mathrm{N} = 10.8\,\mathrm{kN}\quad となる．$$

7.3 向心力と遠心力

質量 $m\,[\mathrm{kg}]$ の物体が，半径 $r\,[\mathrm{m}]$ の円周上を周速度 (回転方向の速度)$v\,[\mathrm{m/s}]$ で等速円運動している．そのとき，6.1.3 項で述べたように，接線加速度 (物体が進む速さを変える加速度) は 0 である．一方，その物体には円の中心に向かって法線加速度 (物体が進む向きを変える加速度)$a_\mathrm{n}\,[\mathrm{m/s^2}]$ が生じており，その大

きさは次の (7.5) 式から求まる (その導出は 6.3.2 項を参照).

$$a_{\mathrm{n}} = \frac{v^2}{r} \tag{7.5}$$

この運動の様子を図 7.6 に示す．運動中の物体 A には，運動の第二法則により円の中心に向かって，(7.6) 式に示す大きさの力が作用している．

$$F = m\frac{v^2}{r} \tag{7.6}$$

この力を向心力 (centripetal force) という．その向心力によって，物体はその運動の向きを変えている．すなわち ma_{n} によって，その物体は円運動をしているのである．

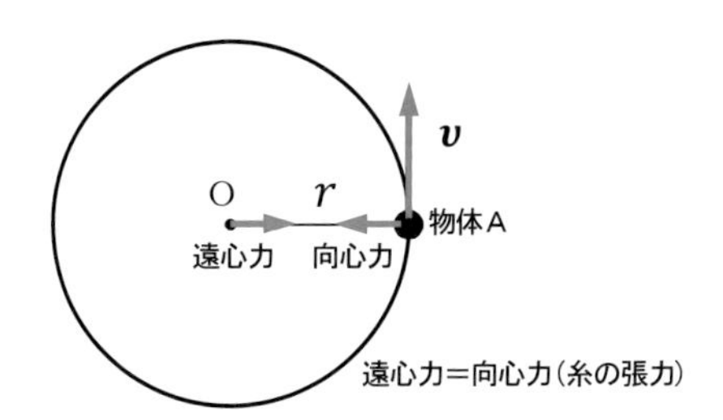

図 7.6　等速円運動における向心力と遠心力の作用

図 7.6 の中心 O と物体 A を軽い糸で結んでいるとすれば，等速円運動をしている物体 A と中心 O との間で糸の張力を生じる．この張力が物体 A に作用して法線加速度を与えている．また作用反作用の法則によって，物体 A は向心力と大きさが等しく向きが反対の力を糸に加えている．この力を遠心力 (centrifugal force) という．もし糸が切れれば，向心力と遠心力がなくなり，その物体は接線方向へ運動していくことになる．

例えば自動車や鉄道車両などの移動体が曲線を曲がるときに，遠心力について考えるべき問題であり，どう対処するかが重要となる．

7.4 振動

振動 (oscillation) は，騒音や衝撃といった現象へとつながることがある．そのため工業界では，振動をできるだけ抑えるように技術的な方策が取られている．物体に衝撃を与え放っておくと，振動しやすい固有の振動数で振動を続ける．その振動数を固有振動数 (character frequency) という．外部から与えられた振動がこの振動数に近づくと，共振 (resonance) を起こし振幅が大きくなり物体の破損につながることがある．ここでは，ごく単純な振動と機械の共振について述べる．

7.4.1 ◆単振動

軽いつる巻きばねに取りつけられたおもりの運動が単振動である．これは，おもりがばねからフックの法則に従って受ける力 (ばねの伸びまたは縮んだ長さに比例した弾性力) が復元力となって生じる．例えば，なめらかな水平面上に置かれた軽いつる巻きばねの先端におもりを取りつけて，そのおもりを少し引っ張って静かに手を離す．するとばねが元の位置 (振動の中心) に戻ろうとするためにおもりが動き出す．このとき，おもりには慣性力がはたらくため，元の位置では止まらずに，ばねは押されて圧縮する．ばねはまた元の位置に戻ろうとしておもりが動くがその位置を通り過ぎて，またおもりは引っ張られることを繰り返す．ばねに取りつけたおもりの振動は，一定の幅で往復運動をする．この往復運動と等速円運動する物体を真横から見た運動は，同じ運動のように見える．この等速円運動を図 7.7(a) に示す．図 7.7(a) の左側から光を当て，その右側にできる影の軌跡を図 7.7(b) は示している．ばねの最大変位が振幅 A [m] に相当し，ばねが伸びているときを正 (図 7.7(b) の $+x$ 側)，縮んでいるときを負 (図 7.7(b) の $-x$ 側) と考えればよい．物体が等速円運動するときは，その物体のある動径に投ずる正射影の運動が単振動である．

図 7.7(a) の図では物体が速度 v [m/s] で等速円運動をしている．回転角 θ [rad] が 0 から出発して，$\frac{\pi}{2}$ rad のときに x 軸 (グラフ上では縦軸) の最大値 $+A$ を通り，π rad のときに再び 0 になり，$\frac{3\pi}{2}$ rad のときに最小値 $-A$ を通り，2π rad のときに再び出発点に戻ってくる．このときの物体の動きを図 7.7(b) は，回転角 θ を横軸に，振幅 A の大きさを縦軸にとって示している．回転角 θ が 0 で x [m] の値が 0，$\frac{\pi}{2}$ rad で $+A$，π rad で 0,$\frac{3\pi}{2}$ rad で $-A$，2π rad で 0 を通って

おり，全体としては正弦波の形をなしている．このように単振動は表現することができる．このとき，位相 (phase) は θ，振幅 (amplitude) は A，そして，円運動で表現されている角速度つまり角振動数 (angular frequency) は ω [rad/s]，さらに回転速度は v [m/s]，振動数 (frequency) は f [Hz] で示し，これらの関係について考えてみよう．

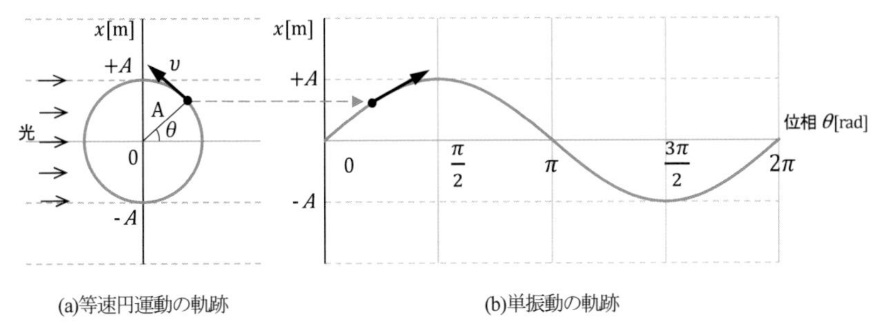

図 7.7　単振動のしくみ

図 7.7 で時刻 $t = 0$ [s] のとき物体が位相 $\theta = 0$ [rad] にあるとすると，t 秒後の物体の変位 x は，次の式で表すことができる．

$$x = A\sin\theta = A\sin\omega t \tag{7.7}$$

また，このときの物体の速度は，(7.8) 式となる．

$$v = \frac{d\boldsymbol{x}}{dt} = \frac{d}{dt}A\sin\omega t = A\omega\cos\omega t = A\omega\cos\theta \tag{7.8}$$

また物体の加速度は，(7.9) 式となる．

$$a = \frac{dv}{dt} = \frac{d}{dt}A\omega\mathrm{cos}\omega t = -A\omega^2\mathrm{sin}\omega t = -\omega^2 x \tag{7.9}$$

ここで運動の第二法則を考慮すると (7.10) 式となり，物体にはたらく力がわかる．

$$F = -m\omega^2 x \tag{7.10}$$

ところで振動数 f と周期 T [s] の関係は，(7.11) 式となる．

$$f = \frac{1}{T} = \frac{\omega}{2\pi} \tag{7.11}$$

振動数 f は周期 T の逆数であり，単位は Hz である．

図 7.7 の円運動で一周するのにかかる時間を 1 秒とすれば，振動数は 1 Hz，0.5 秒とすれば，2 Hz，0.1 秒とすれば 10 Hz となる．振動数と周期は逆数の関係にある．

7.4.2 ◆単振り子

図 7.8 に示すように，上端を天井に固定した長さ l [m] の軽い糸の他端に質量 m [kg] の物体をつるし，鉛直面内で小さく左右に振る．そのとき，物体は固定点 O を中心に，半径が糸の長さ l の円弧上を往復運動する．これは振動の一種であり，単振り子 (simple pendulum) という．糸が鉛直方向に対して角度 θ だけ傾いている状態を考える．重力 mg [N] を糸の方向の力 F_T [N] と，その方向に対して垂直な力 F [N] に分解する．このとき，糸の方向への分力 F_T は糸の張力とつりあうから，物体は力 F によって加速度を生じる．

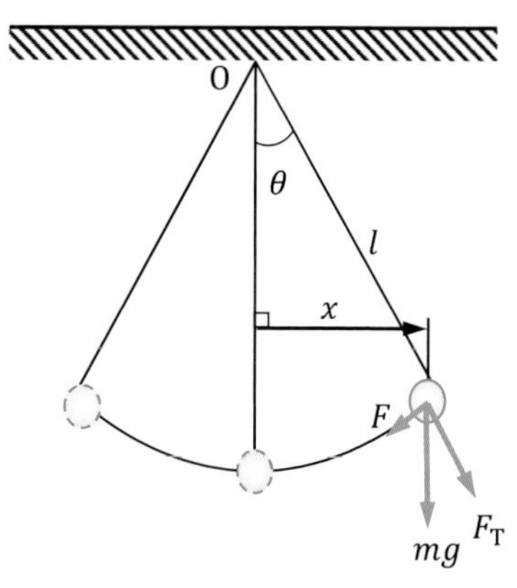

図 7.8　単振り子

角度 θ が増加する向きを力の正の向きとすると，力 F は次の式で表される．

$$F = -mg\sin\theta \tag{7.12}$$

ここで水平方向の変位を x とすると，$\sin\theta = \frac{x}{l}$ より (7.13) 式が得られる．

$$F = -\frac{mg}{l}x \tag{7.13}$$

ここで角度 θ の値が小さければ，物体はほぼ水平に動くと考えられる．そのため物体には中心からの変位 x に比例した復元力がはたらくから，これは単振動といえる．よって，(7.10) 式と (7.13) 式から導かれる (7.14) 式から，角振動数 ω を求めることができる．さらに (7.15) 式から周期 T，(7.16) 式から振動数 f

がそれぞれわかる．

$$\omega^2 = \frac{g}{l} \quad \text{より，} \quad \omega = \sqrt{\frac{g}{l}} \tag{7.14}$$

$$T = \frac{2\pi}{\omega} = 2\pi\sqrt{\frac{l}{g}} \tag{7.15}$$

$$f = \frac{1}{T} = \frac{1}{2\pi}\sqrt{\frac{g}{l}} \tag{7.16}$$

ここで，(7.15) 式で示されるように，周期 T は糸の長さ l と重力加速度 g によって決まることがわかり，物体の質量 m や振動の振幅 A(または図 7.8 の変位 x) には無関係である．つまり，糸の長さが同じである振り子は，振幅や糸につるす物体の質量に関係なく，同じ周期で振り子が往復運動することになる．この性質を振り子の等時性(とうじせい)(isochronism) という．

7.4.3 ◆機械の共振

振動現象には，減衰力 (damping force) を伴いやがて停止する減衰振動 (damped oscillation) や，周期的な外力が加わるなどして振動が持続する強制振動 (forced vibration) がある．さまざまな機械の系 (system) には固有振動数 (natural frequency) があり，この振動数もしくは近い振動数の振動を加えると，振幅が大きな振動を起こすようになる．この現象を共振 (resonance) という．機械の運動部分にこの現象が起こると，危険な状態になるので注意が必要である．

共振について，質量 m の物体とばね定数 k [N/m] のばねからなる振動系で考えてみる．まず，この系の運動方程式は次の (7.17) 式で表される．

$$m\frac{d^2x}{dt^2} = -kx \tag{7.17}$$

ここで $-kx$ の負記号 (−) は，ばねが x 伸びるまたは縮むとき，物体が動く向きと逆向きにばねの復元力 kx がはたらいていることを示している．(7.17) 式のなかで，$\frac{d^2x}{dt^2} = a = x{\omega_n}^2$ より $\frac{k}{m} = {\omega_n}^2$ となり，(7.17) 式は次の (7.18) 式になる．

$$\frac{d^2x}{dt^2} + {\omega_n}^2 x = 0 \tag{7.18}$$

これが振動における運動方程式の基本形となり，$\omega_n = \sqrt{\frac{k}{m}}$ が固有角振動数 (natural angular frequency) である．また，固有周期は $T = \frac{2\pi}{\omega_n}$ であり，固有振動数は，$f_n = \frac{1}{T} = \frac{\omega_n}{2\pi}$ である．固有振動数を細かく見ると $f_n = \frac{1}{2\pi}\sqrt{\frac{k}{m}}$ であるから，分子にばね定数，分母に質量が関係している．つまり，質量が小さい，またはばね定数が大きい (ばね剛性が高い) と固有振動数は高くなる．逆に，質量が大きい，またはばね定数が小さい (ばね剛性が低い) と固有振動数は低くなることがわかる．

ごく単純な系であれば，質量とばね剛性をうまく調整することによって，機械の通常で使用する振動数の範囲を固有振動数から遠ざけて共振を回避することができる．これは機械設計の勘どころの一つといえる．また，複雑な系では固有振動数も複雑な式となるが，同様の考え方で対処できる．

例題 7.3　機械の固有角振動数・固有周期・固有振動数

質量 4 kg，ばね定数 100 N/m のばねで構成された機械がある．この機械の固有角振動数，周期，固有振動数をそれぞれ求めよ．

[解]

まず，質量を m ばね定数を k とすると，固有角振動数 ω_n は次のようになる．

$$\omega_n = \sqrt{\frac{k}{m}} = \sqrt{\frac{100}{4}} = \sqrt{25} = 5.0\text{rad/s}$$

また，周期 T は，$T = \frac{2\pi}{\omega_n} = \frac{2\pi}{5.0} \approx 1.26\text{s}$ となる．
よって，固有振動数 f_n は次のようになる．

$$f_n = \frac{1}{T} \approx 0.79\text{Hz}$$

第 7 章　練習問題

7.1 質量 120 kg のコンテナをクレーンで 600 N の力で鉛直上方につり上げるときに発生する加速度の大きさを求めよ．

7.2 質量 550 g のバスケットボールを床に置いた．床が受ける力の大きさを求めよ．ただし，重力加速度の大きさを 9.8 $\mathrm{m/s^2}$ とする．

7.3 質量 60 kg のおもりを一定の加速度で鉛直上方へ 10.0 m 移動させたとき，2.0 m/s の速度を得るために必要な力を求めよ．ただし，重力加速度の大きさを 9.8 $\mathrm{m/s^2}$ とする．

7.4 半径 20 cm のドラムを有する洗濯機で，脱水時の遠心力を重力の 50 倍にするには，どれだけの角速度で回転させればよいか．また，そのときのドラムの回転数は何 rpm かも求めよ (rpm は 1 分間当たりの回転数である)．ただし，重力加速度の大きさを 9.8 $\mathrm{m/s^2}$ とする．

7.5 質量が 10 t の静止している電車を 5 kN の力でけん引するとき，発車 1 分後の速さを求めよ．

7.6 駅を出発した電車が加速し，車内のつり革が後方に鉛直から 10° の角度で傾いた．このときの電車の加速度の大きさを求めよ．ただし，重力加速度の大きさを 9.8 $\mathrm{m/s^2}$ とする．

7.7 3.0 kg のおもりが直線上で振幅 20 mm，5.0 Hz の振動数で単振動をしている．このおもりの振動の周期と振動の中心に向かってはたらく最大力 F はいくらか求めよ．

7.8 1 日に 3 分遅れる振り子時計がある．現在，この振り子の長さは 25 cm である．振り子の長さをいくらにすれば時計は遅れなくなるか求めよ．

7.9 ばねにおもりをつるしたら，2 cm 伸びた．おもりを少し下に引っ張って離すと，このばねは上下に往復運動する．このときの周期と振動数を求めよ．ただし，重力加速度の大きさを 9.8 $\mathrm{m/s^2}$ とする．

7.10 ばね定数 20 N/mm のばねを 4 本用いて，質量 200 kg のモータを支えている．ばねとモータが共振を生じるとき，ばねの固有角振動数と固有振動数を求めよ．

第8章

慣性モーメント

物体は質量をもった点 (質点) として，その運動を扱うことがよくある．しかし実際の物体は大きさや形状に違いがあり，それらの影響を考える必要がある．本章では，物体の大きさや形状を考慮しつつも変形しない剛体 (rigid body) の平面運動を考えていこう．そのとき必要となる慣性モーメント (moment of inertia) についても学習していこう．

〈学習の目標〉

- 剛体の重心に関する考え方を理解する．
- 剛体の慣性モーメントの概念を理解する．
- さまざまな形状の慣性モーメントの求め方に慣れる．

8.1 剛体の運動における重心の考え方

剛体 (rigid body) とは概念的には，大きさや形があって，どんな外力を受けても変形しないことを前提とした理想の物体である．つまり図 8.1 に示すように，力の作用で変形しない物体のことである．また，図 8.2 のように物体を質点の集まり (質点系) と考えたとき，質点の相対位置が変化しない系として表すことができる．
そして，その質点の集まりと見なされる剛体にはたらく重力の大きさは，各質点にはたらく重力の総和に等しい．

図 8.3 のように剛体の平面運動は，重心の並進運動 (平面内で回転を伴わない

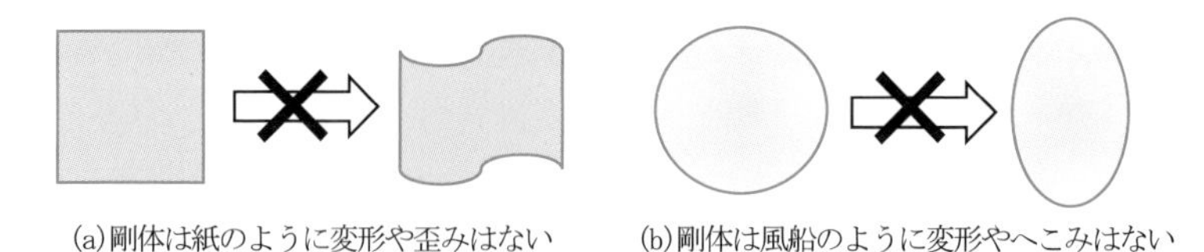

(a)剛体は紙のように変形や歪みはない　(b)剛体は風船のように変形やへこみはない

図 8.1　剛体の特徴

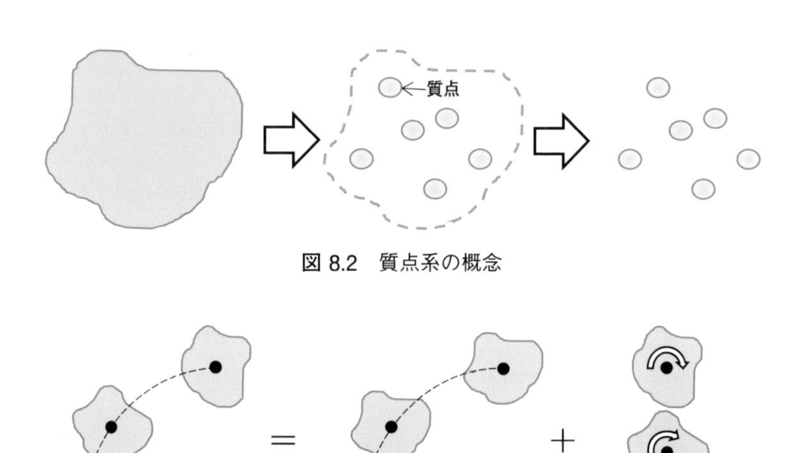

図 8.2　質点系の概念

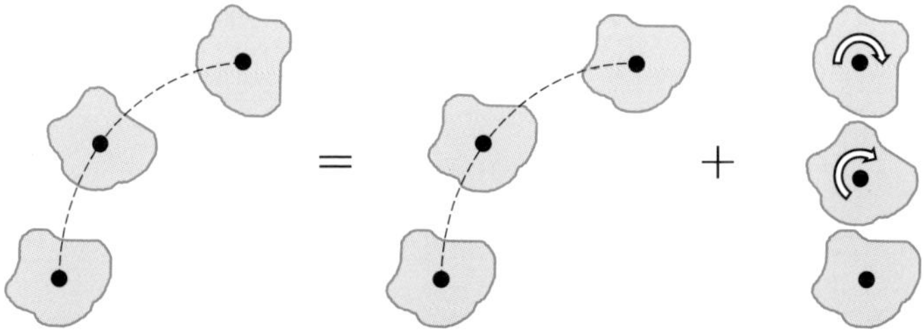

剛体の平面運動　重心の並進運動　重心のまわりの回転運動

図 8.3　物体の重心から見た剛体の平面運動

運動) と，重心のまわりの回転運動として考えることができる．そのため，重心の位置を知ることは重要である．

今，図 8.2 で散らばっているように見える各質点にはたらく重力を，座標 x, y, z 軸で示される空間内で考えてみよう．図 8.4(a) は，それをイメージしたものである．さらに，その質点の集まりの剛体にはたらく重力も同じ x, y, z 軸で示される空間内で考えると，図 8.4(b) に描くようになる．図 8.4(b) は図 8.4(a) を置き換えたモデルであるから，互いに等しい関係になる．すなわち，各質点にはたらく重力の総和と，剛体にはたらく重力の大きさが等しいといえる．その剛体にはたらく重力の作用点 $(x_{\mathrm{G}}, y_{\mathrm{G}}, z_{\mathrm{G}})$ が，重心 (center of gravity) である．

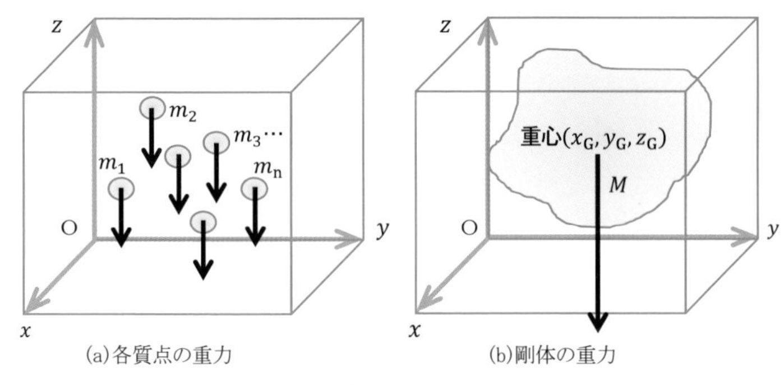

図 8.4　物体にはたらく重力

図 8.4(a) の質量 m_1 の質点から質量 m_n の質点と図 8.4(b) の質量 M の剛体との関係から，重心の座標 $(x_\mathrm{G}, y_\mathrm{G}, z_\mathrm{G})$ は，次の (8.1) 式から (8.3) 式となる．

$$x_\mathrm{G} = \frac{1}{M}(m_1 x_1 + m_2 x_2 + \cdots + m_\mathrm{n} x_\mathrm{n}) = \frac{1}{M}\sum_{i=1}^{n} m_i x_i \tag{8.1}$$

$$y_\mathrm{G} = \frac{1}{M}(m_1 y_1 + m_2 y_2 + \cdots + m_\mathrm{n} y_\mathrm{n}) = \frac{1}{M}\sum_{i=1}^{n} m_i y_i \tag{8.2}$$

$$z_\mathrm{G} = \frac{1}{M}(m_1 z_1 + m_2 z_2 + \cdots + m_\mathrm{n} z_\mathrm{n}) = \frac{1}{M}\sum_{i=1}^{n} m_i z_i \tag{8.3}$$

この (8.1)〜(8.3) 式は，点 O のまわりの重力のモーメントのつりあいから求まる次の (8.4) 式より導かれている．

$$\left.\begin{aligned} m_1 g x_1 + m_2 g x_2 + \cdots + m_\mathrm{n} g x_\mathrm{n} &= M g x_\mathrm{G} \\ m_1 g y_1 + m_2 g y_2 + \cdots + m_\mathrm{n} g y_\mathrm{n} &= M g y_\mathrm{G} \\ m_1 g z_1 + m_2 g z_2 + \cdots + m_\mathrm{n} g z_\mathrm{n} &= M g z_\mathrm{G} \end{aligned}\right\} \tag{8.4}$$

8.2 剛体の運動における慣性モーメント

ここでは，剛体の運動を考えるために必要な慣性モーメント (moment of inertia) について説明する．慣性モーメントは，回転する物体がいつまでも回転し続けようとする慣性の大きさを示す量 (見方を変えれば，回転しにくさを示す量) である．

図 8.5 を見ながら，固定された軸 O のまわりを回転する剛体を考えてみよう．まず，図 8.2 や図 8.4 に示されたように，剛体は質点の集合体という見方ができる．各質点は固定軸 O に垂直な平面内での円運動をしており，その固定軸から距離 r_i 離れた点にある質量 m_i の微小部分が角速度 ω，角加速度 $\dot{\omega}$ で運動している．剛体のその微小部分は，その円運動の接線方向に加速度 $r_i\dot{\omega}$ で運動するから，その接線方向にはたらく力を f_i とすると運動の第二法則より，$f_i = m_i r_i \dot{\omega}$ が成り立つ．また，この力 f_i の軸 O のまわりのモーメントは，$f_i r_i = m_i {r_i}^2 \dot{\omega}$ となる．よって剛体全体では，$\sum_i f_i r_i = \dot{\omega} \sum_i m_i {r_i}^2$ となる．ここで，$\sum_i f_i r_i$ は軸 O のまわりのモーメントの総和で，これはこの剛体に加えたトルク (torque)(記号は N で記す) である．このとき，$\sum_i m_i {r_i}^2$ が慣性モーメントであり，その記号を I で示すと次の (8.5) 式となる．

$$N = \dot{\omega} \sum_i m_i {r_i}^2 = I\dot{\omega} \tag{8.5}$$

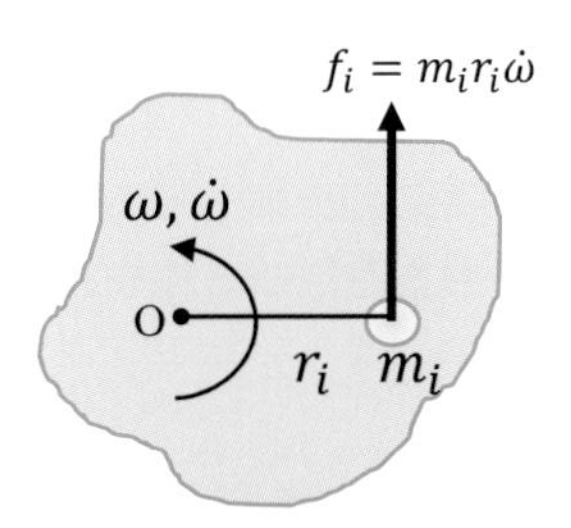

図 8.5　剛体の回転運動

剛体の慣性モーメント I は，固定軸から距離 r 離れた剛体の微小部分の質量 dM の慣性モーメントを考え，これを積分することで剛体全体について求めることができる．基本的には (8.6) 式で示される．

$$I = \int r^2 dM \tag{8.6}$$

この (8.6) 式から，慣性モーメント I は剛体の形状と密度分布によって決まる．とくに密度が一定の場合，例えば剛体全体が同一の物質で構成されている場合には，剛体の形で決まる量，すなわち (長さ)^2 の量と剛体の全質量 M との積になる．また，慣性モーメントの単位は $\mathrm{kg{\cdot}m^2}$ で示される．図 8.5 の質点 m_i に全質量が集中したとすれば，固定軸 O からの距離 (図中の r_i) を k とすると，次に示す (8.7) 式と (8.8) 式が成り立つ．この k をその軸のまわりの回転半径 (radius of gyration) という．

$$I = Mk^2 \tag{8.7}$$

$$k = \sqrt{\frac{I}{M}} \tag{8.8}$$

さまざまな慣性モーメントは，「8.4 決まった形の物体の慣性モーメント」を参照してほしい．

8.3 慣性モーメントに関する定理

慣性モーメントは，ある軸のまわりについて考えるが，重心を通るかどうかが考えるポイントになる．剛体の重心 G を通る x 軸のまわりの慣性モーメント I_{G} がわかっているとき，図 8.6 のように x 軸と平行で距離 d だけ離れた x' 軸のまわりの慣性モーメント $I_{x'}$ は，次の (8.9) 式から求めることができる．

$$I_{x'} = I_{\mathrm{G}} + Md^2 \tag{8.9}$$

ここで M は剛体の質量である．この (8.9) 式を平行軸の定理 (parallel axis theorem) という．

平行軸の定理：剛体の任意の軸のまわりの慣性モーメント I は，この任意の軸に平行で剛体の重心の軸のまわりの慣性モーメント I_{G} と，全質量が重心に集まったと考えたときのこの任意の軸のまわりの慣性モーメント Md^2 の和に等しい．

平行軸の定理は立体図形でも成り立つ．図 8.6 に示された平面図形について，慣性モーメント $I_{x'}$ は，なぜ (8.9) 式のようになるのか？ それは次の (8.10) 式

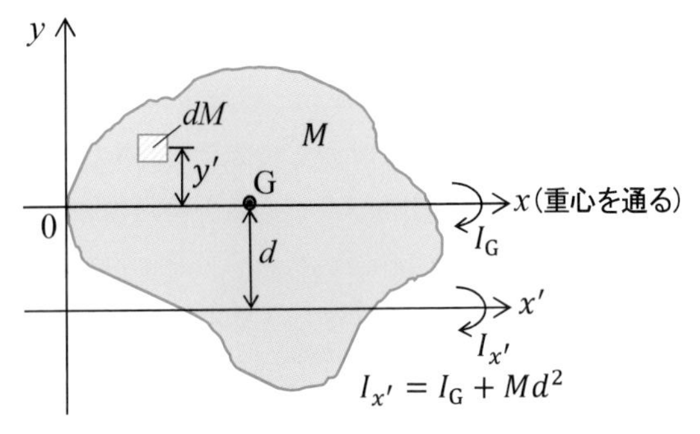

図 8.6　平行軸の定理

で説明できる.

$$I_{x'} = \int y^2 dM = \int (y' + d)^2 dM = \int (y'^2 + 2y'd + d^2) dM$$

$$= \underbrace{\boxed{\int y'^2 dM}}_{I_{\rm G}} + \underbrace{\boxed{2d \int y' dM}}_{0} + \underbrace{\boxed{d^2 \int dM}}_{Md^2} \tag{8.10}$$

(8.10) 式の $2d \int y' dM$ が 0 になる理由は，重心の y 座標 $y_{\rm G}$ の計算で出てきた次の (8.11) 式を思い出してほしい (5.2 節を参照).

$$y_{\rm G} = \frac{1}{M} \int y dM \quad (\text{ここでは}, y = y' \text{である.}) \tag{8.11}$$

図 8.6 に示すように x 軸上に重心 G があるため，$y_{\rm G} = 0$ である．よって $\int y' dM = 0$ になり，平行軸の定理の (8.9) 式が成り立つ．慣性モーメントは (8.9) 式から，重心から遠ざかるにつれて ((8.9) 式の d が大きくなるほど) 大きくなる．互いに平行な軸どうしで慣性モーメントを比べたとき，重心を通る軸のまわりの慣性モーメント $I_{\rm G}$ が最も小さくなる．つまり，物体の重心を通る軸を回転軸にして回すと最も回しやすくなる.

図 8.7 のように，慣性モーメント I_x がわかっていて，x 軸に平行な x' 軸のまわりの慣性モーメント $I_{x'}$ を求める場合，次の (8.12) 式になることを注意してほしい．ここで，d_1 と d_2 は重心 G から x 軸または x' 軸までの距離である.

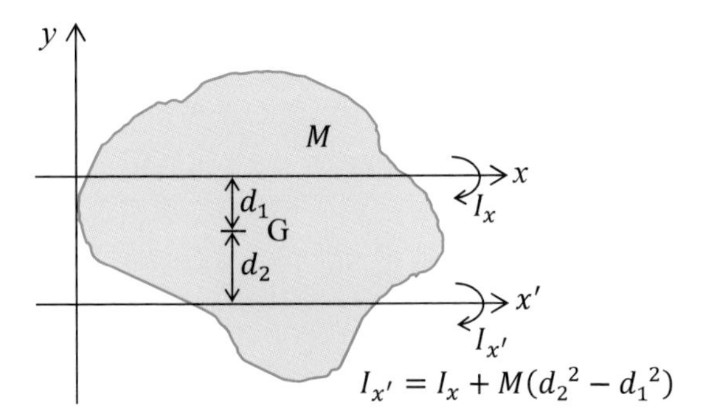

図 8.7　慣性モーメント $I_{x'}$ について

$$I_{x'} \neq I_x + M(d_1 + d_2)^2 \tag{8.12}$$

この場合は次のようにして $I_{x'}$ を求める．(8.9) 式から I_{G} と $I_{x'}$ は次の (8.13) 式と (8.14) 式になる．

$$I_{\mathrm{G}} = I_x - Md_1{}^2 \tag{8.13}$$

$$I_{x'} = I_{\mathrm{G}} + Md_2{}^2 \tag{8.14}$$

(8.14) 式に (8.13) 式を代入した次の (8.15) 式から，$I_{x'}$ を求めることができる．

$$I_{x'} = (I_x - Md_1{}^2) + Md_2{}^2 = I_x + M(d_2{}^2 - d_1{}^2) \tag{8.15}$$

8.2 節で述べた回転半径について，重心を通る軸に平行な軸の回転半径 k は，I_{G} に関する回転半径を k_{G} とすれば，(8.9) 式は次の (8.16) 式となる．

$$k^2 = k_{\mathrm{G}}{}^2 + d^2 \tag{8.16}$$

次に平らな薄板に垂直な軸として，z 軸をとり，これに直行する x 軸，y 軸のまわりの慣性モーメントをそれぞれ I_x，I_y とすると，z 軸のまわりの慣性モーメント I_z は (8.17) 式となる．

$$I_z = I_x + I_y \tag{8.17}$$

これを直交軸の定理 (orthogonal axis theorem) といい，I_z は極慣性モーメント (polar moment of inertia) という．

直交軸の定理：薄い平らな板上の任意の点 **O** を通り，その板に垂直な軸のまわりの平面板の慣性モーメント I_z は，点 **O** を通るその平面内の直交する任意の **2** 直線 O_x と O_y のまわりの慣性モーメントの和 $I_x + I_y$ に等しい．

慣性モーメント I_z は，なぜ (8.17) 式のようになるのか？ それは次の式から説明できる．図 8.8 に示された薄い平板について，I_z は次の (8.18) 式で与えられる．ただし，r は原点 0 から微小部分 (質量 dM) までの距離である．

$$I_z = \int r^2 dM \tag{8.18}$$

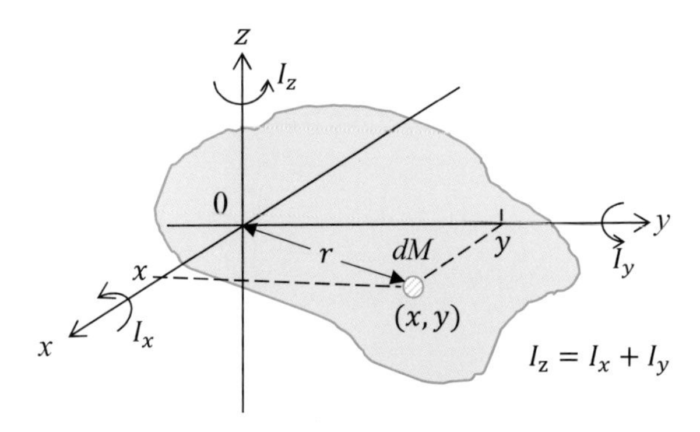

図 8.8　直行軸の定理

r は $\sqrt{x^2 + y^2}$ だから，(8.18) 式は次のようになり直交軸の定理の (8.17) 式が成り立つ．

$$I_z = \int (\sqrt{x^2 + y^2})^2 dM = \underbrace{\boxed{\int x^2 dM}}_{I_x} + \underbrace{\boxed{\int y^2 dM}}_{I_y} \tag{8.19}$$

直交軸の定理は，厚さを無視してもよい薄い平らな板のみに用いることができる．立体図形では用いられない．また，軸は必ずしも重心を通らなくてもよい．

平行軸の定理から求まる (8.16) 式と同様に，各軸のまわりの回転半径を k_z，k_x，k_y とすると，(8.20) 式となる．

$${k_z}^2 = {k_x}^2 + {k_y}^2 \tag{8.20}$$

8.4 決まった形の物体の慣性モーメント

さまざまな形の物体の慣性モーメントは，(8.6) 式によって求めることができる．また，平行軸の定理や直交軸の定理を用いれば，任意の軸を基準にして慣性モーメントを求めることができる．つまり，(8.6) 式をその都度求めていく必要がなく，ある形の慣性モーメントをあらかじめ知っておけば，それを用いてさまざまな状態の剛体の運動に対処することができるようになる．ここでは，代表的な形の物体の慣性モーメントについて説明する．

8.4.1 ◆細い真っすぐな棒

長さ l，密度 ρ の棒の中点Oを通り，その棒に垂直な軸のまわりの慣性モーメント I について考える．図 8.9 のように，棒の中点に x 座標の原点をとり，原点から x 離れたところに，長さ dx の微小部分 s を考える．棒の断面積を A とし，体積を V とすると，その微小部分 s の質量 dM は $dM = \rho dV$ $(dV = Adx)$ となるので (8.6) 式より，次のようになる．

$$I = \int r^2 dM = \int r^2 \rho dV = \int_{-\frac{l}{2}}^{+\frac{l}{2}} x^2 \rho A dx = \rho A \int_{-\frac{l}{2}}^{+\frac{l}{2}} x^2 dx$$

$$= \rho A \left[\frac{1}{3}x^3\right]_{-\frac{l}{2}}^{+\frac{l}{2}} = \rho A \frac{l^3}{12} \tag{8.21}$$

ここで棒の全質量 M は $M = \rho A l$ であるので，(8.21) 式は以下のように示すことができる．

$$I = M\frac{l^2}{12} \tag{8.22}$$

また，回転半径 k は (8.8) 式と (8.22) 式より，次のようになる．

$$k^2 = \frac{I}{M} = \frac{l^2}{12} \text{より，} k = \frac{1}{2\sqrt{3}} l \tag{8.23}$$

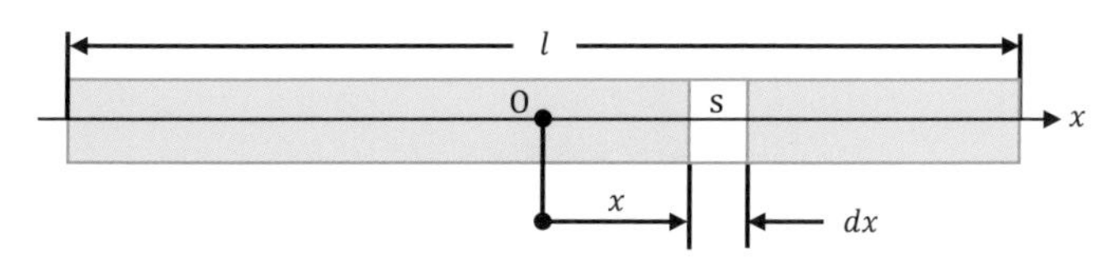

図 8.9　棒の慣性モーメントの考え方

8.4.2 ◆薄い長方形板

図 8.10 に示すように，横の長さ a と縦の長さ b の板厚を t とする長方形の板がある．その中心 O を通る軸 (x 軸，y 軸，z 軸) のまわりに長方形板を回転させるとき，その軸のまわりの慣性モーメントについて考える．この問題は，直交軸の定理を利用することで簡単に求めることができる．

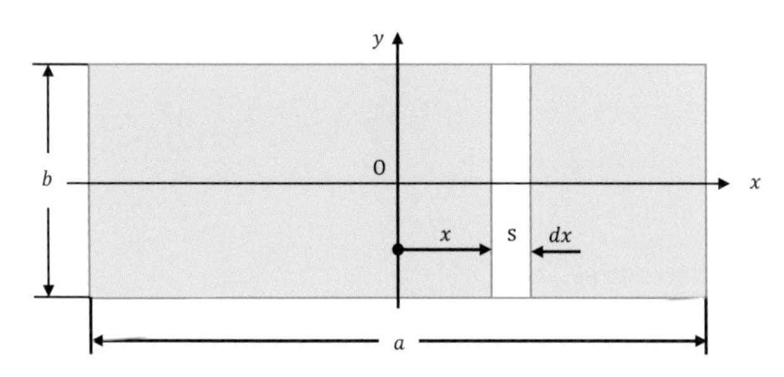

図 8.10　薄い長方形の板の慣性モーメントの考え方

y 軸のまわりの慣性モーメント I_y は，点 O から x の位置に微小部分 s を考えて次のようになる．

$$I_y = \int x^2 dM = \int x^2 \rho dV = \int_{-\frac{a}{2}}^{+\frac{a}{2}} x^2 \rho bt dx = \rho bt \left[\frac{1}{3}x^3\right]_{-\frac{a}{2}}^{+\frac{a}{2}} = \rho bt \frac{a^3}{12} = M\frac{a^2}{12} \tag{8.24}$$

ここで，ρ は密度，M は全質量である．

同様に考えて，x 軸のまわりの慣性モーメント I_x は次の (8.25) 式になる．

$$I_x = M\frac{b^2}{12} \tag{8.25}$$

よって，薄板に垂直な軸の慣性モーメント I(つまり I_Z) は，(8.17) 式に (8.24) 式と (8.25) 式を代入して (8.26) 式となる．

$$I = I_z = I_x + I_y = \frac{a^2 + b^2}{12}M \tag{8.26}$$

また，回転半径 k は (8.8) 式と (8.26) 式より，次のようになる．

$$k = \sqrt{\frac{I}{M}} = \sqrt{\frac{a^2 + b^2}{12}} \tag{8.27}$$

8.4.3 ◆直方体

図 8.11 に示すような各辺の長さが a, b, c の直方体の慣性モーメントについて考える．直方体の重心 (中心) に x, y, z の座標原点 O をとり，各軸のまわりの慣性モーメント I_x, I_y, I_z をそれぞれ求めてみよう．I_x を求めるため，図 8.11(a) の A より見た直方体の図として，図 8.11(b) を考える．微小部分 $dydz$ の奥行が a であることから，体積 dV は $adydz$ となる．密度を ρ，直方体の全質量を M とすると，I_x は次のようになる．

$$
\begin{aligned}
I_x &= \int r^2 dM = \int r^2 \rho dV = \rho \int_{-\frac{c}{2}}^{+\frac{c}{2}} \int_{-\frac{b}{2}}^{+\frac{b}{2}} (y^2 + z^2) adydz \\
&= \rho a \int_{-\frac{c}{2}}^{+\frac{c}{2}} \left[\frac{y^3}{3} + z^2 y \right]_{-\frac{b}{2}}^{+\frac{b}{2}} dz = \rho a \int_{-\frac{c}{2}}^{+\frac{c}{2}} \left(\frac{b^3}{12} + bz^2 \right) dz = \rho a \left[\frac{b^3}{12} z + \frac{b}{3} z^3 \right]_{-\frac{c}{2}}^{+\frac{c}{2}} \\
&= \rho a \left(\frac{b^3}{12} \cdot c + \frac{b}{3} \cdot \frac{c^3}{4} \right) = \rho abc \left(\frac{b^2 + c^2}{12} \right) = M \frac{b^2 + c^2}{12} \qquad (8.28)
\end{aligned}
$$

同様に，I_y と I_z は (8.29) 式となる．

$$
I_y = M \frac{a^2 + c^2}{12}, \quad I_z = M \frac{a^2 + b^2}{12} \qquad (8.29)
$$

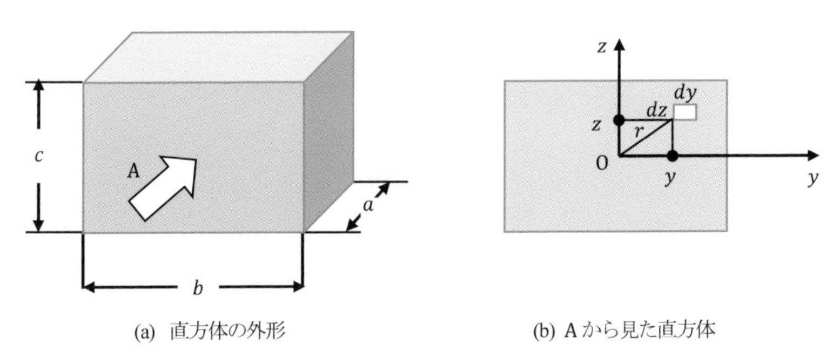

(a) 直方体の外形　(b) A から見た直方体

図 8.11　直方体の慣性モーメントの考え方

8.4.4 ◆円板

図 8.12(a) に示すような直径が $2a$ の円板に直径 $2b$ の穴が空いた厚さ t の円板を，その中心を軸として回転させるとき，その慣性モーメントを求めてみよ

う．まず，円板の中心から半径 r，角度 θ の位置の微小部分 s を考える．その微小部分 s をわかりやすいように拡大したのが，図 8.12(b) である．この部分の体積 dV は $dr \times rd\theta \times t$ で近似できるので，密度を ρ とすれば慣性モーメント I は次のようになる．

$$
\begin{aligned}
I &= \int r^2 dM = \int r^2 \rho dV = \int_0^{2\pi} \int_b^a \rho r^2 t r dr d\theta \\
&= \rho t \int_0^{2\pi} d\theta \int_b^a r^3 dr = \frac{\pi \rho t}{2}(a^4 - b^4)
\end{aligned}
\tag{8.30}
$$

(8.30) 式のなかで，$\pi\rho t(a^2 - b^2)$ は穴が空いた円板の全質量であるからこれを M とすれば，慣性モーメント I は次のようになる．

$$
I = \pi\rho t(a^2 - b^2)\frac{(a^2 + b^2)}{2} = M\frac{(a^2 + b^2)}{2} \tag{8.31}
$$

また，回転半径 k は (8.8) 式と (8.31) 式より，次の (8.32) 式になる．

$$
k = \sqrt{\frac{I}{M}} = \sqrt{\frac{(a^2 + b^2)}{2}} \tag{8.32}
$$

ところで穴の空いていない円板の慣性モーメント I と回転半径 k は，(8.31) 式と (8.32) 式の $b = 0$ とすれば求まる．つまり次の (8.33) 式になる．

$$
I = \frac{\pi\rho t}{2}a^4 = M\frac{a^2}{2}, \quad k = \frac{a}{\sqrt{2}} \tag{8.33}
$$

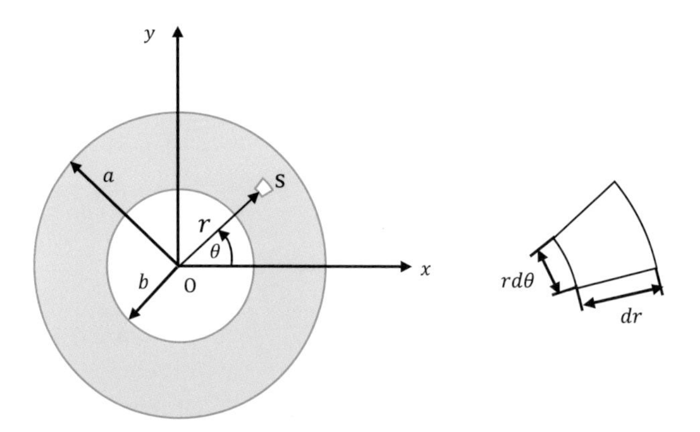

(a) 穴が空いた円板の外形　　(b) 微小部分 s の拡大図

図 8.12　円板の慣性モーメントの考え方

8.4.5 ◆円筒 (円柱)

直径 $2a$，長さ l の図 8.13 に示す円筒の慣性モーメント I を求めてみる．図 8.13(a) に示すようにこの円筒の中心を原点 O として，水平方向を x 軸として y 軸と z 軸を定める．このとき，A からその円筒を見たのが図 8.13(b) である．図 8.13(b) の点 O から x の位置に微小部分 s を考え，その微小部分の座標として便宜上，x' 軸，y' 軸，z' 軸をそれぞれ定める．微小部分 s の質量 dM は，密度を ρ とすれば，$dM = \rho\pi a^2 dx$ となる．その微小部分は 8.4.4 項で述べた穴の空いていない円板と見なせることから，x 軸のまわりの慣性モーメント I_x は，(8.33) 式より次のようになる．

$$dI_{x'} = dI_x = (dM)\frac{a^2}{2} = \rho\pi a^2 \frac{a^2}{2} dx \tag{8.34}$$

$$I_{x'} = I_x = \int_{-\frac{l}{2}}^{+\frac{l}{2}} \left(\frac{\rho\pi a^4}{2}\right) dx = \frac{\rho\pi a^4 l}{2} = \frac{Ma^2}{2} \tag{8.35}$$

ここで M は円筒の全質量である．微小部分 (円板) について，直交軸の定理の (8.17) 式を適用すると次の (8.36) 式になる．

$$dI_{x'} = dI_{y'} + dI_{z'} \tag{8.36}$$

また円板であるから $dI_{y'} = dI_{z'}$ であるので，この関係式と (8.36) 式を (8.34) 式に適用すれば，次の (8.37) 式になる．

$$dI_{z'} = \frac{1}{2} dI_{x'} = \rho\pi a^2 \frac{a^2}{4} dx \tag{8.37}$$

これに，平行軸の定理の (8.9) 式を用いて，z 軸のまわりの慣性モーメントを求めると次のようになる．

$$\begin{aligned} dI_z &= x^2 dM + dI_{z'} = x^2 \rho\pi a^2 dx + \rho\pi a^2 \frac{a^2}{4} dx \\ &= \rho\pi a^2 \left(x^2 + \frac{a^2}{4}\right) dx \end{aligned} \tag{8.38}$$

円筒全体の慣性モーメントは，(8.38) 式を積分して次のようになる．

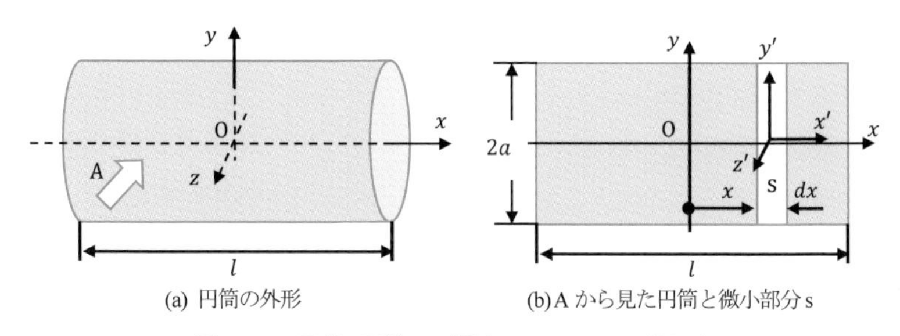

図 8.13　円筒 (円柱) の慣性モーメントの考え方

$$
\begin{aligned}
I_z &= \int_l dI_z = \rho\pi a^2 \int_{-\frac{l}{2}}^{+\frac{l}{2}} \left(x^2 + \frac{a^2}{4} \right) dx = \rho\pi a^2 \left[\frac{x^3}{3} + \frac{a^2}{4} x \right]_{-\frac{l}{2}}^{+\frac{l}{2}} \\
&= \rho\pi a^2 l \left(\frac{l^2}{12} + \frac{a^2}{4} \right) = M \left(\frac{l^2}{12} + \frac{a^2}{4} \right) \qquad (8.39)
\end{aligned}
$$

ここで，$I_z = I_y$ より，y 軸のまわりの慣性モーメントも (8.40) 式から求まり，すべての軸について知ることができる．

$$
I_y = M \left(\frac{l^2}{12} + \frac{a^2}{4} \right) \qquad (8.40)
$$

8.4.6 ◆球

半径 R の図 8.14(a) に示すような球の中心を通る軸のまわりの慣性モーメントについて考える．図 8.14(a) に示すように，球の中心を原点 O とする x 軸，y 軸，z 軸を定め，各軸の慣性モーメントを求めてみよう．図 8.14(b) に示すように，原点 O から y 軸方向の y だけ離れた部分で厚さ dy の微小な円板 s を考えると，この円板の半径 r は図中の x となるので次のような関係が成り立つ．

$$
x^2 + y^2 = R^2 \qquad (8.41)
$$

(8.41) 式から，x は $x = \pm\sqrt{R^2 - y^2}$ より，次の (8.42) 式になる．

$$
r = |x| = \sqrt{R^2 - y^2} \qquad (8.42)
$$

ところで，質量 dM の微小円板 s の y 軸のまわりの慣性モーメント dI_y は，(8.33) 式と (8.42) 式より次の (8.43) 式になる．

$$dI_y = (dM)\frac{r^2}{2} = \frac{\rho\pi dy}{2}r^4 = \frac{\rho\pi}{2}(R^2 - y^2)^2 dy \tag{8.43}$$

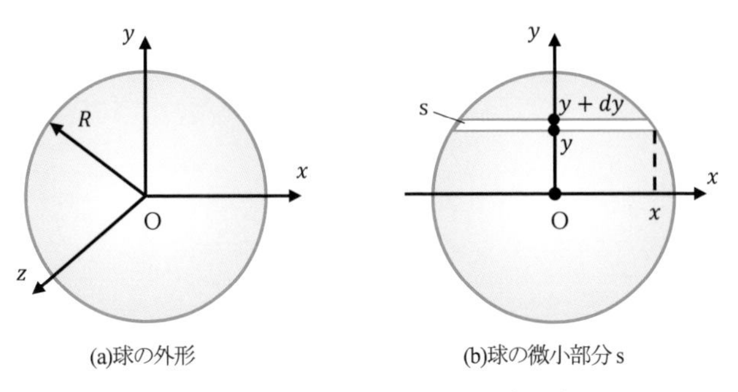

図 8.14　球の慣性モーメントの考え方

よって，球の y 軸のまわりの慣性モーメント I_y は，次の (8.44) 式になる．

$$\begin{aligned} I_y &= \int_{-R}^{R} dI_y = \frac{\rho\pi}{2}\int_{-R}^{R}(R^2 - y^2)^2 dy = \rho\pi\int_{0}^{R}(R^2 - y^2)^2 dy \\ &= \rho\pi\left[R^4 y - \frac{2R^2}{3}y^3 + \frac{1}{5}y^5\right]_0^R = \frac{8}{15}\rho\pi R^5 \end{aligned} \tag{8.44}$$

ところで，球の体積 V は半径を R とすると，$V = \frac{4}{3}\pi R^3$ となるので，全質量を $\rho V = M$ とすると (8.44) 式は，次のように書き換えることができる．

$$I_y = \frac{2}{5}\rho V R^2 = \frac{2}{5}MR^2 \tag{8.45}$$

x 軸, z 軸のまわりの慣性モーメント I_x と I_z も y 軸のまわりの慣性モーメント I_y と同様になるので，次のようになる．

$$I_y = I_x = I_z = \frac{2}{5}MR^2 \tag{8.46}$$

8.5 断面二次モーメント

厚さが一様で均質な平面形状をした物体の各部の質量は，その各部の面積に比例するといえる．このとき，質量を面積に置き換えて求めた慣性モーメントを断面二次モーメント (second moment of area) という．平面内の微小面積を $dA\,[\mathrm{mm}^2]$，固定された軸からの距離を $r\,[\mathrm{mm}]$ とすると，この軸のまわりを回転する物体の断面二次モーメント $I_{\mathrm{A}}\,[\mathrm{mm}^4]$ は，次の (8.47) 式となる．

$$I_{\mathrm{A}} = \int r^2 dA \tag{8.47}$$

このとき，全体の面積を A とすると，$I_{\mathrm{A}} = Ak^2$ となる．k は次のようになる．

$$k = \sqrt{\frac{I_{\mathrm{A}}}{A}} \tag{8.48}$$

(8.48) 式の k を断面二次半径 (radius of gyration of area) という．断面二次モーメントも慣性モーメントと同様に，平行軸の定理や直交軸の定理が成り立つ．

例題 8.1　穴が空いた円板の慣性モーメント

図 8.15 に示すように穴が 4 つ空いた厚さ 20 mm の鋼製円板について，その円板の面に垂直で中心 O を通る軸のまわりの慣性モーメントは何 kg·m² か求めよ．ただし，鋼の密度は 7.8 g/cm³ とする．

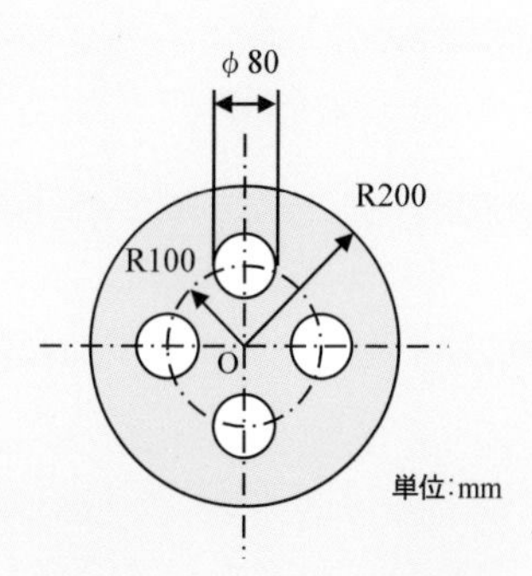

図 8.15　穴が 4 つ空いた円板

[解]

複数の図形が組み合わさった物体の慣性モーメントの考え方として，穴の空いていない $\phi 400\,\mathrm{mm}$ の円板から，穴の形状の円板を 4 枚分差し引くと，図の円板の慣性モーメント I が求まる．穴の空いていない円板の慣性モーメント I_1 は，(8.33) 式より求まる．なお，穴の形状の円板の点 O を通る軸のまわりの慣性モーメント I_2 は，(8.33) 式と平行軸の定理 (8.9) 式を用いる．また，図の寸法を mm から m に単位を変換し，さらに密度の単位も $\mathrm{g/cm^3}$ から $\mathrm{kg/m^3}$ に換算する．

$$
\begin{aligned}
I_1 &= (200\times10^{-3})^2\times\pi\times20\times10^{-3}\times7.8\times10^3\times\frac{(200\times10^{-3})^2}{2}\\
&= 0.3919\,\mathrm{kg{\cdot}m^2}\\
I_2 &= (40\times10^{-3})^2\times\pi\times20\times10^{-3}\times7.8\times10^3\times\frac{(40\times10^{-3})^2}{2}\\
&\quad+(40\times10^{-3})^2\times\pi\times20\times10^{-3}\times7.8\times10^3\times(100\times10^{-3})^2\\
&= 0.000627+0.007837=0.008464\,\mathrm{kg{\cdot}m^2}
\end{aligned}
$$

よって，図 8.15 の円板の慣性モーメント I は次のようにして求まる．

$I = I_1 - 4I_2 = 0.3919 - 4\times0.008464 = 0.3580\,\mathrm{kg{\cdot}m^2}$

解説　例題 8.1 の図 8.15 に示されている $\phi 80$ は，円の直径 80 mm を示し，ϕ は「まる」または「ふぁい」と読む．R100 および R200 は円の半径 100 mm と半径 200 mm を示し，R は「あーる」と読む．これらのことは JIS Z 8310 で規定されている機械図面の寸法補助記号であり，機械工学では一般的な表現であるので覚えてもらいたい．

第 8 章　練習問題

8.1 質量 100 kg，回転半径 500 mm の物体の慣性モーメントを求めよ．

8.2 質量 1.0 kg，直径 2.4 m の薄い円板の中心 G を軸として回るときの慣性モーメントを求めよ．

8.3 上記 (練習問題 8.2) の円板について，その中心 G から 0.5 m 離れた点 O を軸として回るときの慣性モーメントを求めよ．

8.4 半径 10 cm，質量 10 kg の球の中心を通る軸のまわりの慣性モーメントを求めよ．

8.5 単位長さ当たりの質量が 1.0 kg/m の一様な材質で，長さ 5.0 m の真っすぐな棒が横たわっている．この棒の重心を通り棒に直交する軸のまわりの慣性モーメントを求めよ．

8.6 密度が 7.8×10^{-6} kg/mm^3 の物質でできた直方体があり，各辺は正面から見た幅が 200 mm，奥行きが 50 mm，高さが 120 mm である．その正面から見た面に垂直で中心を通る軸のまわりの慣性モーメントを求めよ．

8.7 外径 0.20 m，内径 0.15 m，質量 4.0 kg の中空の球の中心を通る軸のまわりの慣性モーメントと回転半径を求めよ．

8.8 図 8.16 に示すように，半径 $R = 18$ cm，長さ $l = 47$ cm の円柱の両端から，半径 $r = 11$ cm，長さ $d = 20$ cm の円柱状の部分を削り取った回転体がある．回転軸 O − O′ のまわりの慣性モーメントを求めよ．ただし，物体の密度 ρ を 7.8 g/cm^3 とする．

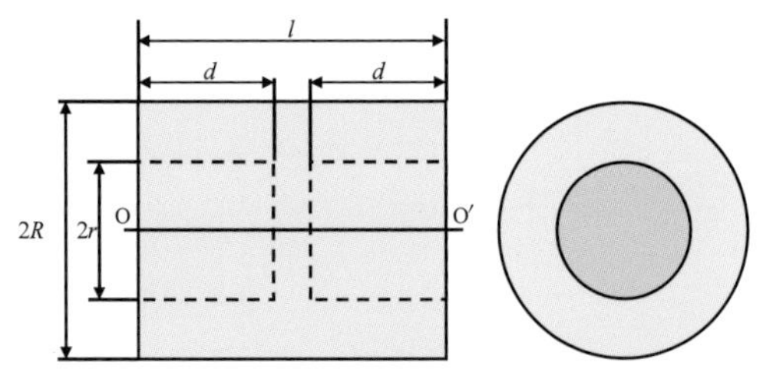

図 8.16　問題 8.8 の図

8.9 図 8.17 に示す凹凸形状の図形について，重心のまわりの慣性モーメントを求めよ．ただし，単位面積当たりの質量を $100\,\mathrm{kg/m^2}$ とする．

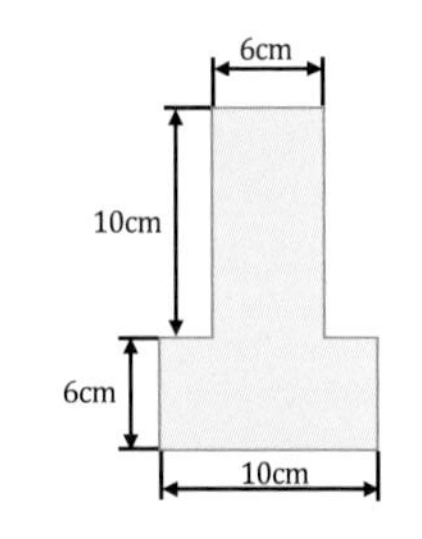

図 8.17　問題 8.9 の図

8.10 図 8.18 に示すように，密度が $10\,\mathrm{kg/m^3}$ の半径 $r = 2.0\,\mathrm{m}$，厚さ $t = 1.0\,\mathrm{m}$ の半円柱の物体がある．円形の中心を通る軸 $\mathrm{O_C}$-$\mathrm{O_C}'$ のまわりの慣性モーメントと，重心 G を通る軸 $\mathrm{O_G}$-$\mathrm{O_G}'$ のまわりの慣性モーメントをそれぞれ求めよ．

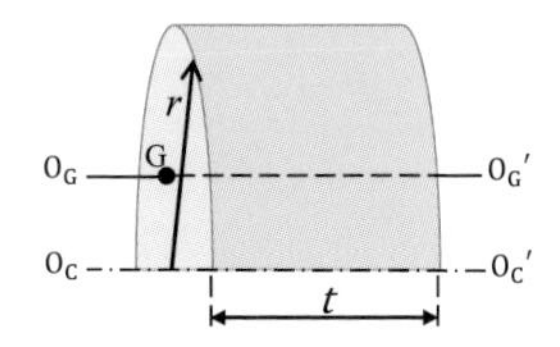

図 8.18　問題 8.10 の図

第9章

剛体の運動，回転振動

自動車やバイクなど各種構造体の運動を調べるのに，力を加えても変形しない仮想的な物体，つまり剛体の運動として考えることがある．剛体の動きは8.1節で述べたように，それを構成する各点が同じ向きに平行移動する並進運動 (translational motion) だけでなくある軸のまわりの回転運動 (rotary motion) をすることもある．そこで本章では，剛体の並進運動と回転運動について理解をより深める．さらに，剛体の振動についても理解することを目的としている．

〈学習の目標〉

- 剛体の並進運動について理解する．
- 剛体の回転運動について理解する．
- 回転振動について理解する．

9.1 剛体の運動方程式

剛体 (rigid body) とは，3.1節や8.1節で述べたようにある任意の大きさを持つ変形しない物体のことである．剛体の運動方程式を考える場合，質点の運動とは異なり，第8章の図8.3で示したように並進方向の運動だけではなく，それ自身が回転する回転方向の運動も考えなければならない．そこで，本節では剛体の並進運動と，回転運動ついて理解を深めることを目的とする．

9.1.1 ◆剛体の並進運動

剛体は無数の質点が集合した質点系として考えられる．そこで，まず質点系の並進運動を考え，それを剛体の運動へと発展させる．図 9.1 では，x-y 平面上の 3 個の質点がそれぞれ棒のようなもので接続されている．ここにそれぞれに $\boldsymbol{F}_1$，$\boldsymbol{F}_2$，$\boldsymbol{F}_3$ の力がはたらいた場合，接続した棒により質量 m_1 の質点 1，質量 m_2 の質点 2，質量 m_3 の質点 3 には図 9.2 に示すような内力を生じる．平面上のそれぞれの質点の位置ベクトルを $\boldsymbol{r}_1$，$\boldsymbol{r}_2$，$\boldsymbol{r}_3$ とすればそれぞれの運動方程式は次の (9.1) 式となる．

$$\left.\begin{aligned} m_1\frac{d^2\boldsymbol{r}_1}{dt^2} &= \boldsymbol{F}_1 + \boldsymbol{F}_{21} + \boldsymbol{F}_{31} \\ m_2\frac{d^2\boldsymbol{r}_2}{dt^2} &= \boldsymbol{F}_2 + \boldsymbol{F}_{12} + \boldsymbol{F}_{32} \\ m_3\frac{d^2\boldsymbol{r}_3}{dt^2} &= \boldsymbol{F}_3 + \boldsymbol{F}_{13} + \boldsymbol{F}_{23} \end{aligned}\right\} \tag{9.1}$$

ここで，各質点に生じる内力は作用・反作用の法則から次の (9.2) 式の関係が成り立つ．

$$\boldsymbol{F}_{12} = -\boldsymbol{F}_{21}, \quad \boldsymbol{F}_{13} = -\boldsymbol{F}_{31}, \quad \boldsymbol{F}_{23} = -\boldsymbol{F}_{32} \tag{9.2}$$

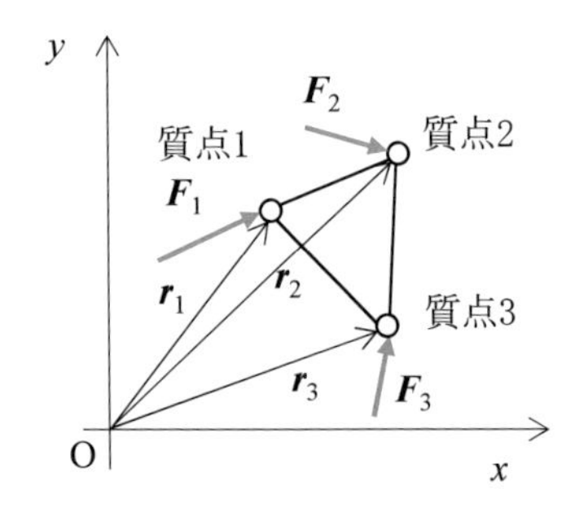

図 9.1　質点系に外力が作用した場合

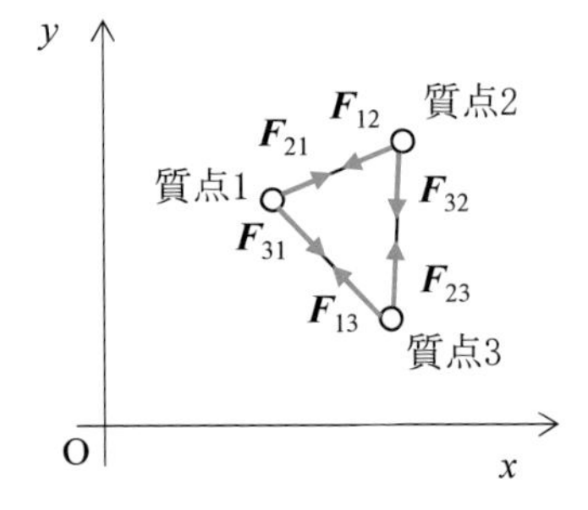

図 9.2　内力の状態

また (9.1) 式のそれぞれの運動方程式を足し合わせると次の (9.3) 式となる．

$$m_1\frac{d^2\boldsymbol{r}_1}{dt^2}+m_2\frac{d^2\boldsymbol{r}_2}{dt^2}+m_3\frac{d^2\boldsymbol{r}_3}{dt^2} = \boldsymbol{F}_1+\boldsymbol{F}_2+\boldsymbol{F}_3+(\boldsymbol{F}_{13}+\boldsymbol{F}_{31})+(\boldsymbol{F}_{12}+\boldsymbol{F}_{21})+(\boldsymbol{F}_{23}+\boldsymbol{F}_{32}) \tag{9.3}$$

上の (9.3) 式に (9.2) 式を代入すると内力の項は削除されるため，(9.3) 式は次

の (9.4) 式となる．

$$\sum_{i=1}^{3}\left(m_i\frac{d^2\boldsymbol{r}_i}{dt^2}\right)=\sum_{i=1}^{3}\boldsymbol{F}_i \tag{9.4}$$

すなわち，質点系の全体の並進運動を考えるとき，内力の影響を考える必要はなく，質点系にはたらく外力のみを考えればよい．位置ベクトル $\boldsymbol{r}_i$ と外力 $\boldsymbol{F}_i$ の成分はそれぞれ (x_i, y_i) と (F_{ix}, F_{iy}) である．そのため，(9.4) 式を x，y 軸方向の成分で表現すれば，次の (9.5) 式と (9.6) 式のようになる．

$$\sum_{i=1}^{3}\left(m_i\frac{d^2x_i}{dt^2}\right)=\sum_{i=1}^{3}F_{ix} \tag{9.5}$$

$$\sum_{i=1}^{3}\left(m_i\frac{d^2y_i}{dt^2}\right)=\sum_{i=1}^{3}F_{iy} \tag{9.6}$$

(9.4)，(9.5)，(9.6) 式の左辺は，各質点の慣性力を表している (慣性力については 7.2 節を参照)．第 5 章や 8.1 節では物体の全質量を集中させた点の重心を学んだ．ここでは，外力が作用したとき各質点の位置と重心の運動について考えてみよう．この質点系の重心の位置ベクトルを $\boldsymbol{r}_{\mathrm{G}}$ とすれば，重心の定義 (第 5 章に詳述) から次の (9.7) 式が成り立つ．

$$\boldsymbol{r}_{\mathrm{G}}=\frac{m_1\boldsymbol{r}_1+m_2\boldsymbol{r}_2+m_3\boldsymbol{r}_3}{m_1+m_2+m_3}=\frac{\displaystyle\sum_{i=1}^{3}m_i\boldsymbol{r}_i}{\displaystyle\sum_{i=1}^{3}m_i} \tag{9.7}$$

(9.7) 式は重心を位置ベクトルで示したものになるが，重心の x，y 成分 $(x_{\mathrm{G}}, y_{\mathrm{G}})$ で表すと 8.1 節でも述べたように次の (9.8) 式と (9.9) 式になる．

$$x_{\mathrm{G}} = \frac{m_1 x_1 + m_2 x_2 + m_3 x_3}{m_1 + m_2 + m_3} = \frac{\displaystyle\sum_{i=1}^{3} m_i x_i}{\displaystyle\sum_{i=1}^{3} m_i} \tag{9.8}$$

$$y_{\mathrm{G}} = \frac{m_1 y_1 + m_2 y_2 + m_3 y_3}{m_1 + m_2 + m_3} = \frac{\displaystyle\sum_{i=1}^{3} m_i y_i}{\displaystyle\sum_{i=1}^{3} m_i} \tag{9.9}$$

物体が運動している場合，重心の位置ベクトル $\boldsymbol{r}_{\mathrm{G}} = (x_{\mathrm{G}}, y_{\mathrm{G}})$ は時間によって変化する．その運動を調べるため，(9.7) 式から (9.9) 式の右辺の分母である質点系の全質量を両辺にかけて，時間 t について 2 階微分してみる．その結果が，それぞれ次の (9.10) 式から (9.12) 式になる．

$$\sum_{i=1}^{3} m_i \cdot \frac{d^2 \boldsymbol{r}_{\mathrm{G}}}{dt^2} = m_1 \frac{d^2 \boldsymbol{r}_1}{dt^2} + m_2 \frac{d^2 \boldsymbol{r}_2}{dt^2} + m_3 \frac{d^2 \boldsymbol{r}_3}{dt^2} = \sum_{i=1}^{3} \left(m_i \frac{d^2 \boldsymbol{r}_i}{dt^2} \right) \tag{9.10}$$

$$\sum_{i=1}^{3} m_i \cdot \frac{d^2 x_{\mathrm{G}}}{dt^2} = m_1 \frac{d^2 x_1}{dt^2} + m_2 \frac{d^2 x_2}{dt^2} + m_3 \frac{d^2 x_3}{dt^2} = \sum_{i=1}^{3} \left(m_i \frac{d^2 x_i}{dt^2} \right) \tag{9.11}$$

$$\sum_{i=1}^{3} m_i \cdot \frac{d^2 y_{\mathrm{G}}}{dt^2} = m_1 \frac{d^2 y_1}{dt^2} + m_2 \frac{d^2 y_2}{dt^2} + m_3 \frac{d^2 y_3}{dt^2} = \sum_{i=1}^{3} \left(m_i \frac{d^2 y_i}{dt^2} \right) \tag{9.12}$$

したがって，(9.10) 式から (9.12) 式を (9.4) 式から (9.6) 式にそれぞれ代入すれば，重心の運動方程式は次の (9.13) 式から (9.15) 式になる．

$$M \frac{d^2 \boldsymbol{r}_{\mathrm{G}}}{dt^2} = \sum_{i=1}^{3} \boldsymbol{F}_i \tag{9.13}$$

$$M \frac{d^2 x_{\mathrm{G}}}{dt^2} = \sum_{i=1}^{3} F_{ix} \tag{9.14}$$

$$M \frac{d^2 y_{\mathrm{G}}}{dt^2} = \sum_{i=1}^{3} F_{iy} \tag{9.15}$$

ここで，質点系の全体の質量 M は $M = m_1 + m_2 + m_3$ である．さらに (9.13) 式から (9.15) 式を 1〜n 個の質点 (各質点の質量を m_i とする) で構成される場合で考えてみると，同様にして解けばよいので，その重心の運動方程式は次式となる．

$$M\frac{d^2\boldsymbol{r}_{\mathrm{G}}}{dt^2}=\sum_{i=1}^{n}\boldsymbol{F}_i=\boldsymbol{F} \tag{9.16}$$

$$M\frac{d^2x_{\mathrm{G}}}{dt^2}=\sum_{i=1}^{\mathrm{n}}F_{ix}=F_x \tag{9.17}$$

$$M\frac{d^2y_{\mathrm{G}}}{dt^2}=\sum_{i=1}^{\mathrm{n}}F_{iy}=F_y \tag{9.18}$$

ここで，外力の総和 $\boldsymbol{F}$ は $\boldsymbol{F}=(F_x,F_y)$ である．すなわち，質点系の並進運動の運動方程式は，その重心の運動方程式として取り扱うことができる．

剛体では質点が無数にある場合を考えればよいので，(9.16) 式から (9.18) 式より，質点の数によらずその物体の重心位置で剛体の並進運動を考えればよい．よって剛体の並進運動は，(9.16) 式から (9.18) 式に示す運動方程式で表すことができる．

9.1.2 ◆剛体の回転運動

剛体の回転運動を考える前に，まずは並進運動と同様に質点系の回転運動から考えてみよう．図 9.3 に示すように，棒により質量 m_1 の質点 1，質量 m_2 の質点 2，質量 m_3 の質点 3 の質点が接続されており，これらの質点の回転方向にそれぞれ力 F_1，F_2，F_3 がはたらいている．回転方向の各質点の変位を s_1，s_2，s_3 として，このとき各質点の運動方程式は次の (9.19) 式となる．

$$F_1=m_1\frac{d^2s_1}{dt^2},\quad F_2=m_2\frac{d^2s_2}{dt^2},\quad F_3=m_3\frac{d^2s_3}{dt^2} \tag{9.19}$$

ここで，各質点の回転角 θ_1，θ_2，θ_3 は，それぞれの初期回転角 (時刻 0 秒での回転角) を φ_1，φ_2，φ_3 として，この質点系の全体の角変位を θ とすると次の (9.20) 式となる．

$$\theta_1=\theta+\varphi_1,\quad \theta_2=\theta+\varphi_2,\quad \theta_3=\theta+\varphi_3 \tag{9.20}$$

また，回転角 θ_1，θ_2，θ_3 と変位 s_1，s_2，s_3 との関係は次の (9.21) 式となる．

$$s_1=r_1\theta_1,\quad s_2=r_2\theta_2,\quad s_3=r_3\theta_3 \tag{9.21}$$

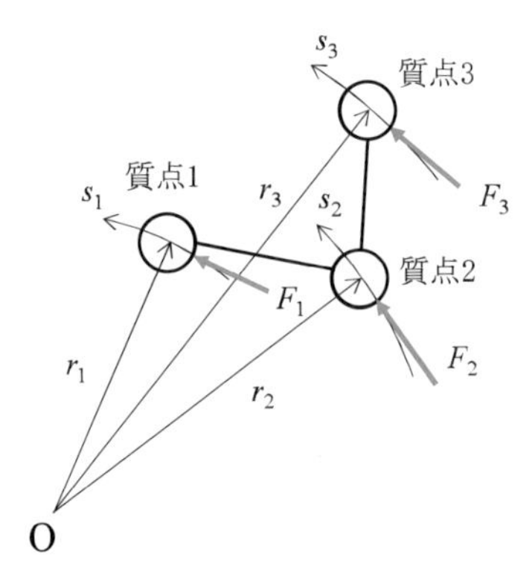

図 9.3　質点系の回転運動

(9.19) 式の 3 式にそれぞれ r_1, r_2, r_3 をかけて，(9.20) 式を代入した (9.21) 式をさらに (9.19) 式へ代入すれば次の (9.22) 式が得られる．

$$F_1 r_1 = m_1 {r_1}^2 \frac{d^2\theta}{dt^2}, \quad F_2 r_2 = m_2 {r_2}^2 \frac{d^2\theta}{dt^2}, \quad F_3 r_3 = m_3 {r_3}^2 \frac{d^2\theta}{dt^2} \tag{9.22}$$

ここで $F_i r_i = N_i (i = 1 \sim 3)$ を各質点にはたらく力のモーメントとして，(9.22) 式の総和は次の (9.23) 式となる．

$$\sum_{i=1}^{3} N_i = \sum_{i=1}^{3} m_i {r_i}^2 \frac{d^2\theta}{dt^2} \tag{9.23}$$

右辺の $\sum_{i=1}^{3} m_i r_i^2$ はこの質点系の慣性モーメントである．さらに，(9.23) 式において 1〜n 個の質点 (各質点の質量 m_i とする) で構成される系で考えてみると，その運動方程式は次の (9.24) 式となる．

$$\sum_{i=1}^{\mathrm{n}} N_i = \sum_{i=1}^{\mathrm{n}} m_i {r_i}^2 \frac{d^2\theta}{dt^2} \tag{9.24}$$

上式が質点系の回転運動するときの運動方程式であり，これを角運動方程式 (equation of angular motion) という．

次に剛体の回転運動の場合で考えてみる．図 9.4 は点 O を中心にして z 軸 (x-y 平面に垂直な軸) のまわりに回転している質量 m [kg] の剛体を示す．剛体の任意の位置 r [m] にある微小質量 dm [kg] の回転方向に外力 dF_{s} [N] が作用するとして，質点系と同様に解いていくと角運動方程式は次の (9.25) 式となる．

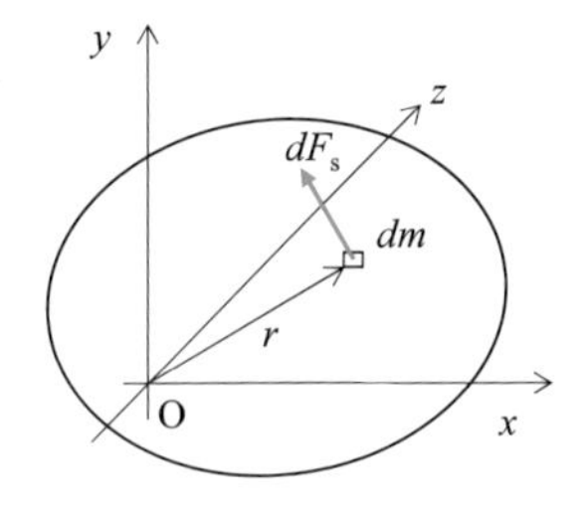

図 9.4　平面上における剛体の回転

$$\int r dF_{\mathrm{s}} = \int r^2 dm \frac{d^2\theta}{dt^2} \tag{9.25}$$

(9.25) 式をもっと簡単に表すと，剛体の角運動方程式は次式となる．

$$N = I_{\mathrm{z}} \frac{d^2\theta}{dt^2} \tag{9.26}$$

ここで，N [N·m] は剛体に与えられるトルク (torque) を表し $N = \int r dF_{\mathrm{s}}$ である (トルクは力のモーメントと同じ意味で，工学の分野でモーメントのことをトルクということが多い．第 3 章ではモーメントの記号に M を用いたが，質量の M と混同する恐れがあるため第 9 章と第 10 章ではモーメントの記号に N を用いている)．(9.26) 式の I_{z} [kg·m^2] は z 軸 (x-y 平面に垂直な軸) のまわりの慣性モーメント (moment of inertia) を表し $I_{\mathrm{z}} = \int r^2 dm$ で与えられる．慣性モーメントは第 8 章の 2 節にその求め方を記載しているとおりで，剛体の回転のしにくさを表す量である．

9.1 節では剛体の運動を並進運動と回転運動に分けて，それぞれの運動方程式を求めた．ここで，運動方程式と角運動方程式を比較したとき，運動方程式のなかの質量や加速度などが角運動方程式では，どの量に相当するのかを表 9.1 に示す． ただし，運動量，角運動量および運動エネルギーについてはそれぞれ第 10 章，第 11 章で詳細に説明する．

重心のまわりに運動する場合，慣性モーメントは重心のまわりのものを用いればよい．しかし重心と回転軸が一致しない場合には，任意の軸のまわりの慣性モーメントを，重心を通る軸のまわりの慣性モーメントから求める平行軸の定理 (8.3 節を参照) を用いて，回転軸のまわりの慣性モーメントを求めればよい．この点については，次の 9.2 節で述べる．

表 9.1　並進運動と回転運動の式の対応

並進運動 (x 軸上の直線運動)	回転運動
変位：x	角変位：θ
力：F	力のモーメント：N
質量：m	慣性モーメント：I
速度：$v = \dfrac{dx}{dt}$	角速度：$\omega = \dfrac{d\theta}{dt}$
加速度：$a = \dfrac{dv}{dt}$	角加速度：$\beta = \dfrac{d\omega}{dt}$
運動方程式：$F = ma$	角運動方程式：$N = I\beta$
運動量：$P = mv$	角運動量：$L = I\omega$
運動エネルギー：$K = \dfrac{1}{2}mv^2$	運動エネルギー：$K = \dfrac{1}{2}I\omega^2$

例題 9.1　角運動方程式

図 9.5 に示すように，半径 r，質量 m の円盤が角速度 ω_0 で回転している．この円板に力のモーメント N を作用させてその回転を止めたい．この円板が停止するのにかかる時間を求めよ．

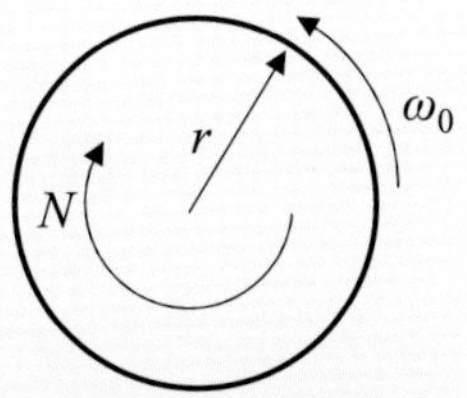

[解]

図 9.5　回転する円板

力のモーメント N は回転方向と逆向きに作用させるため，角運動方程式は (9.26) 式より次のようになる．$I\dfrac{d\omega}{dt} = -N$(なぜなら，$\dfrac{d\theta}{dt} = \omega$であるため.)

上式の両辺を時間 t で積分すると $\int_{\omega_0}^{\omega} Id\omega = -\int_0^t Ndt$ になり，$I(\omega - \omega_0)$ $= -Nt$ となる．この式に，円板の慣性モーメント $I = mr^2/2$(8.4.4 項を参照)，停止するとき角速度 $\omega = 0$ を代入すると，停止するのにかかる時間 $t_{\rm f}$ は $t_{\rm f} = \dfrac{mr^2\omega_0}{2N}$ である．

例題 9.2　運動方程式と角運動方程式

図 9.6 に示すように半径 r，質量 m の円板に糸を巻きつけて一端を天井に固定し円板を支えている．円板を静止状態からゆっくり手を離すと回転しながら落下する．このとき糸にはたらく張力 T および円板の角加速度 β を求めよ．なお，重力加速度は g を用いなさい．

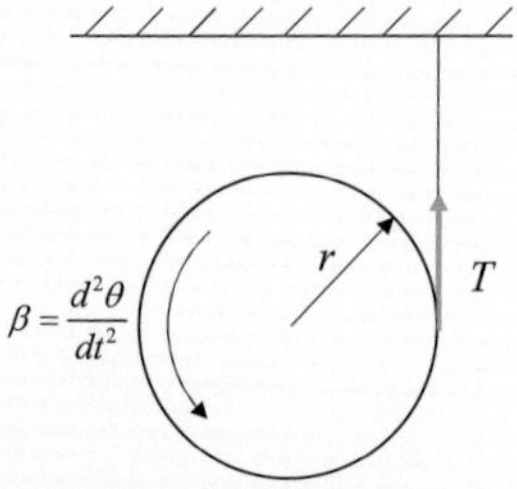

図 9.6　天井につるされている円板

[解]

円板に作用する力を図 9.7 に示す．円板に作用する力は重力 mg と糸の張力 T であるため，鉛直方向を x 軸として運動方程式は次の (1) 式となる．

$$m\frac{d^2x}{dt^2} = mg - T \quad \cdots(1)$$

また，円板の中心のまわりの角運動方程式は，円板の回転角を θ として次の (2) 式となる．

$$I_{\mathrm{z}}\frac{d^2\theta}{dt^2} = mg \times 0 + Tr \quad \cdots(2)$$

円板の慣性モーメント I_{z} は $mr^2/2$(8.4.4 項を参照) より，(2) 式は次の (3) 式に書き換えられる．

$$\frac{mr^2}{2}\frac{d^2\theta}{dt^2} = Tr \quad \cdots(3)$$

また，転がりながら落下する場合に鉛直下方の移動距離 x と回転角 θ との関係は次の (4) 式となる．

$$x = r\theta \quad \cdots(4)$$

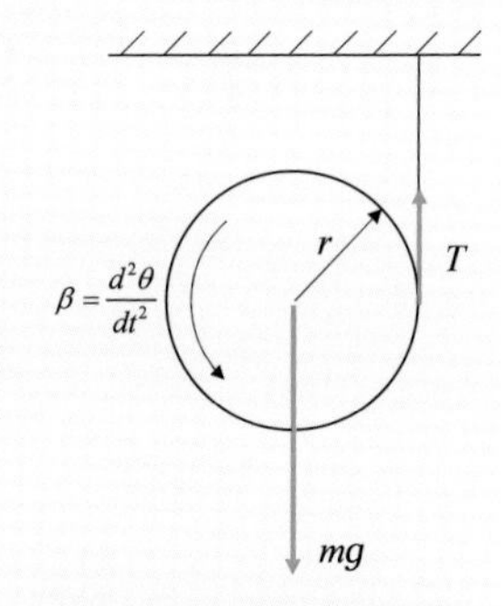

図 9.7　円板に生じる力

この (4) 式を時間 t で 2 階微分すると，次のようになる．

$$\frac{d^2x}{dt^2} = r\frac{d^2\theta}{dt^2} \quad \cdots(5)$$

よって，(5) 式と運動方程式の (1) 式，角運動方程式の (3) 式から張力および角加速度は次式となる．

$$\text{張力}: T = \frac{mg}{3}, \quad \text{角加速度}: \beta = \frac{d^2\theta}{dt^2} = \frac{2g}{3r}$$

例題 9.3　運動方程式と角運動方程式

図 9.8 に示すように，床に半径 r，質量 m の円板を置き，時刻 $t=0\sim t_1$ までの間に円板の中心に水平方向に力 F を与えた．円板がすべらず転がるとき，以下の問いに答えよ．

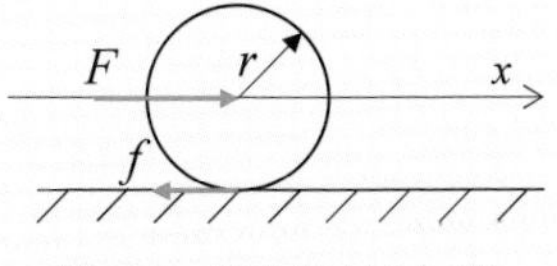

図 9.8　床を転がる円板

(1) このとき円板と床との間にはたらく転がり摩擦力 f を求めよ (円板が転がるときにも摩擦は発生する，その詳細は 12.2 節を参照).

(2) 時刻 t_1 のとき円板の速度と角速度を求めよ．

[解]

(1) 力 F が作用しているときの円板の運動方程式と角運動方程式は次式となる．

$$m\frac{d^2x}{dt^2} = F - f \quad \cdots(1) \qquad I\frac{d^2\theta}{dt^2} = fr \quad \cdots(2)$$

(8.4.4 項で述べたように円板の慣性モーメント I は，$I = mr^2/2$ である.)
また，円板がすべらずに転がるときの x 軸方向の変位と回転角 θ との関係は次のようになる

$$x = r\theta \quad \cdots(3)$$

この (3) 式を時間 t で 2 階微分すると，次のようになる．

$$\frac{d^2x}{dt^2} = r\frac{d^2\theta}{dt^2} \quad \cdots(4)$$

よって，(4) 式と運動方程式の (1) 式および角運動方程式の (2) 式から転がり摩擦力 f は，$f = \frac{1}{3}F$ である．

(2) 摩擦力 $f = \frac{1}{3}F$ を運動方程式の (1) 式に代入すると次式となる．

$$m\frac{d^2x}{dt^2} = \frac{2}{3}F \quad \cdots(5)$$

(5) 式を時間 t で積分すると，円板の速度 dx/dt は $\frac{dx}{dt} = \frac{2F}{3m}t$ となる．よって時刻 t_1 の速度は，$\frac{dx}{dt} = \frac{2F}{3m}t_1$ である．

(4) 式の両辺を時間 t で積分すると $\frac{dx}{dt} = r\frac{d\theta}{dt}$ である．よって円板の角速度 $d\theta/dt$ は，$\frac{d\theta}{dt} = \frac{2F}{3rm}t$ となり，時刻 t_1 の角速度は $\frac{d\theta}{dt} = \frac{2F}{3rm}t_1$ である．

9.2 剛体の回転振動

ある周期で同じ運動を繰り返すことを振動といい，剛体振り子のように，回転運動においても振動が生じる現象を回転振動 (rotational vibration) という．図 9.9 に示すように，剛体振り子を微小角 θ_0 [rad] まで持ち上げて，静かに手を離したときの運動を考える．ここで，振り子の回転軸を O として，重心を G，またその 2 点間の距離を l [m]，質量を m [kg]，重心の軸のまわりの慣性モーメントを I_G [kg·m²] とする．

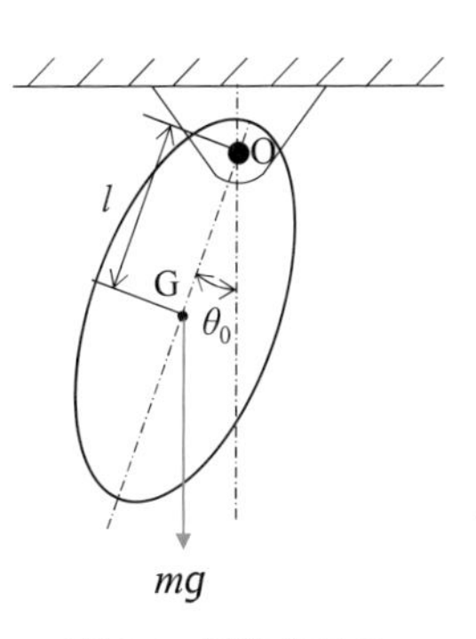

図 9.9　剛体振り子

回転角が θ [rad] のとき，重力 mg [N] の回転方向の力の成分 F [N] は次の (9.27) 式となる．

$$F = -mg\sin\theta \tag{9.27}$$

また，回転角 θ が非常に小さい場合，$\sin\theta \approx \theta$ から (9.27) 式は次の (9.28) 式に変形される．

$$F = -mg\theta \tag{9.28}$$

よって，回転軸 O のまわりにはたらく力のモーメント N [N·m] は次の (9.29) 式となる．

$$N = -mgl\theta \tag{9.29}$$

次に，回転軸 O のまわりの慣性モーメント I [kg·m^2] について考える．重心の軸のまわりの慣性モーメント I_{G} と軸間距離 l から平行軸の定理 (8.3 節を参照) より，次の (9.30) 式となる．

$$I = I_{\mathrm{G}} + ml^2 \tag{9.30}$$

よって，回転軸のまわりの角運動方程式は次の (9.31) 式になる．

$$(I_{\mathrm{G}} + ml^2)\frac{d^2\theta}{dt^2} = -mgl\theta \tag{9.31}$$

単振動をする物体の t 秒後の変位 x は，(7.7) 式で示されるように三角関数で表すことができる (7.4.1 項を参照)．剛体振り子の運動も単振動と同じような運動であるから，剛体振り子の回転角 θ を次の (9.32) 式で表されると仮定する．

$$\theta = A\cos(\lambda t) \tag{9.32}$$

ここで A と λ は定数である．(9.32) 式を時間 t について微分をすると，次のようになる．

$$\frac{d\theta}{dt} = -A\lambda\sin(\lambda t) \tag{9.33}$$

$$\frac{d^2\theta}{dt^2} = -A\lambda^2\cos(\lambda t) \tag{9.34}$$

(9.31) 式に (9.32) 式および (9.34) 式を代入すると，次の (9.35) 式となる．

$$-(I_{\mathrm{G}} + ml^2)A\lambda^2\cos(\lambda t) = -mglA\cos(\lambda t) \tag{9.35}$$

(9.35) 式から，λ を求める式に変形すると次の (9.36) 式になる．

$$\lambda = \sqrt{\frac{mgl}{I_{\mathrm{G}} + ml^2}} \tag{9.36}$$

また，初期条件 $t=0$ 秒のとき $\theta=\theta_0$ から (9.32) 式より，定数 A は θ_0 になる．以上から，(9.32) 式に (9.36) 式と $A=\theta_0$ を代入すると回転角 θ は次の (9.37) 式となる．

$$\theta=\theta_0\cos\left(\sqrt{\frac{mgl}{I_{\mathrm{G}}+ml^2}}\right)t \tag{9.37}$$

角速度 ω [rad/s] は (9.37) 式から次の (9.38) 式となる．

$$\omega=\frac{d\theta}{dt}=-\theta_0\sqrt{\frac{mgl}{I_{\mathrm{G}}+ml^2}}\sin\left(\sqrt{\frac{mgl}{I_{\mathrm{G}}+ml^2}}\right)t \tag{9.38}$$

また，剛体振り子の周期 T [s] を考える．図 9.10 は，横軸 λt，縦軸 θ として (9.37) 式を表している．この図から，回転角 θ の 1 周期は λt が 2π となるから周期 T は次のようになる．

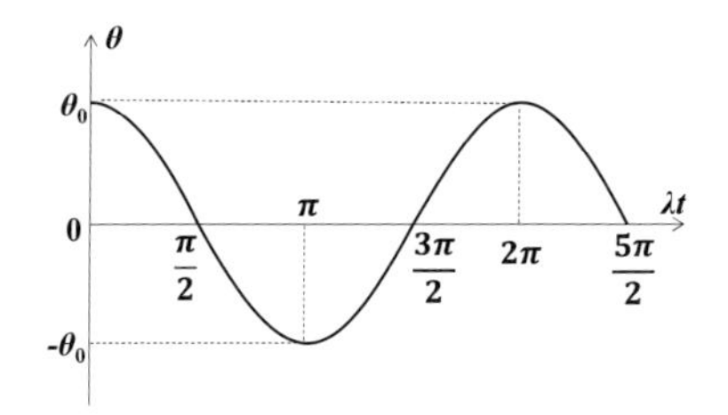

図 9.10　剛体振り子の周期

$$\lambda T=2\pi$$

$$T=\frac{2\pi}{\lambda}=2\pi\sqrt{\frac{I_{\mathrm{G}}+ml^2}{mgl}} \tag{9.39}$$

例題 9.4　振り子の周期

図 9.11 に示すように，質量 m，長さ a の棒の一端 O をピンで取りつけている．この棒を角 θ_0 まで持ち上げて静かに手を離すと振動した．このとき棒の周期 T を求めよ．ただし，棒の重心 G からピンまでの距離を l とする．

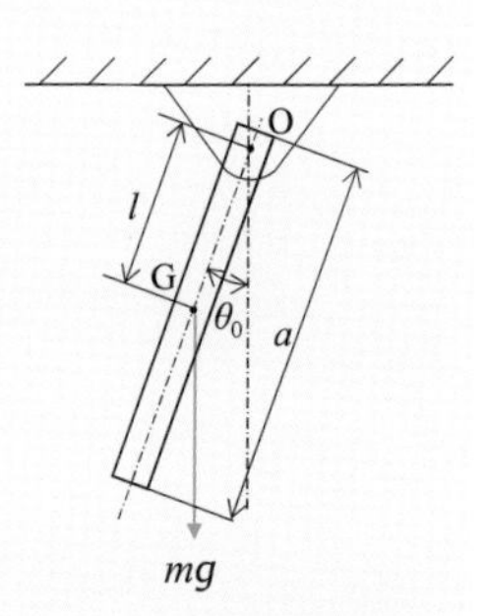

図 9.11　棒の回転振動

[解]

長さ a の棒の重心のまわりの慣性モーメント I_{G} は，次の式で表される (8.4.1 項を参照)．

$$I_{\mathrm{G}}=\frac{ma^2}{12}$$

よってピンで取りつけられた箇所が回転軸となるため，その回転軸 O のまわりの慣性モーメント I は平行軸の定理 (8.3 節を参照) を用いて次のようになる．

$$I = I_{\mathrm{G}} + ml^2 = \frac{ma^2}{12} + ml^2 = \frac{m(a^2 + 12l^2)}{12}$$

よってこの棒の振動する周期 T は (9.39) 式から，$T = 2\pi\sqrt{\frac{(a^2 + 12l^2)}{12gl}}$ である．

第 9 章　練習問題

9.1 図 9.12 に示すように，半径 $r = 25\,\mathrm{cm}$，質量 $m = 4.5\,\mathrm{kg}$ のなめらかな定滑車に軽い糸を巻きつけて，力 $F = 50\,\mathrm{N}$ で引っ張り続け滑車を回転させた．このとき滑車の角加速度 β と $t = 3.5$ 秒後の角速度 ω をそれぞれ求めよ．

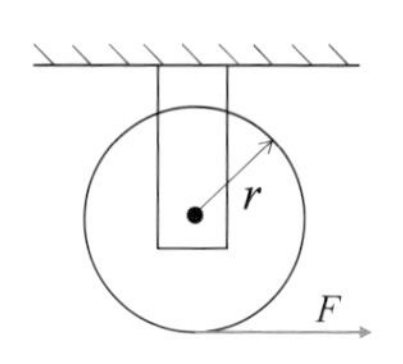

図 9.12　問題 9.1 の図

9.2 図 9.13 に示すように斜面上に半径 $r = 30\,\mathrm{cm}$，質量 $m = 2.0\,\mathrm{kg}$ の円板を静かに置いて，その面をゆっくり傾けていく．その傾斜角 α が $25°$ のとき，円板は斜面上をすべらずに転がった．円板が斜面を $x = 50\,\mathrm{cm}$ 転がったとき，円板の斜面方向の速度 v および角速度 ω の大きさをそれぞれ求めよ．ただし，重力加速度の大きさを $9.8\,\mathrm{m/s^2}$ とする．

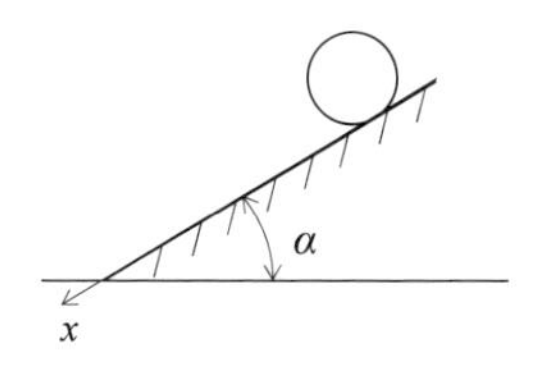

図 9.13　問題 9.2 の図

9.3 図 9.14 に示すように半径 $r = 0.25\,\mathrm{m}$，質量 $M = 3.0\,\mathrm{kg}$ のなめらかな定滑車に軽い糸を巻きつけ，その端部に質量 $m = 1.5\,\mathrm{kg}$ の物体をつるした．物体を静止状態からゆっくりと手を離すと，物体が鉛直下向き x へ落下した．このとき糸の張力 T，物体が落下する加速度 a および定滑車の角加速度 β の大きさをそれぞれ求めよ．ただし，重力加速度の大きさを $9.8\,\mathrm{m/s^2}$ とする．

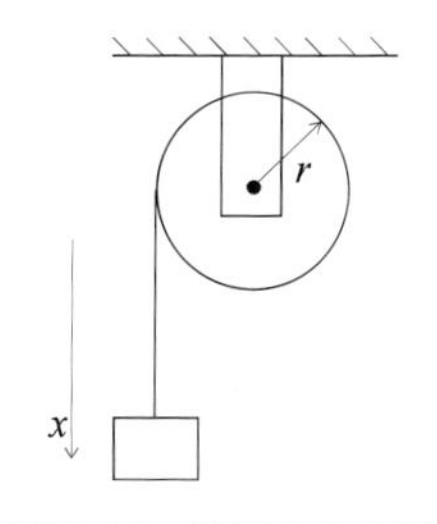

図 9.14　問題 9.3 の図

9.4 図 9.15 に示すように，半径 $r = 0.5\,\mathrm{m}$，質量 $M = 2.0\,\mathrm{kg}$ のなめらかな定滑車に軽い糸をかけ，その両端にそれぞれ質量 $m_1 = 6.0\,\mathrm{kg}$ の物体と質量 $m_2 = 3.0\,\mathrm{kg}$ の物体をつけて静かに手を離す．その直後にその 2 つの物体は運動を始めた．そのとき，質量 m_1，m_2 の各物体にはたらく糸の張力 T_1，T_2 の大きさを求めよ．ただし，重力加速度の大きさを $9.8\,\mathrm{m/s^2}$ とする．

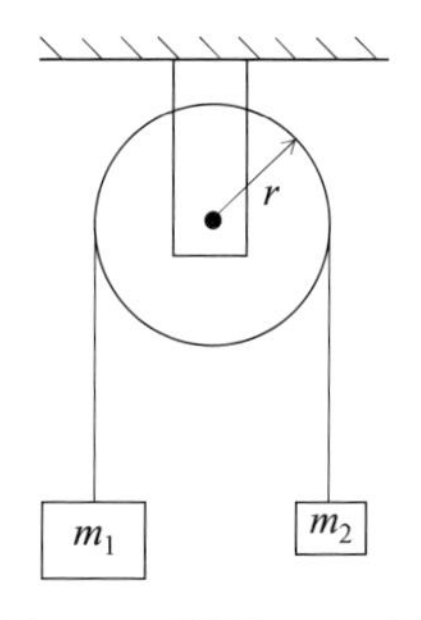

図 9.15　問題 9.4 の図

9.5 図 9.16 に示すように，半径 $r = 0.50\,\mathrm{m}$，質量 $m = 5.5\,\mathrm{kg}$ の円板を床に置いて，高さ $h = 0.60\,\mathrm{m}$ の位置に力 $F = 30\,\mathrm{N}$ を与えた．このとき円板はすべらずに転がって移動した．次の問いに答えよ．

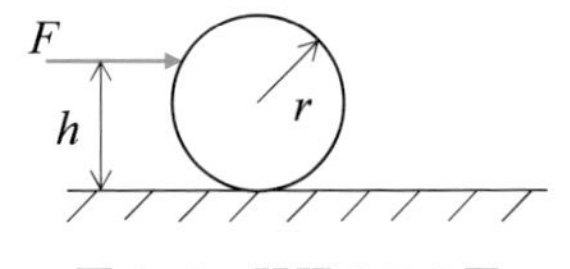

図 9.16　問題 9.5 の図

(1) 円板と床との転がり摩擦力 f はいくらになるか求めよ (円板が転がるときにも摩擦は発生する，その詳細は 12.2 節を参照).

(2) 時刻 $t = 3.5$ 秒後の円板の移動距離 x を求めよ．

第 10 章

運動量と力積

ニュートンの運動の第二法則である運動方程式に基づいて，物体の加速度がわかり，速度も知ることができる．運動方程式は 1.1.3 項で述べられ，7.1.2 項で詳しく学んだ．ところが物体が衝突または分裂をして，一定でない力が物体にはたらくとき，運動方程式からその物体の速度を知るのは手間がかかる．このような場合，役に立つのが運動量である．ニュートンは，運動量のことを運動の勢いとよんだ．本章では運動量や，その運動量の変化と関係する力積などについて学び，さらに理解を深めていく．

〈学習の目標〉

- 運動量と力積を，またその関係も理解する．
- 角運動量と角力積を，またその関係も理解する．
- 2 つの物体が衝突するときの反発係数と運動量との関係を理解する．

10.1 運動量と力積

図 10.1 に示すように，時刻 $t = 0$ 秒において速度 v_0 [m/s] で直線上を運動する質量 m [kg] の物体がある．この物体に時刻 0～t 秒までの間に外力 F を作用させたとき，時刻 t で速度が v_1 [m/s] となった．このとき物体の運動方程式は次式となる．

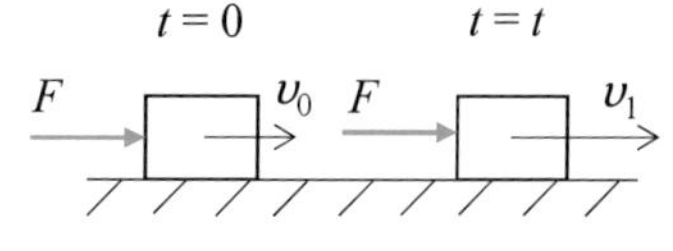

図 10.1　力 F を受ける物体の運動

$$m\frac{dv}{dt} = F \tag{10.1}$$

上式の両辺を時間 t について積分すると次式となる．

$$\int_0^t F dt = m\int_0^t \frac{dv}{dt}dt = m[v]_{v_0}^{v_1} = mv_1 - mv_0 \tag{10.2}$$

ここで (10.2) 式の左辺の力 F とその作用時間の積 $\int_0^t F dt$ [N·s] を力積 (impulse) といい，右辺の質量と速度の積 mv [kg·m/s] を運動量 (momentum) という．また (10.2) 式は，運動量の変化 $(mv_1 - mv_0)$ は，その力 F がはたらいている時間 Δt [s] $(= t - 0)$ に生じる力積 (力 × 時間) と等しいことを示している．力積および運動量はベクトル量であるから，力や速度と同様に，計算では大きさだけではなく向きも考えなければならない．

図 10.2 に示すように 2 つの物体が衝突するとき，その運動量と力積との関係について考えてみよう．図 10.2(a) のように，速度 v_1 [m/s] で直線上を運動する質量 m_1 [kg] の物体 A が，同じ直線上を速度 v_2 [m/s] で運動する質量 m_2 [kg] の物体 B に追いついて衝突する．衝突時の 2 物体が接触する時間 Δt の間に，図 10.2(b) のように物体 B は物体 A から平均 F_1 の力を受け，物体 A は物体 B から平均 F_2 の力を受ける．その衝突前後で 2 物体は，外力を受けていないとする．

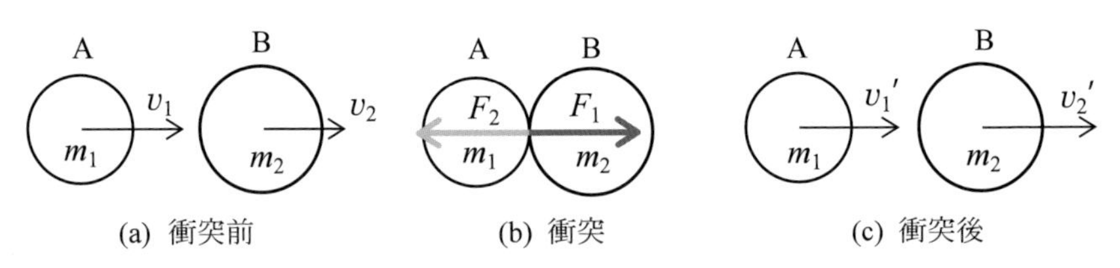

図 10.2　2 つの物体の衝突

図 10.2(c) に示すように，衝突後の物体 A と物体 B の速度をそれぞれ $v_1{}'$ [m/s]，$v_2{}'$ [m/s] とすれば，このときの運動量の変化と力積との関係は (10.2) 式から物体 A は (10.3) 式に物体 B は (10.4) 式になる．

$$\text{物体}A\text{について}\quad m_1(v_1{}' - v_1) = \int_0^t F_2 dt (= F_2 \cdot \Delta t) \tag{10.3}$$

$$\text{物体}B\text{について}\quad m_2(v_2{}' - v_2) = \int_0^t F_1 dt (= F_1 \cdot \Delta t) \tag{10.4}$$

物体Bに作用する力 F_1 と物体Aに作用する力 F_2 の関係は作用反作用の法則(1.1.3項と7.1.3項を参照)から，次式となる．

$$F_1 = -F_2 \tag{10.5}$$

図10.2(b)に示す衝突時の2物体をまとめてA, Bからなる物体系と考えるとき，AとBが互いに及ぼし合う力 F_1 と F_2 を内力 (internal force) という．もし物体系の外からその系にある力がはたらくとき，その力を外力 (external force) という．(10.5)式を(10.4)式に代入し，(10.3)式と(10.4)式の右辺の力積の項 ($\int_0^t F_2 dt$ と $\int_0^t F_1 dt$) を消去し，衝突前の運動量と衝突後の運動量で整理すると，衝突前後の運動量の関係には次の(10.6)式が成り立つ．

$$m_1 v_1 + m_2 v_2 = m_1 v_1{}' + m_2 v_2{}' \tag{10.6}$$

衝突のような内力を及ぼし合うだけで外力を受けていない場合，衝突前後の速度が変化しても，(10.6)式で示したように物体Aと物体Bの運動量の和は衝突前後で変わらない．これを運動量保存の法則 (law of momentum conservation) という．

例題10.1　運動量と力積

質量0.5 kgの物体が，速度15 m/sで運動する物体の運動量の大きさを求めよ．さらにこの物体が運動している向きに100 Nの力を0.5秒間だけ加えた場合に，物体の受ける力積およびその後の速度 v_1 の大きさはいくらになるか求めよ．

[解]

運動量 mv_0 は質量と速度の積であるから，次式となる．

$$mv_0 = 0.5\,\text{kg} \times 15\,\text{m/s} = 7.5\,\text{kg·m/s} \cdots (1)$$

この物体はわずかな時間 0.5 秒の間に力 100 N を受けるので，力積 $(F{\cdot}\Delta t)$ は次式となる．

$$F{\cdot}\Delta t = 100\text{N} \times 0.5\text{s} = 50\,\text{N}{\cdot}\text{s} \cdots (2)$$

その後の速度 v_1 は，運動量の変化と力積との関係を表す (10.3) 式または (10.4) 式に (1) 式と (2) 式を代入すると次のように求まる．

$$v_1 = \frac{F{\cdot}\Delta t + mv_0}{m} = \frac{50\text{N}{\cdot}\text{s} + 7.5\,\text{kg}{\cdot}\text{m/s}}{0.5\,\text{kg}} = 115\text{m/s}$$

例題 10.2　運動量保存の法則

質量 $m_1 = 3.0\,\text{kg}$ の物体 1 が，直線上を速度 $v_1 = 8.0\,\text{m/s}$ で運動していて，静止している質量 $m_2 = 1.0\,\text{kg}$ の物体 2 に衝突した．衝突後は，物体 1 は停止し物体 2 は速度 v で同じ直線上を運動するとき，その速度 v の大きさを求めよ．

[解]

衝突前は物体 2 は静止しており，衝突後は物体 1 が停止しているから，(10.6) 式の運動量保存の法則から次のようになる．

$$m_1 v_1 + m_2 \times 0 = m_1 \times 0 + m_2 v$$

上式を衝突後の物体 2 の速度 v について整理し，数値を代入すると次のようになる．

$$v = \frac{m_1}{m_2} v_1 = \frac{3.0\,\text{kg}}{1.0\,\text{kg}} \times 8.0\,\text{m/s} = 24.0\,\text{m/s}$$

10.2 角運動量と角力積

図 10.3 に示すように，質量 m [kg] の質点が半径 r [m] の円を周速度 (circumferential velocity) v_0 [m/s] で運動している．その円周方向に一定の力の大きさ F [N] を，時刻 0〜t 秒の間だけ加えた．このとき，質点の円周方向の運動方程

式は次の (10.7) 式となる．

$$F = m\frac{dv}{dt} \tag{10.7}$$

(10.7) 式の両辺に半径 r をかけると次式となる．

$$Fr = mr\frac{dv}{dt} \tag{10.8}$$

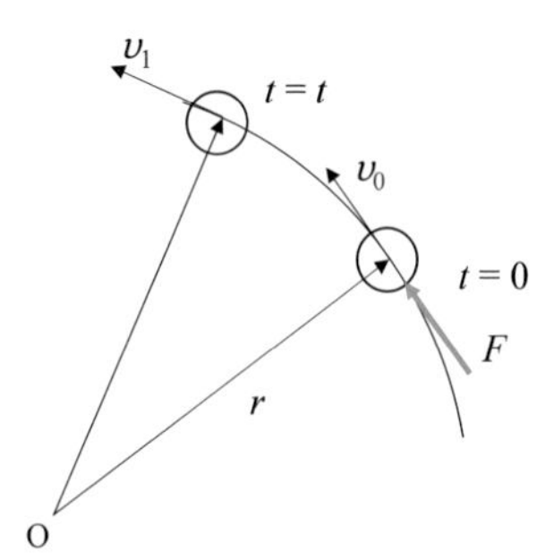

図 10.3　質点の回転運動

また，周速度 v [m/s] は角速度 ω [rad/s] を用いて $r\omega$ で表され，Fr [N·m] はモーメント N であるから，上の (10.8) 式は次のように書き換えられる．

$$N = mr^2\frac{d\omega}{dt} \tag{10.9}$$

(10.9) 式の両辺を時刻 $t = 0$ から t 秒で積分すると次の (10.10) 式となる．

$$\int_0^t N dt = \int_0^t mr^2\frac{d\omega}{dt}dt = mr^2[\omega]_{\omega_0}^{\omega} = mr^2\omega - mr^2\omega_0 \tag{10.10}$$

(10.10) 式において左辺のモーメントと時間の積を角力積 (angular impulse) といい，右辺の $mr^2\omega$ [kg·m²/s] を角運動量 (angular momentum) という．この式から，角運動量の変化は，その間に与えられた角力積に等しいことがわかる．

角運動量の時間変化率について考えてみよう．(10.10) 式を時間 t について微分すると (10.9) 式になるが，(10.9) 式の右辺の $mr^2 d\omega$ は角運動量の変化 dL を表す．すなわち (10.9) 式から

$$N = \frac{dL}{dt} \tag{10.11}$$

となる．ここで質点に作用するモーメント $N = 0$ のとき，

$$\frac{dL}{dt} = 0 \quad (\text{すなわち } L \text{ は一定}) \tag{10.12}$$

となり，角運動量は保存されることがわかる．これを角運動量の保存則 (law of angular momentum conservation) という．

次に剛体の回転運動について，その角運動量と角力積との関係を考えてみよう．図 10.4 は x-y 平面上において，剛体が重心 G を通る軸のまわりを角速度 ω [rad/s] で回転しているのを示している．その重心から距離 r_{G} [m] 離れた位置にある微小質量 dM [kg] の角運動量 dL [kg·m²/s] を求めてみる．先ほど述べた質点の場合の $mr^2\omega$ と同様にして，その角運動量 dL は次の (10.13) 式になる．

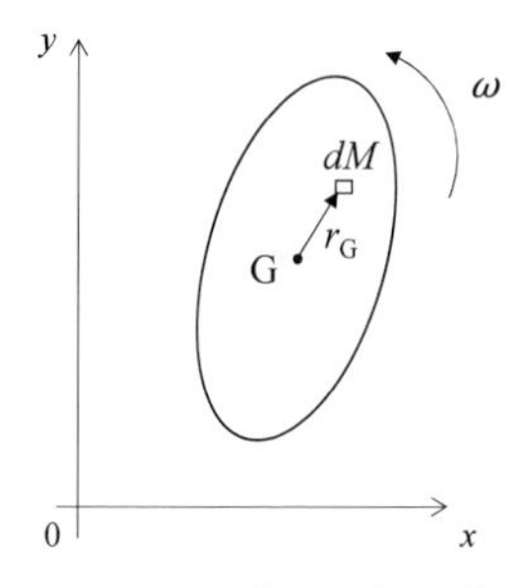

図 10.4　剛体の回転運動

$$dL = {r_{\mathrm{G}}}^2 \omega dM \tag{10.13}$$

剛体全体の角運動量 L は，上の (10.13) 式を積分すればよいので，

$$L = \int {r_{\mathrm{G}}}^2 \omega dM = \omega \int {r_{\mathrm{G}}}^2 dM \tag{10.14}$$

となる．重心のまわりの慣性モーメント I_{G} の定義は，次の (10.15) 式である．

$$I_{\mathrm{G}} = \int {r_{\mathrm{G}}}^2 dM \tag{10.15}$$

(10.14) 式に (10.15) 式を代入すると，剛体の角運動量は次のようになる．

$$L = I_{\mathrm{G}} \omega \tag{10.16}$$

すなわち，剛体の回転運動による角運動量 L は，慣性モーメント I_{G} [kg·m²] と角速度 ω との積で表すことができる．(10.10) 式からわかるように，角運動量の変化 (その式の右辺の $\Delta mr^2\omega$) は，その間 (時間 Δt 秒の間) に与えられた角力積 (その式の左辺の $N \cdot \Delta t$) に等しい．よって剛体が回転運動するときの角運動量 L [kg·m²/s] と角力積 $N \cdot \Delta t$ [N·m·s] との関係は，次の (10.17) 式で表される．

$$N \cdot \Delta t = \Delta L = \Delta (I_{\mathrm{G}} \omega) \tag{10.17}$$

また，剛体の重心を通らない軸のまわりの角運動量 L は，上の (10.16) 式の慣性モーメント I_{G} の値を平行軸の定理 (8.3 節を参照) を用いて，(10.18) 式のようにその回転軸のまわりの慣性モーメントに置き換えればよい．

$$L = (I_{\mathrm{G}} + Md^2) \omega \tag{10.18}$$

ここで M は剛体の質量，d は重心とその回転軸との間の距離である．

例題 10.3　角運動量

質量 10 kg の物体が，角速度 10 rad/s で半径 1 m の円のまわりを回転運動している．この物体の回転中心のまわりの角運動量を求めよ．

[解]

(10.13) 式から角運動量 $L = mr^2\omega$ であるから，それぞれの数値をその式に代入すると次のようになる．

$$L = mr^2\omega = 10\,\mathrm{kg} \times (1\,\mathrm{m})^2 \times 10\,\mathrm{rad/s} = 100\,\mathrm{kg{\cdot}m^2/s}$$

例題 10.4　角力積と角運動量

質量 15 kg で半径 0.50 m の円板が，重心のまわりを角速度 200 rad/s で回転している．その重心のまわりにトルク $T = 30\,\mathrm{N{\cdot}m}$ を 50 秒間だけ加えたとき，角速度の大きさはいくらか求めよ．

[解]

(10.17) 式から，トルク T による角力積と角運動量 $I_\mathrm{G}\omega$ の変化が等しいため，次式が成り立つ．

$$T{\cdot}\Delta t = \Delta(I_\mathrm{G}\omega) = \frac{1}{2}mr^2\omega - \frac{1}{2}mr^2\omega_0 \quad (\omega_0\text{は，時刻 0 秒の角速度})$$

(円板の重心のまわりに回る慣性モーメント I_G は，すでに 8.4.4 項で述べたように $I_\mathrm{G} = mr^2/2$ である．) 上の式から角速度 ω を求めると次のようになる．

$$\omega = \frac{T{\cdot}\Delta t}{\frac{1}{2}mr^2} + \omega_0 = \frac{30\,\mathrm{N{\cdot}m} \times 50\,\mathrm{s}}{\frac{1}{2} \times 15\,\mathrm{kg} \times (0.50\,\mathrm{m})^2} + 200\,\mathrm{rad/s} = 1000\,\mathrm{rad/s}$$

10.3 反発係数

図 10.2 に示したように一直線上を進む 2 物体が衝突するとき，衝突前の速度をそれぞれ v_1，v_2 とし，衝突後の速度を $v_1{}'$，$v_2{}'$ とする．その衝突前後の相対速度の関係は次式となる．

$$\left|\frac{\text{衝突後の相対速度}}{\text{衝突前の相対速度}}\right| = \left|\frac{\text{衝突後に遠ざかる速さ}}{\text{衝突前に近づく速さ}}\right| = -\frac{v_1{}' - v_2{}'}{v_1 - v_2} = e\ (\text{一定}) \tag{10.19}$$

ここで e は衝突する物体の種類によって決まる定数で，反発係数（coefficient of restitution）またははねかえり係数という．(10.19) 式の分数式の分母は衝突前の 2 物体が接近する相対速度から接近速度 (approaching velocity) といい，その分数式の分子は衝突後の遠ざかる (離れていく) 相対速度を表すことから離反速度 (separating velocity) という．反発係数の値は $0 \leqq e \leqq 1$ である．$0 \leqq e < 1$ の衝突を非弾性衝突 (inelastic collision) という．とくに $e = 0$ の場合を完全非弾性衝突 (completely inelastic collision) または完全塑性衝突 (perfectly plastic collision) といい，衝突後に 2 物体ははねかえらずに一体となる．$e = 1$ を完全弾性衝突 (perfectly elastic collision) または弾性衝突 (elastic collision) といい，衝突後に 2 物体は最もよくはねかえる．10.1 節で述べた運動量保存の法則は，弾性衝突でも非弾性衝突であっても成り立つ．

次に衝突後の 2 物体の速度を，反発係数および運動量保存の法則から考えてみよう．図 10.2 で示したように，直線上を運動する質量 m_1 の物体 A が速度 v_1 で，同じ直線上を速度 v_2 で運動している質量 m_2 の物体 B に追いついて衝突したとする．運動量保存則の (10.6) 式を変形して，衝突後の物体 A の速度 $v_1{}'$ は次の (10.20) 式のようになる．

$$v_1{}' = \frac{m_1 v_1 + m_2 v_2 - m_2 v_2{}'}{m_1} \tag{10.20}$$

また，この 2 物体の間の反発係数を e とすると，(10.19) 式から衝突後の物体 B の速度 $v_2{}'$ は次のようになる．

$$v_2{}' = v_1{}' + e(v_1 - v_2) \tag{10.21}$$

よって，(10.21) 式を (10.20) 式に代入すると，衝突後の物体 A の速度 $v_1{}'$ は次の (10.22) 式のようになる．

$$v_1{}' = \frac{(m_1 - em_2)v_1 + (m_2 + em_2)v_2}{m_1 + m_2} \tag{10.22}$$

さらに衝突後の物体 B の速度 $v_2{}'$ は，(10.22) 式を (10.21) 式に代入すれば次の (10.23) 式のようになる．

$$v_2{}' = \frac{(m_1 + em_1)v_1 + (m_2 - em_1)v_2}{m_1 + m_2} \tag{10.23}$$

以上から，反発係数および運動量の保存則を用いて，衝突前の速度と質量から 2 物体の衝突後の速度を求めることができる．

例題 10.5　非弾性衝突

初速度 $v_0 = 10\,\mathrm{m/s}$ でボールが壁面に衝突したとき，ボールと壁面との間の反発係数は $e = 0.7$ であった．衝突後のそのボールの速度を求めよ．

[解]

壁面は動かないので，衝突前後の壁面の速度は 0 である．衝突後のボールの速度を $v_1{}'\,[\mathrm{m/s}]$ とすれば (10.19) 式から，

$$e = -\frac{v_1{}' - 0}{10\,\mathrm{m/s} - 0}$$ (ボールの初速度の向きを正としている) となる．

よって，$v_1{}' = -10e = -10 \times 0.7 = -7.0\,\mathrm{m/s}$ となる．
衝突後のボールの速度は，初速度と反対向きに $7.0\,\mathrm{m/s}$ である．

第10章　練習問題

10.1 質量 5.0 kg の小球が速さ 25 m/s で壁面に衝突し，逆向きに速さ 15 m/s で飛んでいった．このとき小球の衝突前後の運動量の変化を求めよ．さらに小球と壁面との接触時間が 0.6 秒であったとき，壁面が小球に与える平均の力の大きさを求めよ．

10.2 速度 4.5 m/s で一直線上を運動する質量 3.5 kg の物体 1 が，同じ直線上を速度 3.0 m/s で運動する質量 5.0 kg の物体 2 に追いついて衝突した．衝突後は物体 1 と物体 2 は一体となって運動した，そのときの速度 v を求めよ．

10.3 直径 3.0 m の円板が，300 rpm で回転している．この円板の厚さ t は 10 mm で，密度 ρ は 7800 kg/m^3 である．そのとき，この円板の側面に一定な力を 5 分間加えてその回転運動を停止させるには，大きさいくらの力を加えればよいか求めよ．

10.4 質量が $m_1 = 3.0$ kg の質点 1，$m_2 = 4.5$ kg の質点 2 が，それぞれ速度 $v_1 = 5.0$ m/s，$v_2 = 7.0$ m/s で同じ直線上を運動している．この 2 物体が完全非弾性衝突した場合に，衝突後の質点 1 と質点 2 の速さはいくらか．またこの 2 物体が完全弾性衝突する場合，衝突後の各質点の速さも求めよ．

10.5 図 10.5 に示すように，質量 2.0 kg の小球が水平軸に対して角度 $\theta = 25°$ をなす方向から速度 $v_0 = 5.0$ m/s で水平でなめらかな床に衝突し，φ の角の方向にはねかえった．ボールと床との間の反発係数 e が 0.7 のとき，衝突後の小球の速度 v_1 および角度 φ を求めよ．

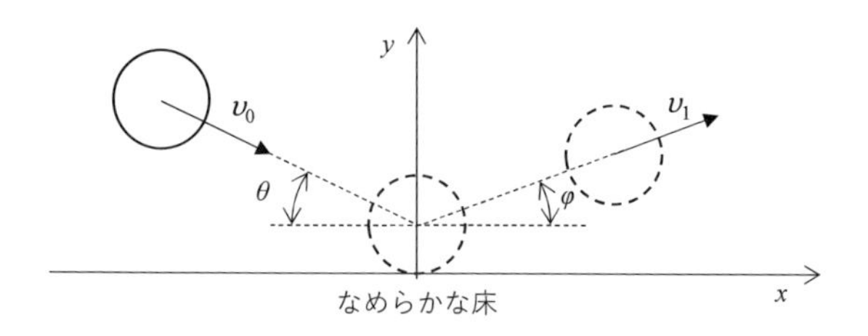

図 10.5　問題 10.5 の図

第 11 章

仕事，エネルギー，動力（仕事率）

自動車や電車などの乗り物には衝突事故の被害を小さくするのに，さまざまな安全装備が搭載されている．そのなかで，衝撃吸収部材とよばれる衝撃の被害を軽減するものがある．その衝撃吸収の評価として，エネルギーが用いられている．そこで本章では，その評価で用いられるエネルギーや仕事，さらに動力に関して理解を深めることを目的とする．

〈学習の目標〉

- 物体が力を受けて運動するとき，その力が物体にする仕事について理解する．
- 力学的エネルギーとその保存則について理解する．
- 動力 (仕事率) について理解する．

11.1 仕事

11.1.1 ◆仕事と単位

大きな力で物体を遠くまで動かすと，大きな仕事をして疲れたと感じたことはないだろうか？図 11.1 に示すように，一直線上で物体に一定の力 F [N] をはたらかせて，その力の向きに距離 x [m] だけ動かす．そのとき，その力 F が物体にした仕事 (work) は，(11.1) 式で表される

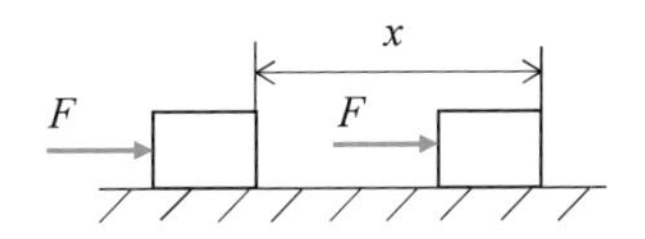

図 11.1　力 F と同じ向きに動く物体

ように，その力の大きさと動かした距離の積になる．仕事 W の単位にはジュール (記号 J) が用いられる．どんなに大きな力を加えても物体が動かなければ，その力のした仕事は 0 である．

$$W = Fx \tag{11.1}$$

物体に力がはたらいて図 11.2(a) のように曲線上を動くとき，その力が物体にした仕事について考えてみよう．力 F の向きと物体が移動する向きとが異なる場合には，物体が移動する方向にはたらく力の大きさを考えなければならない．図 11.2(b) では，物体が動くその曲線経路 s を長さ Δs_i $(i = 1, 2, 3, \cdots, n)$ の微小部分に分けて，その各微小部分には物体の移動方向となす角 θ_i $(i = 1, 2, 3, \cdots, n)$ に力 $F_1, F_2, F_3, \cdots F_n$ が物体に作用しているのを示している．そのとき力 F が物体にした仕事 W は，それぞれ微小部分で力のした仕事 W_i $(i = 1, 2, 3, \cdots, n)$ を足し合わせて求められる．つまり，仕事 W は次の (11.2) 式で表される．

$$\begin{aligned} W &= W_1 + W_2 + W_3 + \cdots + W_n \\ W &= F_1 \cos\theta_1 \Delta s_1 + F_2 \cos\theta_2 \Delta s_2 + F_3 \cos\theta_3 \Delta s_3 + \cdots + F_n \cos\theta_n \Delta s_n \end{aligned} \tag{11.2}$$

したがって次の (11.3) 式のように，微小部分で力がした仕事 $(dw = F\cos\theta{\cdot}ds)$ を曲線経路 s の始点 A から終点 B まで積分することによって，この区間の曲線経路で力 F が物体にした仕事 W は求められる．

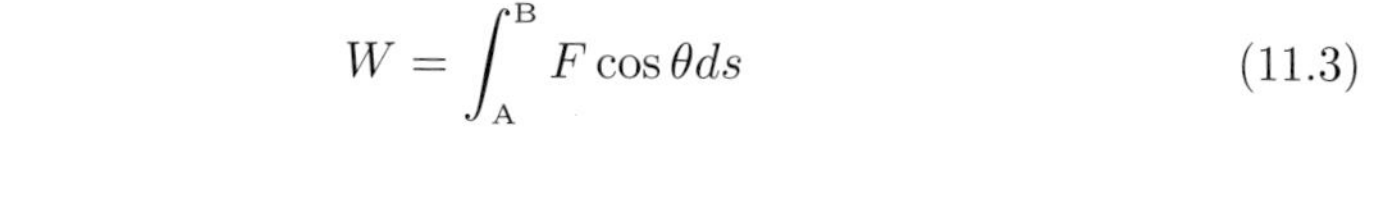

$$W = \int_{\mathrm{A}}^{\mathrm{B}} F\cos\theta ds \tag{11.3}$$

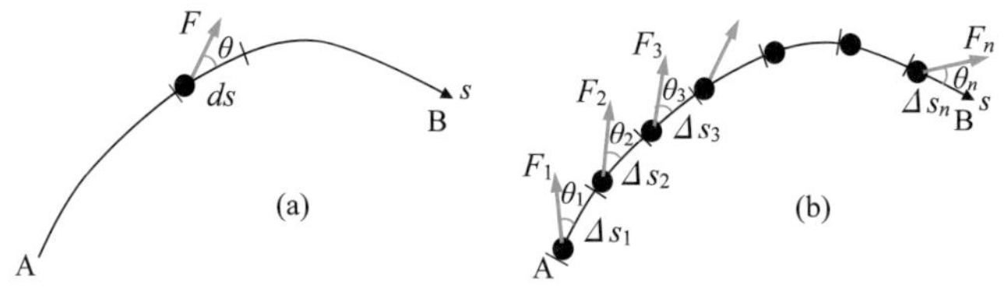

図 11.2　力 F と異なる向きに動く物体

例題 11.1　力が物体にした仕事

図 11.3 のように，なめらかな水平面の上に物体を置いて，水平方向から $\theta = 30^\circ$ の向きに力 $F = 100\,\mathrm{N}$ を加えた．そのとき，物体を $x = 10\,\mathrm{m}$ 動かすのにその力が物体にした仕事はいくらか．

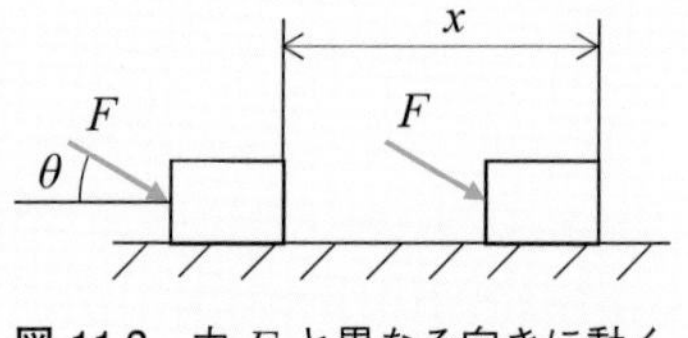

図 11.3　力 F と異なる向きに動く物体

[解]

(11.3) 式において F と θ は一定であり，その積分の範囲は 0 から 10 m である．力 F が物体にした仕事 W は次のようになる．

$$W = \int_0^{10} F\cos\theta dx = F\cos\theta[x]_0^{10} = 100\,\mathrm{N} \times \cos 30^\circ \times (10\,\mathrm{m} - 0\,\mathrm{m}) = 866\,\mathrm{J}$$

11.1.2 ◆力のモーメントによる仕事

図 11.4 に示すように，半径 r [m] の物体の回転方向に力 F を加えて，点 O のまわりに点 A から点 B の角 θ [rad] だけ回転させた．このとき力 F が物体にした仕事 W [J] は次のようになる．

$$W = F \times \overset{\frown}{\mathrm{AB}} = Fr\theta = N\theta \qquad (11.4)$$

($\overset{\frown}{\mathrm{AB}}$は円弧（えんこ） AB の長さを表している.)

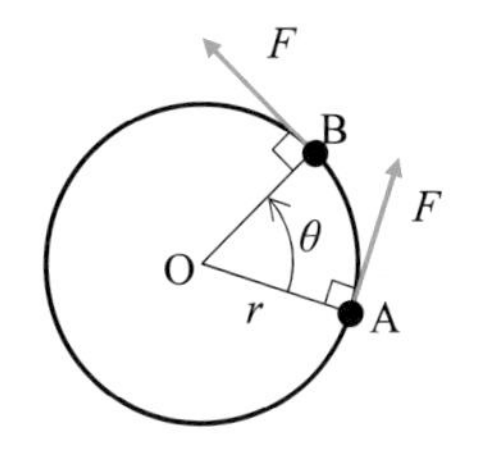

図 11.4　力のモーメントによる仕事

ここで，N は物体に作用する力のモーメント Fr であるから，力 F がした仕事は力のモーメント N [N·m] と角変位 θ との積によって表すことになる．

11.2 エネルギー

高いところから落下する水は，水車を回す仕事ができる．高く引き上げられたおもりは，落下させると杭(くい)を深く地中に打ちこむ仕事をする．転がっているボーリングの玉は，ピンに衝突してそれを倒す仕事ができる．このようにある物体 (述べた例のなかでは水・おもり・ボーリングの玉) が仕事をすることができる状態にあるとき，その物体はエネルギー (energy) をもっているという．エネルギーの単位には，仕事と同じジュール (記号 J) を用いる．高い位置にあるその水やおもりは位置エネルギー (potential energy) を，転がっているそのボーリングの玉には運動エネルギー (kinetic energy) をもっている．これらのエネルギーを力学的エネルギー (mechanical energy) という．位置エネルギーとは，高いところにある物体の質量と高さに応じた重力による位置エネルギーや，ばねの強さや伸縮に関係する弾性力による位置エネルギーのことである．また，運動エネルギーとは運動している物体がもつエネルギーのことである．それではその各エネルギーについて説明していこう．

11.2.1 ◆位置エネルギー

基準水平面から高さ h [m] の位置にある質量 m [kg] の物体が自由落下し，その基準面に到達したときに重力 mg [N] のした仕事 W [J] は次の (11.5) 式になる．

$$W = mgh \tag{11.5}$$

すなわち，物体は高さ h にある状態で次の (11.6) 式に示す重力による位置エネルギー U [J] をもっていることになる．

$$U = mgh \tag{11.6}$$

位置エネルギーにはそのほかにも，図 11.5 に示すように，弾性変形 (次のページの**補足**を参照) したばね自身がたくわえている弾性エネルギー (elastic energy) がある．弾性変形したばねは，元の長さに戻るときに仕事をすることができる．つまりエネルギーをもっている．ばねの自然の長さから x [m] だけ変形させた場合に，ばね定数 k [N/m] としてフックの法則からその

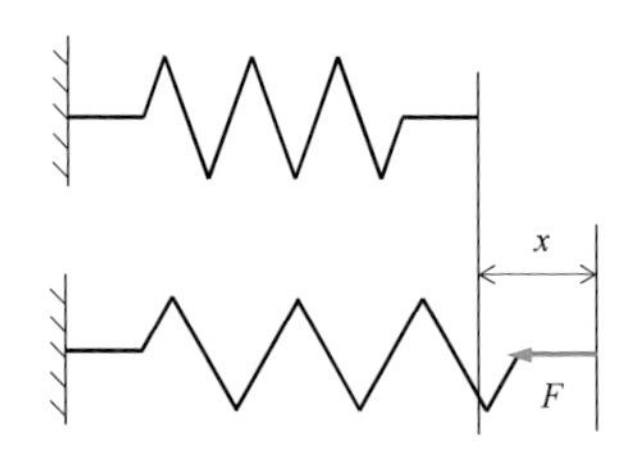

図 11.5　ばねの弾性力による位置エネルギー

ばねの復元力 F は次の (11.7) 式となる．

$$F = kx \tag{11.7}$$

ばねが元の長さに戻るとき，ばねの復元力 F のした仕事 W は次の (11.8) 式になる．

$$W = \int_0^x F dx = \int_0^x kx dx = \frac{1}{2}kx^2 \tag{11.8}$$

すなわち，x だけ伸びまたは縮んだばねがもつエネルギー U [J] は次のようになる．

$$U = \frac{1}{2}kx^2 \tag{11.9}$$

このエネルギー U は，ばねの強さや変形量に関係するので，弾性力による位置エネルギーという．

補足　物体に力をはたらかせるのを止めると，元の形に戻るような変形を弾性変形 (elastic deformation) という．力をはたらかせるのを止めても，元の形に戻らないような変形を塑性（そせい）変形 (plastic deformation) という．

11.2.2 ◆運動エネルギー

速さ v_0 [m/s] で動いている質量 m [kg] の物体が，一定の力 F を運動の向きに受け，距離 x [m] だけ進んだとき物体の速度が v_1 [m/s] になったとする．この物体の運動方程式は次の (11.10) 式となる．

$$m\frac{dv}{dt} = F \tag{11.10}$$

物体が微小距離 dx だけ進むのに，この力 F がする仕事 dW は Fdx である．したがって距離 x 進んだときの力 F がした仕事 W は次の (11.11) 式となる．

$$W = \int_0^x dW = \int_0^x F dx = \int_0^x m\frac{dv}{dt} dx \tag{11.11}$$

また，微小距離 $dx = vdt$ で表すことができるから，上の (11.11) 式は次のように書き換えることができる．

$$W = \int_{v_0}^{v_1} m\frac{dv}{dt} v dt = \int_{v_0}^{v_1} mv dv = \left[\frac{m}{2}v^2\right]_{v_0}^{v_1} = \frac{m}{2}{v_1}^2 - \frac{m}{2}{v_0}^2 \tag{11.12}$$

この (11.12) 式のなかの $mv^2/2$ が運動エネルギーであり，この式の右辺は運動エネルギーの変化を表している．また (11.12) 式は剛体の場合でも成り立ち，剛体の運動エネルギーは重心の並進速度と全質量によって求めることができる．

次に図 11.6 に示すように，剛体が固定軸の点 A のまわりに角速度 ω [rad/s] で運動する場合の運動エネルギーを考えてみよう．ここで点 A から r [m] だけ離れた位置にある微小な質量 dm [kg] の円周方向の速度 v [m/s] は，次の (11.13) 式になる．

$$v = r\omega \tag{11.13}$$

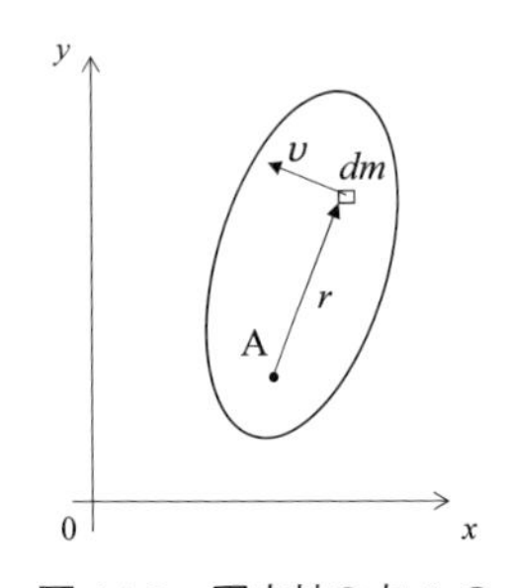

図 11.6　固定軸の点 A のまわりに回転する剛体

したがって，この微小質量がもつ運動エネルギー dK [J] は，次の (11.14) 式となる．

$$dK = \frac{1}{2}dm \times v^2 = \frac{1}{2}r^2\omega^2 dm \tag{11.14}$$

(11.14) 式を積分することで，質量 m [kg] の剛体全体がもつ回転による運動エネルギー K [J] は次のようになる．

$$K = \int_m \frac{1}{2}r^2\omega^2 dm = \frac{1}{2}\omega^2 \int_m r^2 dm = \frac{1}{2}I\omega^2 \tag{11.15}$$

ここで I [kg·m^2] は剛体の点 A のまわりの慣性モーメントである．

例題 11.2　運動エネルギー

質量 $m = 850$ kg の自動車が，$v_0 = 40$ km/h の速さで走行している．この自動車を $v_1 = 60$ km/h までスピードを上げたとき，運動エネルギーの変化を求めよ．

[解]

速度 v_0 から v_1 に変化したとき，(11.12) 式の右辺に数値を代入すると運動エネルギーの変化は次のようになる．

$$\frac{m}{2}{v_1}^2 - \frac{m}{2}{v_0}^2 = \frac{850\,\text{kg}}{2}\left\{\left(\frac{60\times10^3}{3.6\times10^3}\,\text{m/s}\right)^2 - \left(\frac{40\times10^3}{3.6\times10^3}\,\text{m/s}\right)^2\right\} = 65.6\,\text{kJ}$$

11.2.3 ◆力学的エネルギーの保存則

物体の自由落下運動における力学的エネルギーについて考えてみよう．図 11.7 に示すように，高さ h [m] の点 A から質量 m [kg] の物体を静かに落とす．この物体の点 A では運動エネルギーは 0 で，位置エネルギーは mgh [J] である．地面から高さ h_1 [m] を落下中の点 B で，その物体の速度を v_1 [m/s] とすれば，運動エネルギーと位置エネルギーはそれぞれ $m{v_1}^2/2$ [J] と mgh_1 [J] になる．その運動エネルギーと位置エネルギーの和 (これを力学的エネルギーという) は，点 A での力学的エネルギー mgh に等しい (すなわち，$m{v_1}^2/2 + mgh_1 = mgh$)．このことにより，点 B での物体の速さ v_1 は，重力加速度 g [m/s²] を用いて次のようになる．

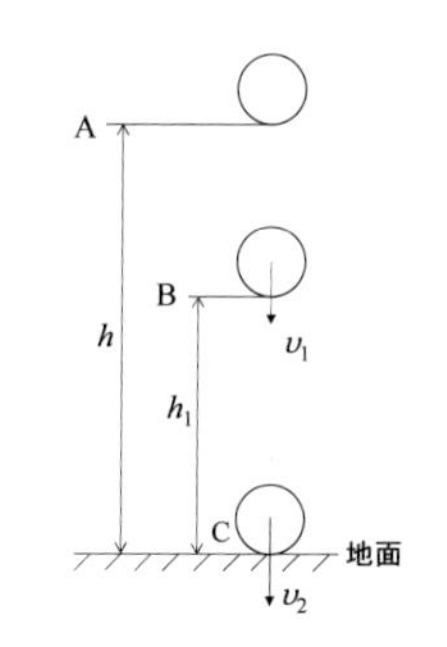

図 11.7　自由落下する物体の力学的エネルギーの保存

$$v_1 = \sqrt{2g(h - h_1)} \tag{11.16}$$

点 B の運動エネルギー $m{v_1}^2/2$ に上の (11.16) 式を代入すると，点 A と点 B との位置エネルギー差の $mg(h - h_1)$ となる．また地面に到達する点 C では位置エネルギーは 0 になり，物体の速さは同様にして $v_2 = \sqrt{2gh}$ となる．これを点 C の運動エネルギーの $m{v_2}^2/2$ に代入すれば，点 A と点 C との位置エネルギー差の mgh となる．このように運動エネルギーと位置エネルギーの和は常に一定となり，これを力学的エネルギーの保存則 (law of mechanical energy conservation) という．

物体にはたらく力が重力のように，その力のする仕事が途中の経路に関係ない場合に力学的エネルギーの保存則は成り立つ．しかし動摩擦力など，その力がした仕事が途中の経路によって異なる場合には成り立たない．摩擦がはたらく場合には，そのエネルギーや摩擦面に生じる熱エネルギーなど存在する全エネルギーの和は不変であるため，これをエネルギーの保存則という．

10.3 節では，2 物体が衝突するとき，弾性衝突と非弾性衝突があることを述べた．弾性衝突の前後では，力学的エネルギーは保存される．しかし，非弾性衝突の前後では，力学的エネルギーは保存されない．その原因は衝突のときに，わずかな熱や音の発生などによりエネルギーが失われるからである．

例題 11.3　力学的エネルギー (重力による位置エネルギーと運動エネルギー) 保存

地面から高さ $h = 10\,\mathrm{m}$ にある質量 $m = 5.0\,\mathrm{kg}$ の物体を，初速度 $v_0 = 8.0\,\mathrm{m/s}$ で落下させた．地面に衝突するときの速さを求めよ．ただし，重力加速度 g の大きさを $9.8\,\mathrm{m/s^2}$ とする．

[解]

高さ $10\,\mathrm{m}$ から落下する物体がもっているエネルギーと地面に衝突するときに物体がもっているエネルギーとの関係は，力学的エネルギーの保存則より次式となる．

$$mgh + \frac{1}{2}m{v_0}^2 = \frac{1}{2}mv^2$$

この式を地面に衝突するときの速度 v で整理して，数値を代入すると次のようになる．

$$v = \sqrt{2gh + {v_0}^2} = \sqrt{2 \times 9.8\,\mathrm{m/s^2} \times 10\,\mathrm{m} + (8.0\,\mathrm{m/s})^2} = 16.1\,\mathrm{m/s}$$

例題 11.4　力学的エネルギー (ばねの弾性力による位置エネルギーと運動エネルギー) 保存

図 11.8 に示すように，高さ h の位置から質量 m の物体を自由落下させてばねに衝突させたところ，物体はばねと一体となり，ばねを弾性変形させた．ばね定数を k として，ばねの最大縮み量 δ を求めよ．ただし，重力加速度を g とする．

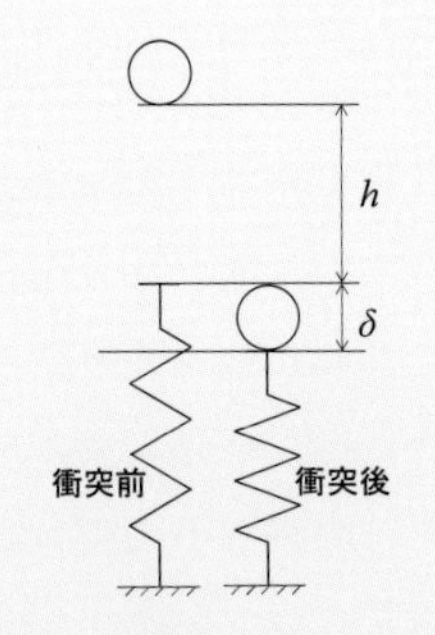

図 11.8　位置エネルギーの変換

[解]

ばねが最大に縮んだとき (ばねの縮み量が δ のとき)，高さ $h+\delta$ での物体の重力による位置エネルギーすべてが，ばねの弾性力による位置エネルギーに変換される．よって，次の力学的エネルギー保存の式が成り立つ．

$$mg(h+\delta) = \frac{1}{2}k\delta^2$$

この式から δ を求める．2 次方程式の解で $\delta > 0$ より，ばねの最大縮み量 δ は次のようになる．

$$\delta = \frac{mg + \sqrt{(mg)^2 + 2kmgh}}{k}$$

11.3 動力（仕事率）

単位時間当たりにする仕事の量を仕事率 (power) といい，機械のする仕事率を動力 (power) という（ここでは説明しないが，電気の仕事率を電力という）．物体が一直線上で力 F [N] を受けて，時間 t [s] の間にその力の向きに距離 x [m] だけ進むとする．その間にその力がする仕事は Fx [J] で，速さ v [m/s] は x/t であるから，動力 P [W（ワット）] は次の (11.17) 式となる．

$$P = \frac{Fx}{t} = Fv \qquad (11.17)$$

次に，物体にトルク T [N·m] をはたらかせて，一様な角速度 ω [rad/s] で回転しているときの動力について考えてみよう．トルク T の仕事は回転角を θ [rad] とすると $T\theta$ [J] なので，動力 P [W] は次のようになる．

$$P = \frac{T\theta}{t} = T\omega \qquad (11.18)$$

ここで，単位時間当たりの回転角 θ/t を角速度 ω に書きなおしている．

例題 11.5　機械の動力

回転数 $n = 3000$ rpm で回転する伝動軸には，トルク $T = 90$ N·m が作用している．そのときの動力の大きさを求めよ．

[解]

動力 P は (11.18) 式より次のようにして求められる.

$$P = T\omega = \frac{2\pi nT}{60} = \frac{2\pi \times 3000\,\mathrm{rpm} \times 90\,\mathrm{N{\cdot}m}}{60\,\mathrm{s}} = 28.3\,\mathrm{kW}$$

第 11 章　練習問題

11.1 図 11.9 に示すように，水平方向に対して $\theta = 25^\circ$ の向きに力 $F = 120\,\mathrm{N}$ を物体に $t = 20$ 秒間加えて距離 $x = 5.0\,\mathrm{m}$ 動かした．力 F が物体にした仕事および動力を求めよ．

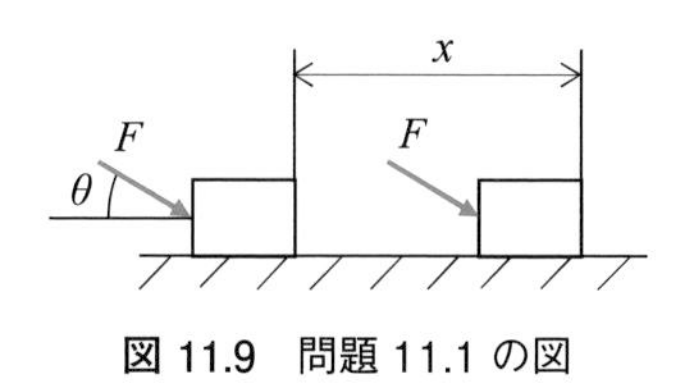

図 11.9　問題 11.1 の図

11.2 図 11.10 に示すように，質量 $m = 3.0\,\mathrm{kg}$ の物体がなめらかな水平面上を速度 $v_0 = 10\,\mathrm{m/s}$ で，ばね定数 $k = 35\,\mathrm{N/cm}$ のばねに衝突した．このばねの最大縮み量を求めよ．

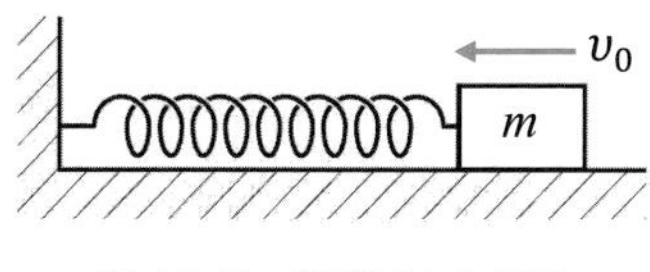

図 11.10　問題 11.2 の図

11.3 地面から高さ $h_0 = 1.6\,\mathrm{m}$ のところから，質量 $m = 2.0\,\mathrm{kg}$ の小球を初速度 $v_0 = 20\,\mathrm{m/s}$ で鉛直に投げ上げた．そのとき小球の最高点の高さは，地面からいくらになるか．また，地面に達する直前の小球の速さを力学的エネルギーの保存則を用いて求めよ．ただし，重力加速度 g の大きさを $9.8\,\mathrm{m/s^2}$ とする．

11.4 傾斜角 θ が 20° の斜面上に，質量 $m = 5.0\,\mathrm{kg}$，半径 $r = 30\,\mathrm{cm}$ の円板を静かに置くと転がりながら斜面上を移動する．その移動距離 x が $10\,\mathrm{m}$ のとき，この円板の並進速度 (斜面に平行な速度) および角速度の大きさをそれぞれ求めよ．ただし，重力加速度 g の大きさを $9.8\,\mathrm{m/s^2}$ とする．

11.5 回転数 $N = 1500\,\mathrm{rpm}$ で回転する伝導軸の動力を測定したら，動力 $P = 1.3\,\mathrm{kW}$ であった．この軸に生じるトルクの大きさはいくらになるか求めよ．

第 12 章

摩擦

摩擦は，日々の生活のなかで無くてはならない存在である．例えば，摩擦のない面上を歩いて進むことは困難になるだろう．凍結した路面を想像してほしい．その路面と靴底との摩擦が小さいため，すべって転んでしまい歩きにくい．地面に摩擦があるからこそ，すべらずに歩けたり自転車に乗って進むこともできる．また，摩擦があるから自動車や電車といった乗り物も走ることができれば，ブレーキをかけて止まることもできる．しかし摩擦が大きすぎると，動かすのに多大なエネルギーを消費することになる．摩擦とは厄介なものである．1.1.1 項と 2.3.1 項で摩擦について触れたが，その摩擦についてここではより深く学習することにする．さらに，摩擦を利用して動力を伝動するベルトについても学んでいこう．

〈学習の目標〉

- 静摩擦角を求められ，摩擦円すいを理解する．
- 転がり摩擦係数を求められる．
- ロープを円柱に巻きつけたとき，ロープを引く力の変化を理解する．

12.1 すべり摩擦

あらい面上に質量 m [kg] の物体を置き，力 F [N] をその物体に加えて動かそうとしても初めのうちは動かない．これは，その物体と面との間に静止摩擦力 (static friction force) F_s [N] がはたらいているからである．静止摩擦力 F_s は

力 F と逆向きで同じ大きさである．加える力 F を大きくしていくと，やがてその物体は面上をすべり始める．そのすべり始める直前の摩擦力を最大摩擦力 (maximum frictional force) F_0 [N] といい，次の (12.1) 式で表される．

$$F_0 = \mu_s R \tag{12.1}$$

ここで，μ_s は静止摩擦係数 (coefficient of static friction)，R [N] は物体が接触面から受ける垂直抗力である．あらい面上をすべり出したあと，物体はその最大摩擦力の大きさよりも小さな摩擦力を受けて動いていく．このときの摩擦力も力 F とは逆向きに受け，この摩擦力を動摩擦力 (kinetic friction force)F_k [N] といい次の (12.2) 式のように表される．

$$F_k = \mu_k R \tag{12.2}$$

ここで，μ_k は動摩擦係数 (coefficient of kinetic friction) である．これらの摩擦力は，接触面の大きさに関係なく面から受ける垂直抗力 R に比例している．すべり摩擦については，すでに 1.1.1 項や 2.3.1 項で述べているが，図 12.1 にまとめてみたのでしっかり理解してほしい．

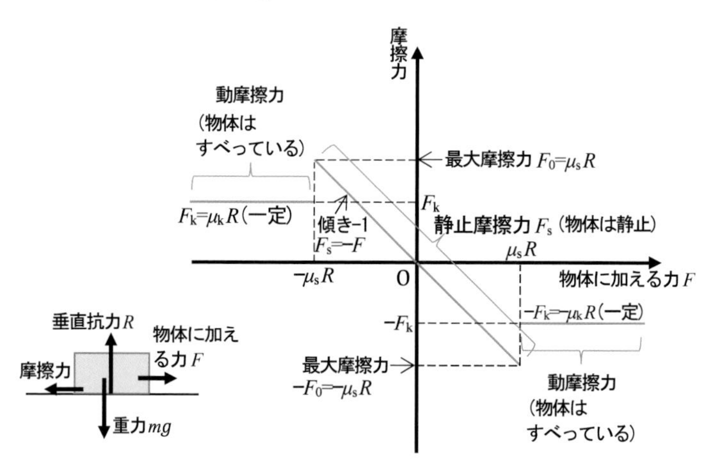

図 12.1　すべり摩擦

2.3.2 項のなかで，シャルル・ド・クーロンが電荷を帯びた粒子間にはたらく力を発見したことを述べたが，それだけでなくすべり摩擦についても経験則として次の法則を見いだしており，クーロンの摩擦法則 (Coulomb's friction law) といわれている．

① 最大摩擦力や動摩擦力の大きさは，接触面から受ける垂直抗力の大きさに比例する．

② 最大摩擦力や動摩擦力の大きさは，物体間の接触面積には関係しない．

例題 12.1　最大摩擦力と静止摩擦係数

トラックの荷台に砂利が 500 kg 積まれている．その荷台を 30° 傾けたとき，砂利はすべり始めた．つまり，安息角は 30° である（安息角は 2.3.1 項を参照）．重力加速度の大きさを 9.8 m/s² として，次の問いに答えよ．

(1) 最大摩擦力の大きさを求めよ．

(2) 静止摩擦係数を求めよ．

[解]

(1) 最大摩擦力 F_0 の大きさは，$F_0 = mg\cos 60^\circ = 500\,\mathrm{kg} \times 9.8\,\mathrm{m/s^2} \times \cos 60^\circ = 2450\,\mathrm{N}$ となる．

(2) 砂利が荷台から受ける垂直抗力 R を用いて静止摩擦係数 μ_s は，

$$\mu_\mathrm{s} = \frac{F_0}{R} = \frac{mg\cos 60^\circ}{mg\sin 60^\circ} = \frac{1}{\tan 60^\circ} = \frac{1}{\sqrt{3}} = 0.577 \text{ となる．}$$

例題 12.2　動摩擦係数

傾斜角 30° の斜面をある物体が静かに動き出してから一定の加速度で速さを増し，2.0 秒後に斜面を 4.0 m すべり落ちた．この斜面と物体との間の動摩擦係数 μ_k を求めよ．ただし，重力加速度の大きさを 9.8 m/s² とする．

[解]

斜面に平行方向の運動方程式は，$ma = mg\sin 30^\circ - \mu_\mathrm{k} mg\cos 30^\circ$ である (m は物体の質量)．よって，斜面をすべり落ちる物体の加速度 a は次の (1) 式で与えられる．

$$a = g\sin 30^\circ - \mu_k g\cos 30^\circ = 4.9 - 8.49\mu_k \quad \cdots(1)$$

ところですべり始めてから時刻 t 秒後の変位 x は，次の (2) 式から求められる (1.3.1 項を参照).

$$x = v_0 t + \frac{1}{2}at^2 \quad (v_0\text{は物体の初速度で，ここでは }0\text{ である.}) \quad \cdots(2)$$

この (2) 式に (1) 式や各数値を代入すると

$$4.0 = 0\times 2.0 + \frac{1}{2}(4.9 - 8.49\mu_k)\times 2.0^2$$ となり, $\mu_k = 0.342$ が求まる.

図 12.2 は，あらい面上に置かれた物体に力 F を加えても，静止したままの物体にはたらいている力を表している．その物体の接触面から，垂直抗力 R と静止摩擦力 F_s が物体にはたらいている．その合力 $R+F_s$ と垂直抗力 R とのなす角を λ_s とすると，次の (12.3) 式が成り立つ.

$$\tan\lambda_s = \frac{F_s}{R} \tag{12.3}$$

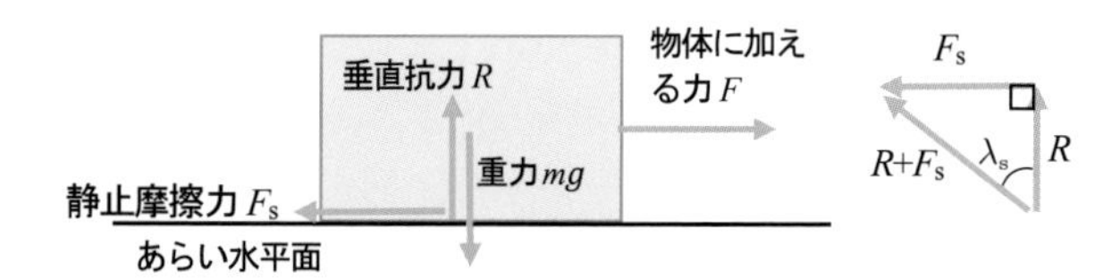

図 12.2　力が加えられても静止したままの物体

この $\frac{F_s}{R}$ 値は，F_s が最大摩擦力 F_0 のとき最も大きいので

$$\tan\lambda_s = \frac{F_s}{R} \leq \frac{F_0}{R} = \frac{\mu_s R}{R} = \mu_s \tag{12.4}$$

となる．μ_s は静止摩擦係数である．よって，λ_s と μ_s との関係は次の (12.5) 式で与えられる.

$$\lambda_s \leq \tan^{-1}\mu_s \tag{12.5}$$

この λ_s を摩擦角 (angle of friction) という．摩擦角が $\tan^{-1}\mu_s$ に等しい摩擦角を静摩擦角 (angle of static friction) という．静摩擦角 λ では，物体にはたらく摩擦は最大摩擦力 F_0 であり，摩擦角がこの角度 λ 以下ならば物体はすべり運動をしないことになる．

なお，2.3.1 項で述べた安息角は，静摩擦角 λ に等しい．

例題 12.3　摩擦角

水平面上に静止している質量 50 kg の物体を，水平方向に動かすのに 320 N の力を必要とした．そのとき，この物体と面との間の静止摩擦係数と静摩擦角を求めよ．ただし，重力加速度の大きさを 9.8 m/s² とする．

[解]

物体に加えた力 320 N が最大摩擦力 F_0 とつりあっている．F_0 は，垂直抗力 R と静止摩擦係数 μ_s を用いて表すと，$F_0 = \mu_s R$ となる．よって，
$\mu_s = \dfrac{F_0}{R} = \dfrac{F_0}{mg} = \dfrac{320\,\mathrm{N}}{50\,\mathrm{kg} \times 9.8\mathrm{m/s^2}} = 0.653$ となる．
静摩擦角 λ は，$\lambda = \tan^{-1}\mu_s = \tan^{-1} 0.653 = 33.1^\circ$ である．

例題 12.4　静止摩擦力

水平であらい床面上に置かれた質量 20 kg の物体に，水平と 30° の方向に力 F [N] で引っ張ると，その物体は動き始めた．その力 F の大きさを求めよ．ただし，物体と床との間の静止摩擦係数 μ_s を 0.3，重力加速度の大きさを 9.8 m/s² とする．

[解]

図 12.3 に示しているように，重力 mg と垂直抗力 R と引っ張る力 F と最大摩擦力 $\mu_s R$ が物体にはたらいている．物体にはたらく力のつりあいの式は，次のようになる．

床に平行な方向の力のつりあいの式は $F\cos 30^\circ - \mu_s R = 0 \quad \cdots(1)$

床に垂直な方向の力のつりあいの式は $F\sin 30^\circ - mg + R = 0 \quad \cdots(2)$

(1) 式と (2) 式から，$F = \dfrac{\mu_s R}{\cos 30^\circ} = \dfrac{\mu_s(mg - F\sin 30^\circ)}{\cos 30^\circ}$ となり，

この式から，$F = \dfrac{\mu_s mg}{\cos 30^\circ (1 + \mu_s \tan 30^\circ)} = \dfrac{0.3 \times 20 \times 9.8}{\frac{\sqrt{3}}{2}(1 + 0.3 \times \frac{1}{\sqrt{3}})} = 57.9\,\mathrm{N}$ となる．

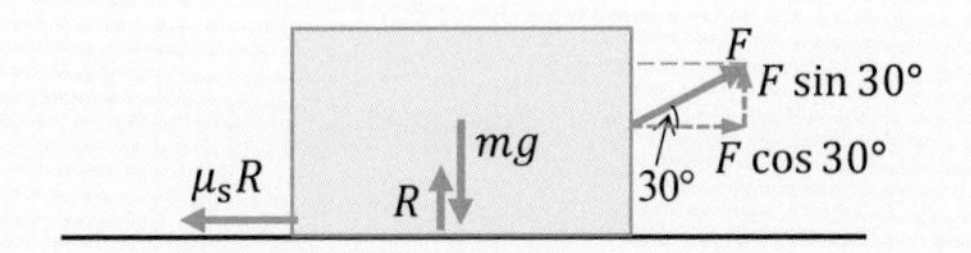

図 12.3　摩擦のある床の上に置かれた物体にはたらく力

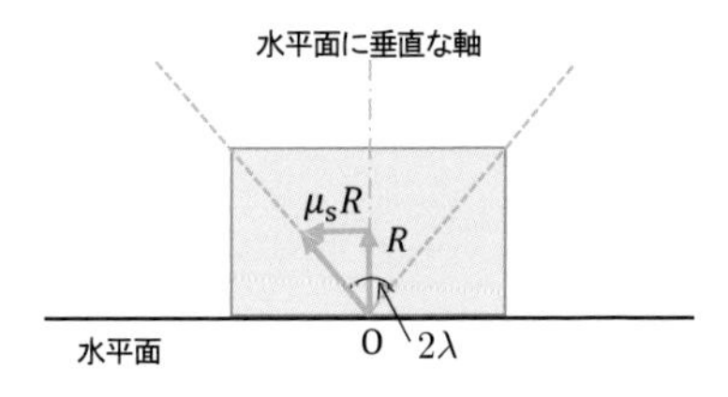

図 12.4　摩擦円すい

静止摩擦係数 μ_s はどの方向も同じである．そのため，図 12.4 に示すように，垂直抗力 R と最大摩擦力 $\mu_s R$ の合力を水平面に垂直な軸のまわりに回転させると頂角 2λ の円すい面を描く．λ は静摩擦角である．この円すいを摩擦円すい (cone of friction) という．物体に加える力 F と垂直抗力 R との合力がこの摩擦円すい内にあれば，物体はすべり運動をしない．例題 12.4 では力 F と垂直抗力 R の合力 (始点は図 12.4 に示す点 O) の終点が，この摩擦円すい面上にあることになる．

12.2 転がり摩擦

物体が平面を転がるとき，その運動を妨げようとその接触部にはたらく抵抗が転がり摩擦 (rolling friction) である．もしその物体と平面が剛体であれば，変形しないので転がり摩擦はない．しかし実際にはわずかに変形 (弾性変形) するため，転がり摩擦が生じる．路面に接する自動車のタイヤは，直線と円なので点で接触するはずである．しかしタイヤの接触部にはわずかな変形があり，それによって接触圧力の中心がずれて転がるときの抵抗を生じている．電車はとてもかたい鋼の車輪が鋼のレール上を転がるため，それらの変形量が極めて小さいのでその転がり抵抗は非常に小さい．

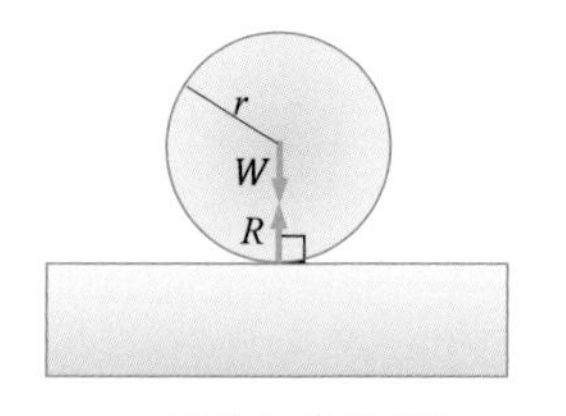

(a) 円柱と床が剛体

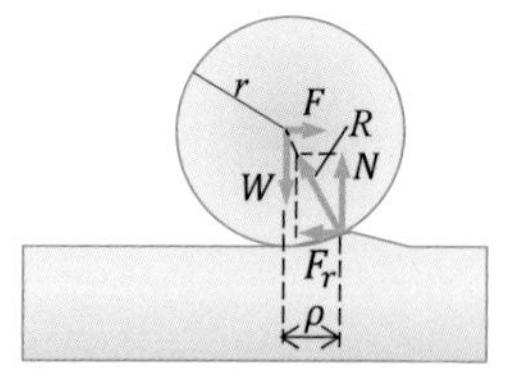

(b) わずかに変形した床

図 12.5　右向きに転がっている円柱にはたらく力

半径 r の円柱が，水平な床の上を床に平行な力 F を受けて等速で転がっている場合を考えてみる．図 12.5(a) に示すように，円柱と床が剛体だとその接触点は円柱の中心の真下にあり，円柱が床面から受ける力 R は重力 W とつりあっている．ところが図 12.5(b) に示すように床の面がわずかに変形すると，円柱と床との接触点は円柱の中心の真下ではなく，ほんのわずか (図 12.5(b) の ρ だけ) 前にずれてしまう．また，円柱が床から受ける力 R は床の面に垂直ではなく，わずか後ろ向きにはたらく．その R の水平方向の成分 F_r [N] は，円柱が転がる運動を妨げるようにはたらく，つまり摩擦と同じように扱うことができる．この F_r が転がり摩擦力である．円柱がすべらずに等速で転がり運動を続けさせるには，F_r と逆向きに同じ大きさの力 F を常に加えなければならない．ここで，円柱にはたらく力のつりあいを考えることにしよう．水平方向の力のつりあいは，次の (12.6) 式で与えられる．

$$F - F_r = 0 \tag{12.6}$$

鉛直方向の力のつりあいは，次の (12.7) 式になる．

$$N - W = 0 \tag{12.7}$$

ただし，N はその R の鉛直方向の成分である．それでは，円柱と床との接触点のまわりの力のモーメントについて考えてみよう．円柱は等速で転がり運動を続けているので，円柱にはたらいている力のモーメントはつりあっている (力のモーメントがつりあっていれば，回転している物体は等速円運動を続け，静止している物体は回転を始めない)．つまり，次の (12.8) 式で与えられる．

$$W\rho - Fr = 0 \tag{12.8}$$

ここで ρ は接触点のずれで，転がり摩擦係数 (coefficient of rolling friction) という．ρ は小さいので，(12.8) 式のなかで力 F のモーメントの腕 (3.2.1 項を参照) を円柱の半径 r で近似している．ρ は長さの単位をもち，鋼で 0.005〜0.05 mm 程度である．ρ の値は材料や平面の状態のほかに，円柱や平面の弾性，円柱の半径などに関係するが，一般的な値を表 12.1 に示す．

表 12.1　転がり摩擦係数 ρ の例

回転体	平面	転がり摩擦係数 (mm)
車輪	レール	0.0006
タイヤ	舗装道路	0.005

『工業力学の基礎』日刊工業新聞社 (1984) から引用

(12.6) 式と (12.8) 式より，転がり摩擦力 F_r と重力 W との関係は次の (12.9) 式となる．

$$F_r = \frac{\rho}{r} W \tag{12.9}$$

(12.9) 式の ρ/r は無次元量で，すべり摩擦の静止摩擦係数や動摩擦係数に対応しており，ρ/r を転がり摩擦係数ということもある．その ρ/r 値は $10^{-3} \sim 10^{-2}$ 程度であり，動摩擦係数の小数点 1 桁程度 (2.3.1 項の表 2.1 を参照) に比べてかなり小さい．そのため，すべり摩擦から，丸太棒などを並べたコロや車輪を用いて転がり摩擦に変えることによって，より小さな力 F で重い物体を動かすことができるようになる．

例題 12.5　転がり摩擦係数

自動車のタイヤと道路との間の転がり摩擦係数が 0.05 cm のとき，質量 1500 kg，車輪の直径 60 cm の自動車を動かすのに必要な力の大きさを求めよ．ただし，重力加速度の大きさを 9.8 m/s² とする．

[解]

(12.6) 式と (12.9) 式から自動車を動かすのに必要な力 F は，$F = F_r = \frac{\rho}{r}W$ となる．

よって，$F = \frac{\rho}{r}W = \frac{0.05\,\mathrm{cm}}{30\,\mathrm{cm}} \times 1500\,\mathrm{kg} \times 9.8\,\mathrm{m/s^2} = 24.5\,\mathrm{N}$ となる．

12.3 ベルトの摩擦

ロープやベルトなどを車に巻きつけて運動や動力を伝達する機構を巻きかけ伝動機構 (winding transmission mechanism) という．巻きかけ伝動は，長い距離の動力伝達をすることができる．図 12.6 は，ベルト (またはロープ) によるその伝動を示している．2 つのプーリ (ベルト車) の間を閉じた帯状のベルトで連結し，摩擦を利用して原動側プーリから従動側プーリへ動力を伝達している．ベルトは，原動側プーリに入る方 (その図の下側) は張力を大きく，原動側プーリから出ていく方 (その図の上側) は張力を小さくしている．このことによって，ベルトがプーリに巻きつく角度 ϕ, ϕ' が大きくなり摩擦力を有効に利用している．図 12.7 に示す半径 r [m] のプーリに巻きつけられたベルトの張力 T_1 [N] と T_2 [N] $(T_1 < T_2)$ について考えてみよう．

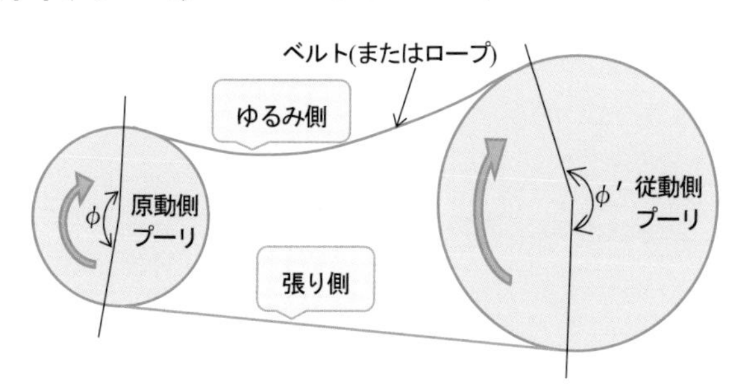

図 12.6　ベルトによる伝動

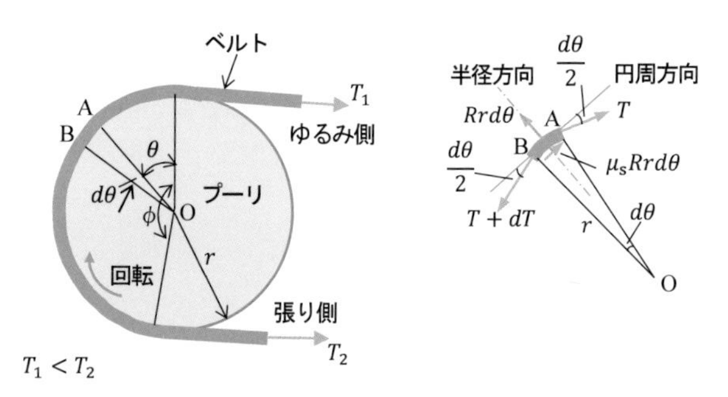

図 12.7　ベルトの張力

プーリの曲面に巻きつけられたベルトには摩擦が生じる．ベルトとプーリとの間の静止摩擦係数を μ_s とすると，ベルトの微小長さ $rd\theta$ [m](図 12.7 に示す弧 $\widehat{AB}$) には摩擦力 $\mu_s Rrd\theta$ [N] がはたらいている．R [N/m] はベルトがプーリから半径方向に受ける単位長さ当たりの垂直力である．そのベルトの微小長さにはそのほかに，図 12.7 の右図に示すように垂直力 $Rrd\theta$ [N] やベルトの張り側とゆるみ側にそれぞれ $T + dT$ と T の張力が作用している．ベルトの厚さは非常に薄いとして，半径方向 (ベルトに垂直方向) と円周方向 (ベルトに平行方向) の力のつりあいから，ベルトの張力 T_1 と T_2 を考えてみる．

半径方向の力のつりあいは，次の (12.10) 式のようになる．

$$Rrd\theta - T\sin\frac{d\theta}{2} - (T + dT)\sin\frac{d\theta}{2} = 0 \tag{12.10}$$

$d\theta$ [rad] は微小なため $\sin\frac{d\theta}{2} \approx \frac{d\theta}{2}$ となるのと，高次の微小量を省略すると，(12.10) 式は次のように書き換えられる．

$$Rr = T \tag{12.11}$$

円周方向の力のつりあいは，次の (12.12) 式のようになる．

$$\mu_s Rrd\theta + T\cos\frac{d\theta}{2} - (T + dT)\cos\frac{d\theta}{2} = 0 \tag{12.12}$$

$d\theta$ は微小なため $\cos\frac{d\theta}{2} \approx 1$ とすると，(12.12) 式は次のように書き換えられる．

$$\mu_s Rrd\theta = dT \tag{12.13}$$

(12.11) 式を (12.13) 式へ代入すると，次の (12.14) 式が得られる．

$$\mu_s d\theta = \frac{dT}{T} \tag{12.14}$$

$\theta = 0$ のとき $T = T_1$ また $\theta = \phi$ のとき $T = T_2$ なので，(12.14) 式を積分すると次式が得られる．

$$\int_0^{\phi} \mu_s d\theta = \int_{T_1}^{T_2} \frac{dT}{T} \tag{12.15}$$

よって (12.15) 式から，次の (12.16) 式が得られる．この式は，設計の基礎式によく用いられる．

$$T_2 = T_1 e^{\mu_s \phi} \tag{12.16}$$

ベルトの周速度を v [m/s] とすると，この張力差がする仕事率つまり伝達する動力 P [W] は次の (12.17) 式のようになる．

$$P = (T_2 - T_1)v = (e^{\mu_s \phi} - 1)T_1 v \tag{12.17}$$

(12.17) 式から，静止摩擦係数 μ_s やプーリにベルトを巻きかける角度 ϕ を大きくすると，伝達動力は大きくなることがわかる．

例題 12.6　ロープの摩擦

図 12.8 に示すように，張力 T で引っ張られているロープを円柱に n 回巻きつけて，そのロープの他端を力 F で引っ張ってつりあっている．ロープと円柱との間の静止摩擦係数を μ_s として，その引く力 F の大きさを求めよ．

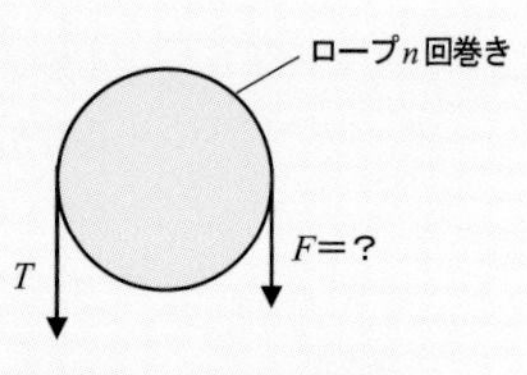

図 12.8　ロープを巻きつけた円柱

[解]

(12.15) 式を基にして $\int_0^{2\pi n} \mu_s d\theta = \int_F^T \frac{1}{T} dT$ から，$\mu_s 2\pi n = \ln \frac{T}{F}$ になる．
よって，$F = \frac{T}{e^{2\pi n \mu_s}}$ である．

例題 12.6 をもう少し詳しく調べてみよう．ロープを円柱に巻きつけると，ロープを引っ張る力 F はどのように変化するのか求めてみる．たとえば $\mu_s = 0.5$ のとき $F = \frac{T}{e^{\pi n}}$ となり，この式に基づいてロープを引く力 F を計算してみることにする．

- ロープを円柱に巻かない (つまり $n = 0$) とき，$F = \frac{T}{e^0} = \boldsymbol{T}$ となる．
- ロープを円柱に $\frac{1}{4}$ 周 (つまり $n = \frac{1}{4}$) 巻いたとき，$F = \frac{T}{e^{\frac{\pi}{4}}} = \mathbf{0.46}\boldsymbol{T}$ となる．
- ロープを円柱に $\frac{1}{2}$ 周 (つまり $n = \frac{1}{2}$) 巻いたとき，$F = \frac{T}{e^{\frac{\pi}{2}}} = \mathbf{0.21}\boldsymbol{T}$ となる．

- ロープを円柱に $\frac{3}{4}$ 周 (つまり $n=\frac{3}{4}$) 巻いたとき，$F=\frac{T}{e^{\frac{3}{4}\pi}}=\boldsymbol{0.095T}$ となる．
- ロープを円柱に 1 周 (つまり $n=1$) 巻いたとき，$F=\frac{T}{e^{\pi}}=\boldsymbol{0.043T}$ となる．
- ロープを円柱に 2 周 (つまり $n=2$) 巻いたとき，$F=\frac{T}{e^{2\pi}}=\boldsymbol{0.0019T}$ となる．

これらの計算結果を図 12.9 は示している．張力 T とつりあうためにロープの他端を引く力 F の大きさは，ロープを円柱に巻きつけると著しく小さくなることがわかる．

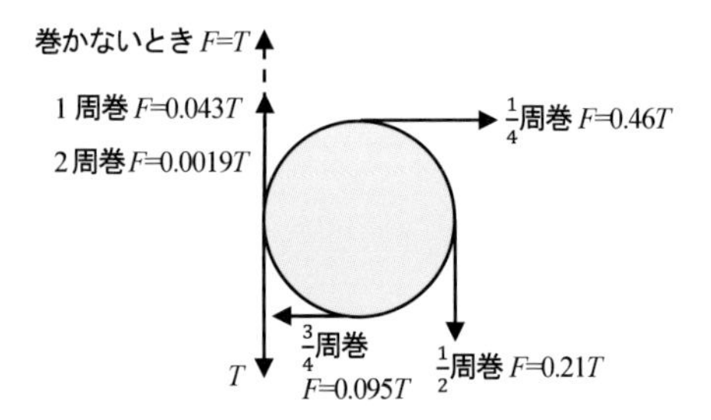

図 12.9　ロープの張力 T につりあう力 F の変化

第12章　練習問題

12.1 図12.10に示すように，なめらかな水平面上にそれぞれ質量10 kgの物体AとBを重ねて置いている．物体Bを水平面と平行に力Fで引っ張り，物体Aがすべらないようにしながら加速度aが最大になるように動かしたい．力Fの大きさを求めよ．ただし，物体Aと物体Bとの間の静止摩擦係数を0.51，重力加速度の大きさを9.8 m/s^{2}とする．

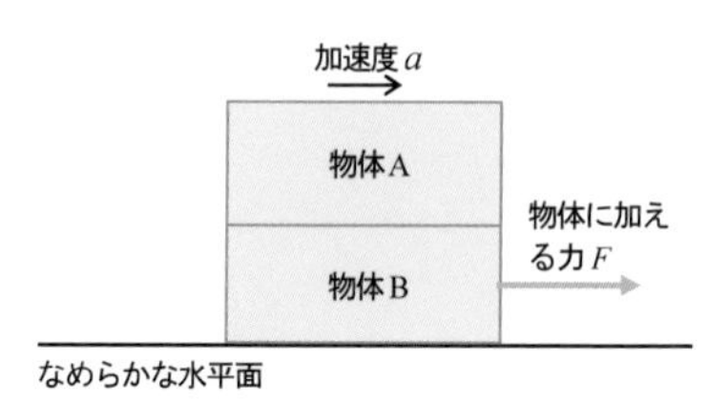

図12.10　問題12.1の図

12.2 傾斜角45°の斜面を質量20 kgの物体が静かに動き出してから，斜面を8.0 mすべり落ちるのに必要な時間を求めよ．ただし，この斜面と物体との間の動摩擦係数を0.32，重力加速度の大きさを9.8 m/s^{2}とする．

12.3 静止摩擦係数が0.30のとき，静摩擦角は何度かを求めよ．

12.4 図12.11に示すように，傾斜角30°のあらい面上に質量1.0 kgの本を置いて水平方向に力Fを加え，斜面に沿ってその本を動かそうとしている．摩擦角を40°として次の問いに答えよ．ただし，重力加速度の大きさを9.8 m/s^{2}とする．

(1) 本と斜面との間の静止摩擦係数μを求めよ．

(2) 本を斜面に沿って動かすのに必要なFの大きさを求めよ．

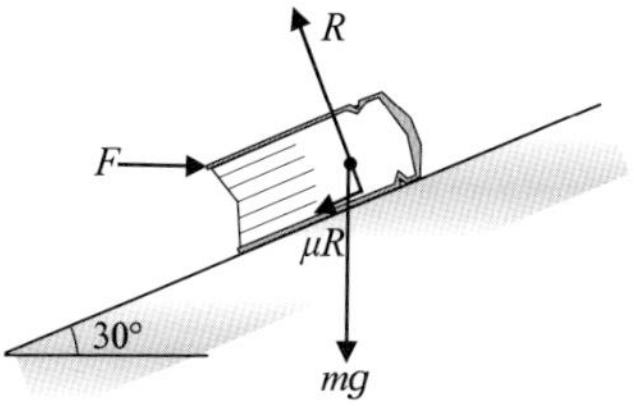

図12.11　問題12.4の図（Rは垂直抗力，mgは本の重力である．）

12.5 直径1.0 m，質量0.5 kgの球を速さ2.0 m/sで水平面に転がしたところ，40秒間転がり自然に停止した．この球と水平面との間の転がり摩擦係数は何mmか求めよ．ただし，重力加速度の大きさを9.8 m/s^{2}とする．

12.6 直径10 cmの円柱を板に載せ，その板を徐々に傾けて円柱を等速度で転がす．そのときの板の最小傾角は何度か求めよ．ただし，円柱と板との間の転がり摩擦係数を 0.05 cm とする．

12.7 直径 10 cm，質量 1.0 kg のキャスターを水平な床に等速で転がすのに必要な力の大きさを求めよ．ただし，キャスターと床との間の転がり摩擦係数を 0.005，重力加速度の大きさを 9.8 m/s^2 とする．

12.8 図 12.12 に示すようなベルト伝動について，ベルトの張力 T_1 が 3000 N，T_2 が 6000 N である．そのとき，ベルトが原動側プーリに巻きつく角度 ϕ を求めよ．ただし，ベルトとプーリとの間の静止摩擦係数は 0.3 とする．

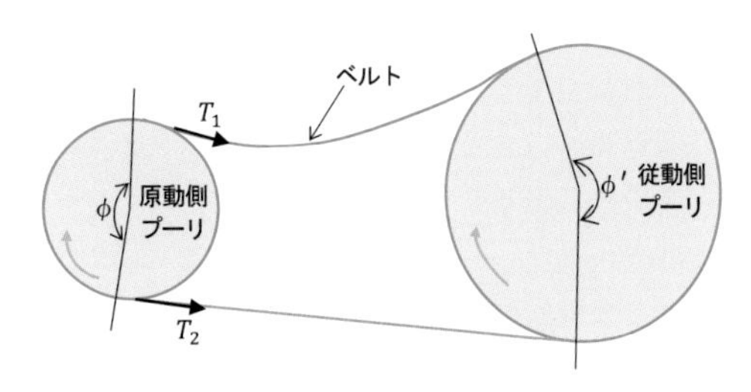

図 12.12　問題 12.8 の図

12.9 図 12.13 に示すように，丸棒に 1 本のロープを何回か巻きつけて重さ mg の物体をつるし，その物体は静止している．そのとき，物体の重さの 1/50 の力 F でロープの他端を下向きに加えていた．丸棒に巻きつけたロープの巻き数 n を求めよ．ただし，ロープと丸棒との間の静止摩擦係数は 0.4 とする．

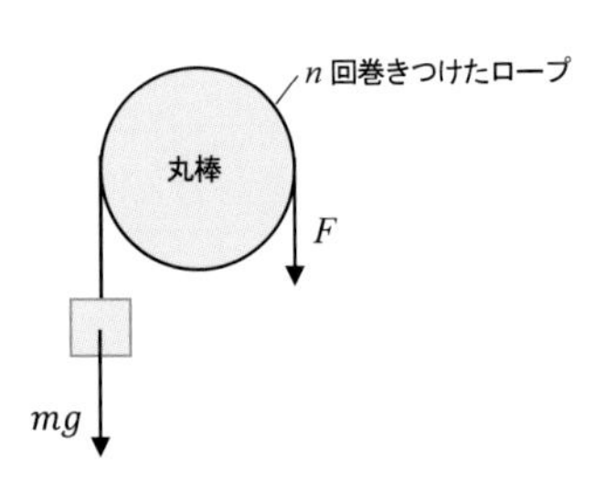

図 12.13　問題 12.9 の図

12.10 図 12.14 に示すように，綱を円柱に 4 回巻きつけ，その端を 100 N の力で引いておもり 800 kg をつるしてつりあっている．重力加速度の大きさを 9.8 m/s^2 として，次の問いに答えよ．

(1) 綱と円柱との間の静止摩擦係数を求めよ．

(2) おもりと綱を別のものに取り替え，その綱を円柱に 2 回巻きつけてその端を 50 N の力で引っ張ってつりあっている．そのとき，おもりの質量を求めよ．ただし，静止摩擦係数 μ_s は 0.3 とする．

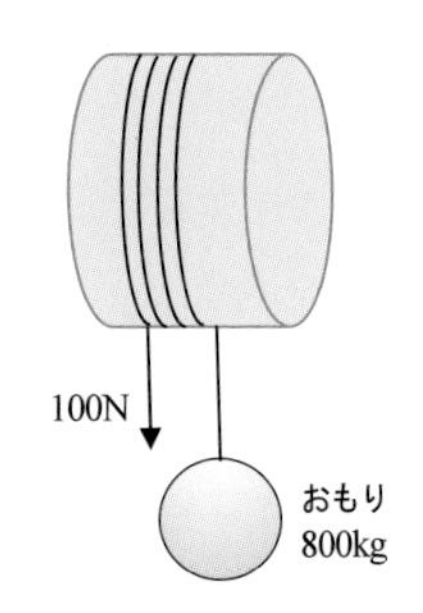

図 12.14　問題 12.10 の図

単位のはなし

単位は，力学を使った現象や，さまざまな製品の大きさ・質量などを表すときに用いられている．その他にも自然現象を説明するための計量基準として単位を用いたり，工業製品を組み立てるための部品の規格や製品仕様の説明にも客観的な基準として単位を用いてきた．

ここでは，世界共通の単位としての国際単位系 (International System of Units System) と工業界で使われてきた工学単位系 (Engineering unit system)，そして，単位を考える上で便利な量の次元 (dimension of a quantity) について解説する．

(1) 単位の役割

単位とは，長さ・質量・時間などさまざまな量を数値で表すための基準であり，優劣や変化を知るためのものさしの役割がある．日常生活では，まず自分自身の身長 [cm]，体重 [kg] があり，天候の変化は温度 [℃]，気圧 [hPa] で表現されている．家の中で使われている電気製品の大半は，交流 100[V] の電圧 (日本国内の家庭用電源) で駆動するように統一されているため，どこでも使用することができる (ただし，交流電源の周波数は東日本 (50 Hz) と西日本 (60 Hz) で異なる)．自動車に乗れば，その速度 [km/h] を知ることで，目的地までの所要時間を知るなどの運転計画を立てやすい．すなわち，単位は普段から自然に利用している便利なものといえる．少し視点を変えて，工業の分野に目を向けてみよう．工業の分野でも単位は有効に使われている．例えば，ねじなどの機械部品の寸法の統一である．ねじの径の単位を mm に統一しているため，さまざまなメーカーのねじを混ぜて使うことができる．国際的に統一した単位が，国際単位系 (International System of Units System，略称は SI という) である．

(2) 国際単位系 (SI)

SI 基本単位は，世界の地域・文化圏・国家などで異なっていた単位による混乱を収めるため，1960 年に開催された国際度量衡総会で採択された単位系である．SI への統一と専用化が各国で進められている．その構成は 7 つの SI 基本単位 (付表 1) と，幾何学的に定義される 2 つの補助単位 (付表 2)，そして各分野で使いやすく定義した組立単位からなる．

ニュートンの運動の法則に基づいて構成された力学の体系で用いられる本質的な量として，長さ・質量・時間の 3 つがあり，これを基本量という．これらは SI 基本単位としてそれぞれメートル [m]，キログラム [kg]，秒 [s] で示される．

一方，力学で重要な量として力がある．これはニュートンの運動の第二法則 (運動方程式) によって定義されるから，その基本単位を組み合わせれば求めることができる．同様に速度も特定の長さを通過する時間を測ることによって求めることができる．よって，これらの単位は基本単位を組み立てることで求められるので，組立単位に属している．力学に関する組立単位を付表 3 に示す．なお，組立単位の中にも固有の名称をもつ単位もあり，日常的に使われている．

付表 1　SI 基本単位

物理量	名称	記号
長　さ	メートル (meter)	m
質　量	キログラム (kilogram)	kg
時　間	秒 (second)	s
電　流	アンペア (ampere)	A
熱力学的温度	ケルビン (kelvin)	K
物質量	モル (mole)	mol
光　度	カンデラ (candela)	cd

付表 2　SI 補助単位

物理量	名称	記号
平面角	ラジアン (radian)	rad
立体角	ステラジアン (steradian)	sr

また，ある単位で数値を示すと，桁が大きくなって読み間違えや書き間違いの原因となることがある．そのため，接頭語を用いて，km (キロメートル)，kg (キログラム)，ms (ミリ秒)，MPa (メガパスカル) のように単位の頭に付けて表す．SI 接頭語について付表 4 に示す．10^n 倍の特定の倍数に名称がついており，値が大きくなる表現と，値が小さくなる表現がそれぞれある．

付表 3 力学に関わる SI 組立単位

物理量	名称	記号
速度	メートル毎秒	m/s
加速度	メートル毎秒毎秒	m/s^2
回転数	回毎秒	s^{-1}
角速度	ラジアン毎秒	rad/s
角加速度	ラジアン毎秒毎秒	rad/s^2
力	ニュートン	N (定義: $m \cdot kg \cdot s^{-2}$)
力のモーメント・トルク	ニュートンメートル	N·m
圧力・応力	パスカル	Pa (定義: N/m^2)
エネルギー，熱量，仕事	ジュール	J(定義: N·m)
仕事率，動力	ワット	W (定義: J/s)
粘性係数	パスカル秒	Pa·s
動粘性係数	平方メートル毎秒	m^2/s

付表 4 10^n 倍の単位の SI 接頭語

倍数	名称	記号	倍数	名称	記号
10^{18}	エクサ	E	10^{-1}	デシ	d
10^{15}	ペタ	P	10^{-2}	センチ	c
10^{12}	テラ	T	10^{-3}	ミリ	m
10^{9}	ギガ	G	10^{-6}	マイクロ	μ
10^{6}	メガ	M	10^{-9}	ナノ	n
10^{3}	キロ	k	10^{-12}	ピコ	p
10^{2}	ヘクト	h	10^{-15}	フェムト	f
10^{1}	デカ	da	10^{-18}	アト	a

(3) 工学単位系

すでに国内外の工業を中心とする産業界でも国際単位系が浸透している．しかし，工学単位系は比較的古い工学書で使われていたり，特定の業界の習慣や従来部品との互換性を確保するために併記されていたりしている．長さ・力・時間を基本量とする単位系である．国際単位系が長さ・質量・時間を基本にしているので，力を基本とするか，質量を基本とするかが異なっていると見てよい．工学単位系は力を基本量とすることから，力の単位に重力をとって重力単位系ともいわれている．付表 5 に工学単位系を示す．なお，読み替えのため，国際単位系を併記している.

付表 5　工学単位系

物理量	長さ	力	時間	質量	加速度	圧力	温度	仕　事 エネルギー	仕事率 動　力
工学 単位系	m	kgf	s	$\mathrm{kgf \cdot s^2/m}$	$\mathrm{m/s^2}$	$\mathrm{kgf/m^2}$	℃	kgf·m	kgf·m/s
	↓	↓	↓	↓	↓	↓	↓	↓	↓
国際 単位系	m	N	s	kg	$\mathrm{m/s^2}$	Pa	K	J	W

<参考：工学単位から国際単位への換算例>
$1\,\mathrm{kgf} = 9.80665\,\mathrm{N}$, $1\,\mathrm{kgf/m^2} = 9.80665\,\mathrm{N/m^2} = 9.80665\,\mathrm{Pa}$,
$1\,\mathrm{kgf \cdot m} = 9.80665\,\mathrm{N \cdot m} = 9.80665\,\mathrm{J}$, $1\,\mathrm{kWh} = 3.6 \times 10^6\,\mathrm{J}$,
$1\,\mathrm{PS}$(馬力) $= 735.4988\,\mathrm{J/s} = 735.4988\,\mathrm{W}$

(4) 次元

工学で扱う次元は，量の次元 (dimension of a quantity) が一般的で，長さ・質量・時間などを基本量として表すことができる．つまり，種々の組立単位は，その基本量の積として示すことができる．付表 1 の SI 基本単位に次元の基本量 (記号) を対応させたのが付表 6 である．

本書では主に長さ L・質量 M・時間 T を用いて，種々の組立単位を表現する (付表 7 参照)．たとえば，面積・体積・体積密度・力・力のモーメント・ばね定数は以下の表現になる．

[面積]=$\mathrm{L^2}$，[体積]= $\mathrm{L^3}$，[体積密度]=$\mathrm{M\ L^{-3}}$，[力]= $\mathrm{M\ L\ T^{-2}}$,

[力のモーメント]=[力]×L= $\mathrm{M\ L\ T^{-2}L}$=$\mathrm{M\ L^2\ T^{-2}}$,

[ばね定数]= [力]/L= $\mathrm{M\ L\ T^{-2}L^{-1}}$= $\mathrm{M\ T^{-2}}$

付表 6　次元と SI 基本単位の関係

物理量	次元の記号	SI 基本単位
長　さ	L	メートル (m)
質　量	M	キログラム (kg)
時　間	T	秒 (s)
電　流	I	アンペア (A)
熱力学的温度	Θ	ケルビン (K)
物質量	N	モル (mol)
光　度	J	カンデラ (cd)

付表 7　力学の組立単位の次元と SI 組立単位の関係

物理量	次元	記号
速度	LT^{-1}	メートル毎秒 (m/s)
加速度	LT^{-2}	メートル毎秒毎秒 (m/s^2)
回転数	T^{-1}	回毎秒 (s^{-1})
角速度	T^{-1}	ラジアン毎秒 (rad/s)
角加速度	T^{-2}	ラジアン毎秒毎秒 (rad/s^2)
力	MLT^{-2}	ニュートン (N : $m \cdot kg \cdot s^{-2}$)
力のモーメント・トルク	ML^2T^{-2}	ニュートンメートル (N·m)
圧力・応力	$ML^{-1}T^{-2}$	パスカル (Pa : N/m^2)
エネルギー，熱量，仕事	ML^2T^{-2}	ジュール (J : N·m)
仕事率，動力	ML^2T^{-3}	ワット (W : J/s)
粘性係数	$ML^{-1}T^{-1}$	パスカル秒 (Pa·s)
動粘性係数	L^2T^{-1}	平方メートル毎秒 (m^2/s)

練習問題解答

第1章　力の基本原理，力の種類

1.1

ばねの自然長さを x [cm]，ばね定数を k [N/m] とすると，大気中でその物体をばねにつるしたときのばねにはたらく力のつりあいの式は次のようになる．

$$6.0\,\mathrm{kg}\times 9.8\,\mathrm{m/s^2}-k\times(40\,\mathrm{cm}-x)\times 10^{-2}=0 \quad \cdots(1)$$

一方，水中でのその力のつりあいの式は次のようになる．

$$6.0\,\mathrm{kg}\times 9.8\,\mathrm{m/s^2}-1.0\times 10^3\,\mathrm{kg/m^3}\times 3.0\times 10^{-3}\,\mathrm{m^3}\times 9.8\,\mathrm{m/s^2}-k\times 10\times 10^{-2}=0 \quad \cdots(2)$$

(2) 式から求められる $k=30\times 9.8\,\mathrm{N/m}$ を，(1) 式へ代入すると $x=20\,\mathrm{cm}$ となる．よって，ばねの自然長さは 20 cm である．

1.2

72 km/h は 20 m/s である．(なぜなら，$72\,\mathrm{km/h}=72\times\dfrac{1000}{60\times 60}=20\,\mathrm{m/s}$)

東向きを正とすると，(1.3) 式より $\overline{a}=\dfrac{0-20\,\mathrm{m/s}}{10\,\mathrm{s}}=-2.0\,\mathrm{m/s^2}$　よって，西向きに $2.0\,\mathrm{m/s^2}$ となる．

1.3

$\Delta v=|\boldsymbol{v}-\boldsymbol{v}_0|=4.6\,\mathrm{m/s}$ (なぜならば，図に示すように三角形 ABC は正三角形のため.)

よって，平均加速度の大きさ $\overline{a}$ は (1.3) 式より

$\overline{a}=\left|\dfrac{\Delta \boldsymbol{v}}{\Delta t}\right|=\left|\dfrac{\boldsymbol{v}-\boldsymbol{v}_0}{\Delta t}\right|=\dfrac{4.6\,\mathrm{m/s}}{2.0\,\mathrm{s}}=2.3\,\mathrm{m/s^2}$ となる．

ただし，v_0 と v は自転車のそれぞれ初速度と時刻 t が 2.0 秒後の速度である．

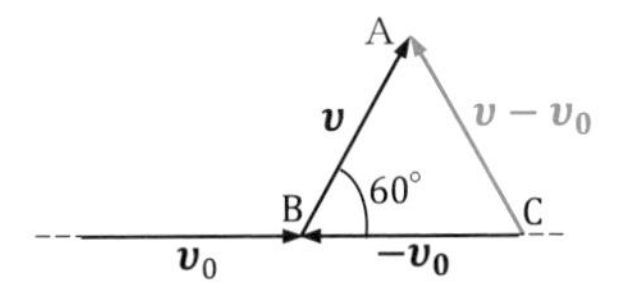

図　問題 1.3［解答］の図

1.4

(1) 自動車 A の初速度は $v_{\mathrm{A}_0}=36\,\mathrm{km/h}=\dfrac{36\times 1000\,\mathrm{m}}{60\times 60\,\mathrm{s}}=10\,\mathrm{m/s}$,

自動車 B の初速度は $v_{B_0} = 72\,\mathrm{km/h} = \dfrac{72 \times 1000\,\mathrm{m}}{60 \times 60\,\mathrm{s}} = 20\,\mathrm{m/s}$ である．

衝突寸前では，自動車 A と B の速度 v_A と v_B は等しい．つまり，自動車 B がブレーキをかけた後の自動車 A と B の加速度をそれぞれ a_A, a_B とすると，(1.5) 式より次の式が成り立つ．

$$v_{A_0} + a_A t = v_{B_0} + a_B t$$

よって，ブレーキをかけてから衝突寸前までの時間 t は，

$$t = \frac{v_{A_0} - v_{B_0}}{a_B - a_A} = \frac{10\,\mathrm{m/s} - 20\,\mathrm{m/s}}{-6.0\,\mathrm{m/s^2} - 4.0\,\mathrm{m/s^2}} = 1.0\,\mathrm{s}\text{ である．}$$

(2) 衝突寸前では 2 台の自動車の相対速度は 0 なので，自動車 A と B の速度 v_A と v_B は等しい．自動車 A の速度の大きさは (1.5) 式より，

$$v_A = v_{A_0} + a_A t = 10\,\mathrm{m/s} + 4.0\,\mathrm{m/s^2} \times 1.0\,\mathrm{s} = 14\,\mathrm{m/s}$$

よって，自動車 A と B の速度の大きさはともに $14\,\mathrm{m/s}$ である．

（そのほかの解き方）

自動車 B の速度の大きさは，

$$v_B = v_{B_0} + a_B t = 20\,\mathrm{m/s} + (-6.0)\,\mathrm{m/s^2} \times 1.0\,\mathrm{s} = 14\,\mathrm{m/s}$$

よって，自動車 A と B の速度の大きさはともに $14\,\mathrm{m/s}$ である．

(3) 衝突寸前の両車の間隔が 0 なので，自動車 B がブレーキをかけ始めてから衝突寸前までの自動車 A と B が走った距離 x_A と x_B との差が，自動車 B がブレーキをかけ始めた瞬間の両車間の距離となる．(1.6) 式より自動車 A と B の走行距離はそれぞれ次のように求まる．

$$x_A = v_{A_0} t + \frac{1}{2} a_A t^2 = 10\,\mathrm{m/s} \times 1.0\,\mathrm{s} + \frac{1}{2} \times 4.0\,\mathrm{m/s^2} \times (1.0\,\mathrm{s})^2 = 10\,\mathrm{m} + 2.0\,\mathrm{m} = 12\,\mathrm{m}$$

$$x_B = v_{B_0} t + \frac{1}{2} a_B t^2 = 20\,\mathrm{m/s} \times 1.0\,\mathrm{s} + \frac{1}{2} \times (-6.0)\,\mathrm{m/s^2} \times (1.0\,\mathrm{s})^2 = 20\,\mathrm{m} - 3.0\,\mathrm{m} = 17\,\mathrm{m}$$

よって，$x_B - x_A = 17\,\mathrm{m} - 12\,\mathrm{m} = 5.0\,\mathrm{m}$ となる．

1.5

(1) 小球 A が落下した距離 x_A は (1.9) 式より，

$$x_A = \frac{1}{2} g t^2 = \frac{1}{2} \times 9.8\,\mathrm{m/s^2} \times (t[\mathrm{s}])^2 = 4.9 t^2\,\mathrm{m}$$

小球 B が投げ上げられた距離 x_B は (1.6) 式より，

$$x_B = v_0 t - \frac{1}{2} g t^2 = 50\,\mathrm{m/s} \times t[\mathrm{s}] - \frac{1}{2} \times 9.8\,\mathrm{m/s^2} \times (t[\mathrm{s}])^2 = 50t - 4.9t^2[\mathrm{m}]$$

小球 A と B がすれ違うには，$x_A + x_B = 80\,\mathrm{m}$ であるので次の式が成り立つ．

$4.9t^2 + 50t - 4.9t^2 = 80$

$50t = 80$ よって，$t = 1.6\,\mathrm{s}$ である．

(2) $t = 1.6\,\mathrm{s}$ のときの距離 x_B が，すれ違うときの高さである．(1.6) 式より，
$x_\mathrm{B} = 50t - 4.9t^2$ に $t = 1.6\,\mathrm{s}$ を代入すると，
$x_\mathrm{B} = 50t - 4.9t^2 = 50\,\mathrm{m/s} \times 1.6\,\mathrm{s} - 4.9\,\mathrm{m/s^2} \times (1.6\,\mathrm{s})^2 = 80\,\mathrm{m} - 12.5\,\mathrm{m}$
$= 67.5\,\mathrm{m}$ となる．
（そのほかの解き方）
$80\,\mathrm{m} - x_\mathrm{A}[\mathrm{m}] = 80\,\mathrm{m} - 4.9\,\mathrm{m/s^2} \times (t[\mathrm{s}])^2 = 80\,\mathrm{m} - 4.9\,\mathrm{m/s^2} \times (1.6\,\mathrm{s})^2$
$= 67.5\,\mathrm{m}$ となる．

(3) (1.9) 式より，$x_\mathrm{A} = \dfrac{1}{2}gt^2 = 4.9t^2$ に $x_\mathrm{A} = 80\,\mathrm{m}$ を代入すると，
$80\,\mathrm{m} = 4.9t^2$ より $t = 4.0\,\mathrm{s}$ となる．
小球 A が地面に衝突する直前の速さ v_A は (1.8) 式より，
$v_\mathrm{A} = gt = 9.8\,\mathrm{m/s^2} \times 4.0\,\mathrm{s} = 39.2\,\mathrm{m/s}$ となる．

(4) 小球 B が最高点に達するときの小球 B の速さ v_B は 0 であるのと (1.5) 式より，
$v_\mathrm{B} = v_{\mathrm{B}_0} - gt = 50\,\mathrm{m/s} - 9.8\,\mathrm{m/s^2} \times t[\mathrm{s}] = 0$ より，$t = 5.1\,\mathrm{s}$ である．
小球 B の最高点での高さ x_B は (1.6) 式より，
$x_\mathrm{B} = 50t - 4.9t^2 = 50\,\mathrm{m/s} \times 5.1\,\mathrm{s} - 4.9\,\mathrm{m/s^2} \times (5.1\,\mathrm{s})^2 = 255\,\mathrm{m} - 127\,\mathrm{m}$
$= 128\,\mathrm{m}$ である．

第 2 章　力の合成と分解，物体間にはたらく力

2.1

$\mathrm{F}_x = F \times \cos\theta = 400\,\mathrm{N} \times \cos 45^\circ = 283\,\mathrm{N}$, $\mathrm{F}_y = F \times \sin\theta = 400\,\mathrm{N} \times \sin 45^\circ = 283\,\mathrm{N}$ である．

2.2

$\mathrm{F} = |F| = \sqrt{\mathrm{F}_x{}^2 + \mathrm{F}_y{}^2} = \sqrt{(100\,\mathrm{N})^2 + (50\,\mathrm{N})^2} = 111.8\,\mathrm{N} = 112\,\mathrm{N}$
$\theta = \tan^{-1}(\mathrm{F}_y/\mathrm{F}_x) = \tan^{-1}(50\,\mathrm{N}/100\,\mathrm{N}) = 26.6^\circ$ である．

2.3

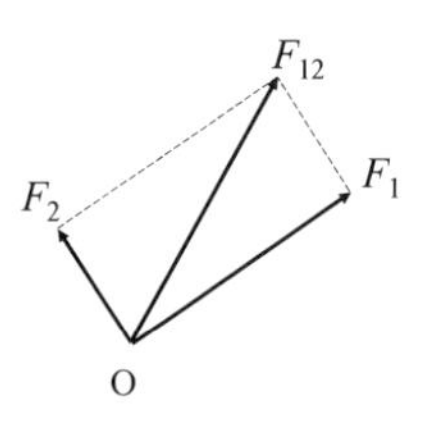

2.4

$F_x = F_{1x} + F_{2x} = 6\,N + (-2\,N) = 4\,N$, $F_y = F_{1y} + F_{2y} = 4\,N + 3\,N = 7\,N$

すなわち，合力 F の大きさ $|F_{12}|$ は，$F_{12} = \sqrt{F_x{}^2 + F_y{}^2} = \sqrt{(4\,N)^2 + (7\,N)^2}$ $= 8.06\,N = 8.1\,N$ である．

2.5

$F_x = F_{1x} + F_{2x} = |F_1|\cos\theta_1 + |F_2|\cos\theta_2 = 4.5\,N \times \cos 63° + 7.3\,N \times \cos 16°$ $= 9.06\,N$

$F_y = F_{1y} + F_{2y} = |F_1|\sin\theta_1 + |F_2|\sin\theta_2 = 4.5\,N \times \sin 63° + 7.3\,N \times \sin 16° = 6.02\,N$

すなわち，合力 F_{12} の大きさは，$F_{12} = \sqrt{F_x{}^2 + F_y{}^2} = \sqrt{(9.06\,N)^2 + (6.02\,N)^2}$ $= 10.9\,N$ である．

2.6

角度 θ は，$\theta = \tan^{-1}(F_y/F_x) = \tan^{-1}(6.02\,N/9.06\,N) = 33.6°$ である．

2.7

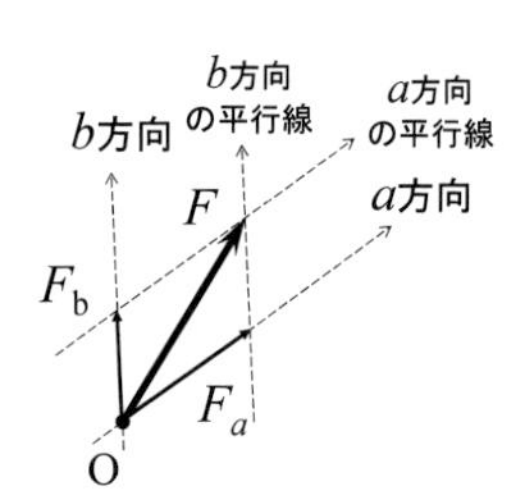

2.8

(2.8) 式より，$|F_1| = |F|\sin\beta / \sin(\alpha+\beta) = 500\,N \times \sin 20° / \sin(55°+20°) = 177\,N$

(2.9) 式より，$|F_2| = |F|\sin\alpha / \sin(\alpha+\beta) = 500\,N \times \sin 55° / \sin(55°+20°) = 424\,N$

となる．

2.9

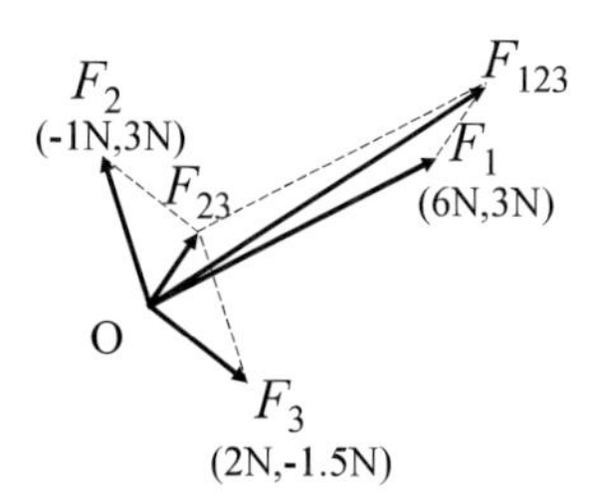

2.10

$\mathrm{F}_x = \mathrm{F}_{1x} + \mathrm{F}_{2x} + \mathrm{F}_{3x} = 6 - 1 + 2 = 7\,\mathrm{N}$，$\mathrm{F}_y = \mathrm{F}_{1y} + \mathrm{F}_{2y} + \mathrm{F}_{3y} = 3 + 3 - 1.5 = 4.5\,\mathrm{N}$
すなわち，合力 F_{123} の大きさ $|F_{123}|$ は，$|F_{123}| = \sqrt{\mathrm{F}_x{}^2 + \mathrm{F}_y{}^2} = \sqrt{7^2 + 4.5^2}$ $= 8.32\,\mathrm{N}$ となる．
角度 θ は，$\theta = \tan^{-1}(\mathrm{F}_y/\mathrm{F}_x) = \tan^{-1}(4.5\,\mathrm{N}/7\,\mathrm{N}) = 32.7^\circ$ である．

2.11

$$\mathrm{F}_x = \mathrm{F}_{1x} + \mathrm{F}_{2x} + \mathrm{F}_{3x} = |F_1|\cos\theta_1 + |F_2|\cos\theta_2 + |F_3|\cos\theta_3$$
$$= 4.03\,\mathrm{N} \times \cos 120^\circ + 5.15\,\mathrm{N} \times \cos 24^\circ + 6.22\,\mathrm{N} \times \cos(360^\circ - 116^\circ)$$
$$= -0.037\,\mathrm{N}$$
$$\mathrm{F}_y = \mathrm{F}_{1y} + \mathrm{F}_{2y} + \mathrm{F}_{3y} = |F_1|\sin\theta_1 + |F_2|\sin\theta_2 + |F_3|\sin\theta_3$$
$$= 4.03\,\mathrm{N} \times \sin 120^\circ + 5.15\,\mathrm{N} \times \sin 24^\circ + 6.22\,\mathrm{N} \times \sin(360^\circ - 116^\circ)$$
$$= -0.005\,\mathrm{N}$$

すなわち，合力 F の大きさは，$\mathrm{F} = \sqrt{\mathrm{F}_x{}^2 + \mathrm{F}_y{}^2} = \sqrt{(-0.037\,\mathrm{N})^2 + (-0.005\,\mathrm{N})^2}$ $= 0.037\,\mathrm{N}$ となる．
角度 θ は，$\theta = \tan^{-1}(\mathrm{F}_y/\mathrm{F}_x) = \tan^{-1}(-0.005\,\mathrm{N}/-0.037\,\mathrm{N}) = 187.7^\circ$ である．

2.12

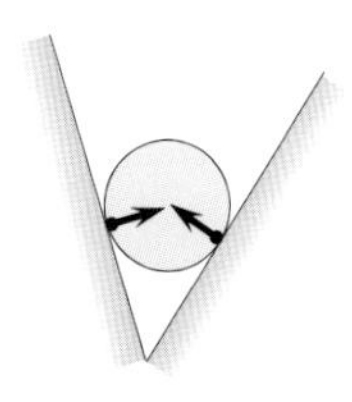

(a) 壁に挟まれた球

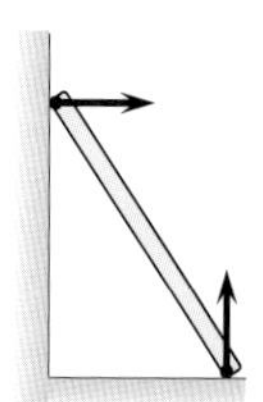

(b) 壁に立てかけられた棒

2.13

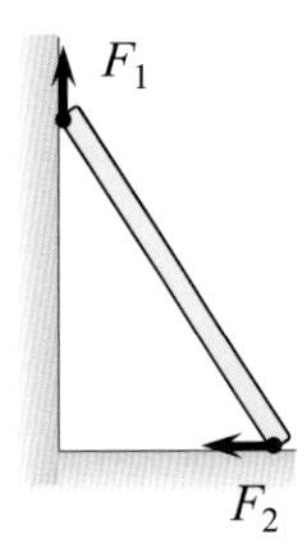

第３章　力のモーメント，偶力とそのモーメント

3.1

(3.1) 式より，$M = F \times l = 5\,\mathrm{N} \times 2\,\mathrm{m} = 10\,\mathrm{N \cdot m}$ になる．

3.2

(3.1) 式より，$M = F \times l = F \times 5\,\mathrm{m} = 15\,\mathrm{N \cdot m}$

よって，$F = 15\,\mathrm{N \cdot m}/5\,\mathrm{m} = 3\,\mathrm{N}$ になる．

3.3

(3.2) 式より，$M = F \times l \times \sin\theta = 100\,\mathrm{N} \times 2\,\mathrm{m} \times \sin 30^\circ = 100\,\mathrm{N \cdot m}$

よって，力のモーメントは左回りに $100\,\mathrm{N \cdot m}$ である．

3.4

(3.5) 式より，次のようにして求められる．

$$
\begin{aligned}
M &= M_1 + M_2 = x \times \mathrm{F}_y + y \times \mathrm{F}_x \\
&= 5\,\mathrm{m} \times 50\,\mathrm{N} \times \sin 60^\circ + 1.5\,\mathrm{m} \times 50\,\mathrm{N} \times \cos 60^\circ \\
&= 125\sqrt{3} + 37.5 \\
&= 254\,\mathrm{N \cdot m}
\end{aligned}
$$

3.5

(3.5) 式より，次のようにして求められる．

$$
\begin{aligned}
M_{\mathrm{PQR}} &= (\text{力の } y \text{ 方向の成分によるモーメント}) - (\text{力の } x \text{ 方向の成分によるモーメント}) \\
&= (x_{\mathrm{P}} \times F_{\mathrm{P}y} + x_{\mathrm{Q}} \times F_{\mathrm{Q}y} + x_{\mathrm{R}} \times F_{\mathrm{R}y}) - (y_{\mathrm{P}} \times F_{\mathrm{P}x} + y_{\mathrm{Q}} \times F_{\mathrm{Q}x} + y_{\mathrm{R}} \times F_{\mathrm{R}x}) \\
&= \{8\,\mathrm{m} \times 1\,\mathrm{N} + 5\,\mathrm{m} \times (-2\,\mathrm{N}) + (-2\,\mathrm{m}) \times (-1\,\mathrm{N})\} \\
&\qquad - \{2\,\mathrm{m} \times 2\,\mathrm{N} + (-3\,\mathrm{m}) \times 1\,\mathrm{N} + (2\,\mathrm{m}) \times (-2\,\mathrm{N})\} \\
&= 3\,\mathrm{N \cdot m}
\end{aligned}
$$

よって，合モーメントは左回りに $3\,\mathrm{N \cdot m}$ である．

3.6

図のとおり作図により求めると F_{AB} の x 方向成分は，

$\mathrm{F_{AB\mathit{x}}} = 30\cos 60° + 30\cos(180° - 60°) = 0\,\mathrm{N}$

F_{AB} の y 方向成分は，

$\mathrm{F_{AB\mathit{y}}} = 30\sin 60° + 30\sin(180° - 60°) = 52\,\mathrm{N}$ である．

よって，線分 AB の中点 O に 52 N である．

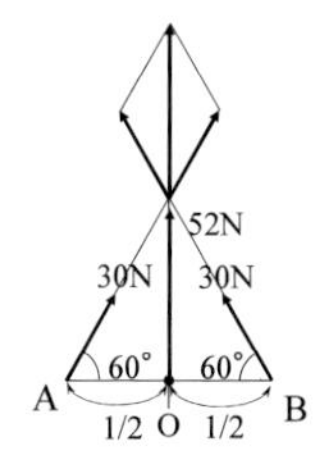

図　問題 3.6［解答］の図

3.7

図 3.8 より，合力の位置は力の大きさの比 $F_{\mathrm{A}}/F_{\mathrm{B}}$ の逆比 (つまり $|\mathrm{AO}|:|\mathrm{OB}| = \mathrm{F_B} : \mathrm{F_A}$) となるように線分 AB を内分する点であるので，図から

$|\mathrm{OB}|/|\mathrm{OA}| = F_{\mathrm{A}}/F_{\mathrm{B}} = 50/25 = 2/1$

なる点 O に 75 N である．

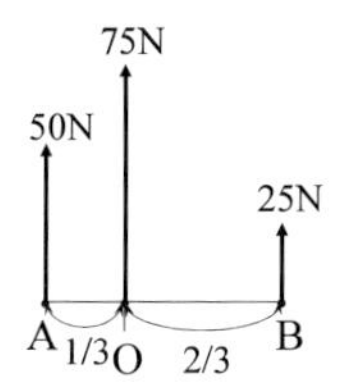

図　問題 3.7［解答］の図

3.8

合力 F_{AB} を求める　　合力 F_{ABC} を求める　　線分 AB 上に移動

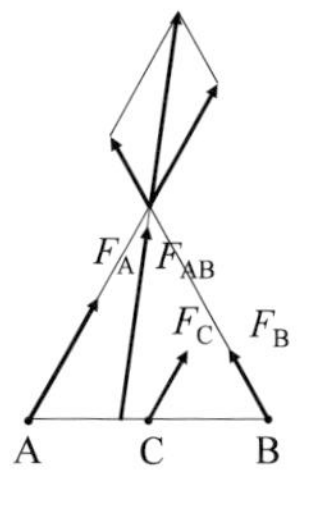

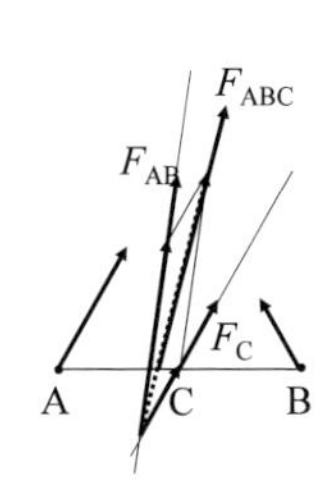

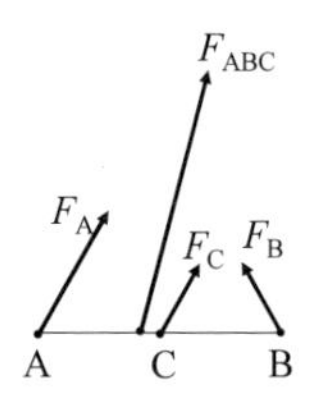

図　問題 3.8［解答］の図

3.9

$M = M_1 + M_2 = 50\,\mathrm{N} \times 0.2\,\mathrm{m} + 50\,\mathrm{N} \times 0.25\,\mathrm{m} = 22.5\,\mathrm{N{\cdot}m}$ である.

(そのほかの解き方) $M = l_0 \times F = (0.2\,\mathrm{m} + 0.25\,\mathrm{m}) \times 50\,\mathrm{N} = 22.5\,\mathrm{N{\cdot}m}$ である.

3.10

点Qにはたらく力は，点Pにはたらいている力と逆向き (下向き) に 3N である.

偶力のモーメントの大きさは，$M = l_0 \times F = (5\,\mathrm{m} + 2\,\mathrm{m}) \times 3\,\mathrm{N} = 21\,\mathrm{N{\cdot}m}$ である.

3.11

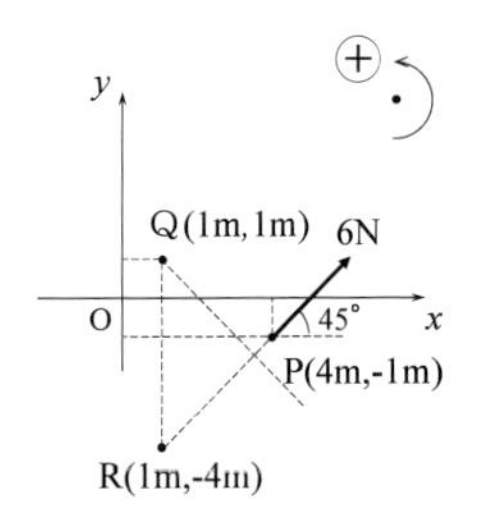

図　問題 3.11［解答］の図

図のように，作用線の延長線上に点 R をとる.

偶力の腕の長さ l_0 は，次のようになる.

$l_0 = |\mathrm{QR}| \times \sin 45^\circ = 5\,\mathrm{m} \times \sin 45^\circ = 3.53\,\mathrm{m}$

したがって，偶力のモーメント M は，

$M = l_0 \times F = 3.53\,\mathrm{m} \times 6\,\mathrm{N} = 21.2\,\mathrm{N{\cdot}m}$ である.

(そのほかの解き方)

点Pにはたらく力の x 方向の成分は，

$\mathrm{F}_x = \mathrm{F} \cos 45^\circ = 6\,\mathrm{N} \times \cos 45^\circ = 4.24\,\mathrm{N}$ になる.

(点Qにはたらく力の x 成分は，$-\mathrm{F}_x$ になる．)

点Pと点Qにはたらく力の x 成分の偶力のモーメント M_x は

$M_x = 2\,\mathrm{m} \times 4.24\,\mathrm{N} = 8.48\,\mathrm{N{\cdot}m}$ である.

点Pにはたらく力の y 方向の成分は，

$\mathrm{F}_y = \mathrm{F} \sin 45^\circ = 6\,\mathrm{N} \times \sin 45^\circ = 4.24\,\mathrm{N}$ になる.

(点Qにはたらく力の y 成分は，$-\mathrm{F}_y$ になる．)

点Pと点Qにはたらく力の y 成分の偶力のモーメント M_y は，

$M_y = 3\,\mathrm{m} \times 4.24\,\mathrm{N} = 12.72\,\mathrm{N{\cdot}m}$ である.

よって偶力のモーメント M は, $M = M_x + M_y = 8.48\,\mathrm{N{\cdot}m} + 12.72\,\mathrm{N{\cdot}m} = 21.2\,\mathrm{N{\cdot}m}$ になる.

この偶力のモーメントから偶力の腕の長さは，次のように求められる.

$M = l_0 \times F$　より　$l_0 = M/F = 21.2\,\mathrm{N{\cdot}m}/6\,\mathrm{N} = 3.53\,\mathrm{m}$

3.12

$M = M_\mathrm{A} + M_\mathrm{B} + M_\mathrm{C} + M_\mathrm{D} = 1\,\mathrm{m} \times 10\,\mathrm{N} - 2\,\mathrm{m} \times 20\,\mathrm{N} - 3\,\mathrm{m} \times 10\,\mathrm{N} + 4\,\mathrm{m} \times 20\,\mathrm{N}$
$= 20\,\mathrm{N{\cdot}m}$

よって，左回りに 20N·m である.

3.13

- 点 A と点 C にそれぞれ力 10 N がはたらいて，偶力の腕の長さは 2 m で右回りなので，偶力のモーメントは $M_{AC} = -2\,\mathrm{m} \times 10\,\mathrm{N} = -20\,\mathrm{N{\cdot}m}$ である．
- 点 B と点 D にそれぞれ力 20 N がはたらいて，偶力の腕の長さは 2 m で左回りなので，偶力のモーメントは $M_{BD} = +2\,\mathrm{m} \times 20\,\mathrm{N} = 40\,\mathrm{N{\cdot}m}$ である．

棒にはたらく力のモーメント M は，次のようになる．

$M = M_{AC} + M_{BD} = -20\,\mathrm{N{\cdot}m} + 40\,\mathrm{N{\cdot}m} = 20\,\mathrm{N{\cdot}m}$ よって，左回りに 20 N·m である．

補足　図 3.21 の点 O を原点として，棒上の任意の点 $(x, 0)$ のまわりの力のモーメント $M(x)$ は次のようになる．

$M(x) = (1-x)\,\mathrm{m} \times 10\,\mathrm{N} + (2-x)\,\mathrm{m} \times (-20)\,\mathrm{N} + (3-x)\,\mathrm{m} \times (-10)\,\mathrm{N} + (4-x)\,\mathrm{m} \times 20\,\mathrm{N} = 20\,\mathrm{N{\cdot}m}$

棒にはたらく力の合力が 0 のとき，このように力のモーメント M が x に関係なく一定な値のため，棒のどこの支点のまわりでも力のモーメントは変わらないことがわかる．このことは，問題 3.12 と問題 3.13 の答えは一致していることに結びつく (偶力の性質から，力のモーメントは支点の位置によらない)．

3.14

それぞれの偶力のモーメントを考える．

- 点 O と点 B(1/2 の力) にそれぞれ力 10 N がはたらいて，偶力の腕の長さは 2 m で右回りなので偶力のモーメントは $M_{OB} = -2\,\mathrm{m} \times 10\,\mathrm{N} = -20\,\mathrm{N{\cdot}m}$ である．
- 点 A と点 B(1/2 の力) にそれぞれ力 10 N がはたらいて，偶力の腕の長さは 1 m で右回りなので偶力のモーメントは $M_{AB} = -1\,\mathrm{m} \times 10\,\mathrm{N} = -10\,\mathrm{N{\cdot}m}$ である．
- 点 C と点 D にそれぞれ力 10 N がはたらいて，偶力の腕の長さは 1 m で左回りなので偶力のモーメントは $M_{CD} = +1\,\mathrm{m} \times 10\,\mathrm{N} = 10\,\mathrm{N{\cdot}m}$ である．

棒にはたらく力のモーメント M は，次のようになる．

$M = M_{OB} + M_{AB} + M_{CD} = -20\,\mathrm{N{\cdot}m} - 10\,\mathrm{N{\cdot}m} + 10\,\mathrm{N{\cdot}m} = -20\,\mathrm{N{\cdot}m}$

よって，右回りに 20 N·m である．

第4章　力および力のモーメントのつりあい

4.1

ラミの定理の (4.3) 式を用いれば，

$T_A / \sin 90° = T_C / \sin(90° + 30°) = T_B / \sin(90° + 60°)$ となり，

$T_A / \sin 90° = 50\,\mathrm{N} / \sin(120°) = F / \sin(150°)$ したがって，F $= 28.9\,\mathrm{N}$ である．

4.2

糸と壁のなす角は，$\theta = \tan^{-1}(10\,\mathrm{cm}/30\,\mathrm{cm}) = 18.4°$

図から，力のつりあいを考えると

鉛直方向　$T\cos\theta = mg$ より，

$T = mg/\cos\theta = 20\,\mathrm{kg} \times 9.8\,\mathrm{m/s^2}/\cos 18.4°$

$= 206.7\,\mathrm{N}$ である．

水平方向　$T\sin\theta = R$ より，

$R = T\sin\theta = mg(\sin\theta/\cos\theta) = mg\tan\theta$

$= 20\,\mathrm{kg} \times 9.8\,\mathrm{m/s^2} \times \tan 18.4° = 65.2\,\mathrm{N}$ となる．

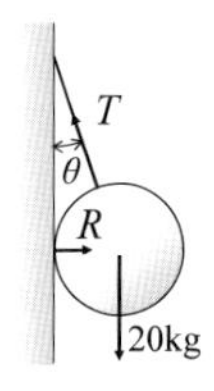

図　問題 4.2［解答］の図

4.3

図に示すように，反力を R_1 と R_2 とする．

鉛直方向の力のつりあいより，

$R_1 \sin 45° + R_2 \sin 45° = mg = 10\,\mathrm{kg} \times 9.8\,\mathrm{m/s^2} = 98\,\mathrm{N}$

水平方向の力のつりあいより，

$R_1 \cos 45° - R_2 \cos 45° = 0$ となる．よって，

$R_1 = R_2 = mg/(2 \times \sin 45°) = 98\,\mathrm{N}/(2 \times \sin 45°)$

$= 69.3\,\mathrm{N}$ となる．

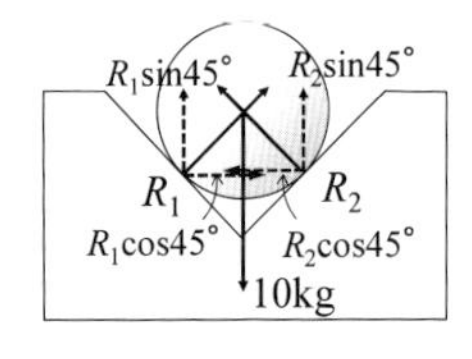

図　問題 4.3［解答］の図

4.4

図に示すように，上の鋼球と下の鋼球の接点における反力を R_1 とする．問題 4.3 の解より，

$R_1 = mg/(2 \times \sin 45°) = 50\,\mathrm{N}/(2 \times \sin 45°) = 35.4\,\mathrm{N}$

となる．

下の鋼球の Y ブロックとの反力を，R_A ならびに R_B とおく．下の鋼球に作用する力のつりあいを考えると，

鉛直方向の力のつりあいより，

$R_1 \sin 45° + 50\,\mathrm{N} = R_A \sin 45° + R_B \sin 45°$ つまり，

$R_1 + 70.7 = R_A + R_B$ となる．

水平方向の力のつりあいより，

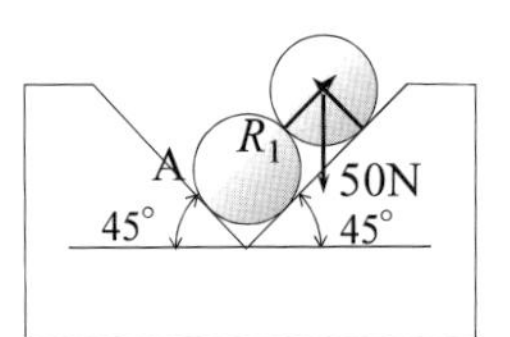

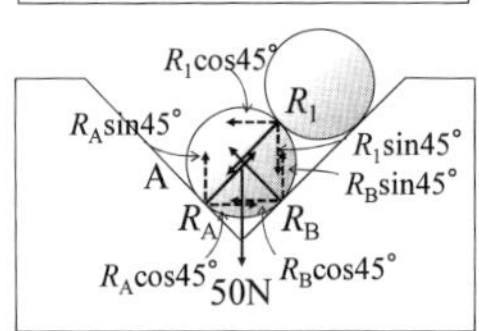

図　問題 4.4［解答］の図

$R_1 \cos 45° + R_B \cos 45° = R_A \cos 45°$ つまり $R_1 + R_B = R_A$ となる．
これらの式から，$R_A = 70.8\,\mathrm{N}$ となる．

4.5

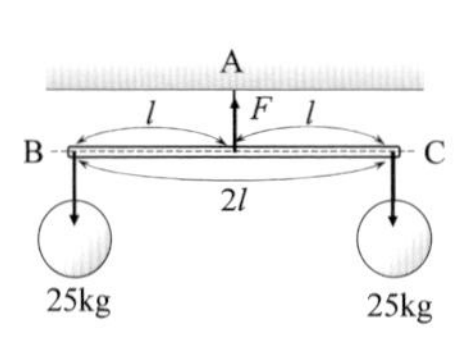

図　問題 4.5［解答］の図

図に示す棒の点 B のまわりの力のモーメントのつりあいを考えると，
$l \times F - 2l \times 25\,\mathrm{kg} \times 9.8\,\mathrm{m/s^2} = 0$
$F = 490\,\mathrm{N}$ となる．
よって，点 A に作用する力の大きさは 490 N である．

4.6

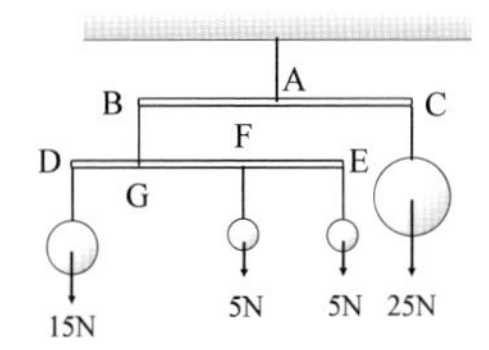

図　問題 4.6［解答］の図

図の点 B と点 C の糸に作用する張力はそれぞれ 25 N であり，BA : CA = 1 : 1 であるから棒 BC は水平の状態である．
棒 DE だけを考える．
点 G のまわりの力のモーメントのつりあいより，

$$\mathrm{DG} \times 15\,\mathrm{N} = \mathrm{FG} \times 5\,\mathrm{N} + \mathrm{EG} \times 5\,\mathrm{N}$$
$$= \mathrm{FG} \times 5\,\mathrm{N} + 3 \times \mathrm{DG} \times 5\,\mathrm{N}$$

$15 \times \mathrm{DG} - 15 \times \mathrm{DG} = 5 \times \mathrm{FG}$
よって，DG : FG = 1 : 0 より，点 G の直下につるすとつりあう．

4.7

まず θ を求める．正弦定理 $0.2\,\mathrm{m}/\sin 56° = 0.14\,\mathrm{m}/\sin\theta$ より，$\theta = 35°$ になる．
鉛直方向の力のつりあいより $F \cos 35° = 1\,\mathrm{kN}$ となる．
よって，$F = 1.22\,\mathrm{kN}$ になる．
水平方向の力のつりあいより $F \sin 35° = R$ よって，$R = 0.70\,\mathrm{kN}$ となる．

4.8

棒の質量 m による重力は，図に示すように棒の中央に作用すると考えると，

力のつりあいより　$T_A + T_B = (M + m) \times g$
点 A のまわりのモーメントのつりあいより
$-1\,\mathrm{m} \times Mg - 1.5\,\mathrm{m} \times mg + 3\,\mathrm{m} \times T_B = 0$
となり，これらの 2 式から
$T_B = (M + 1.5m) \times g/3 = (M/3 + m/2)g$
$T_A = (2M/3 + m/2)g$ となる．

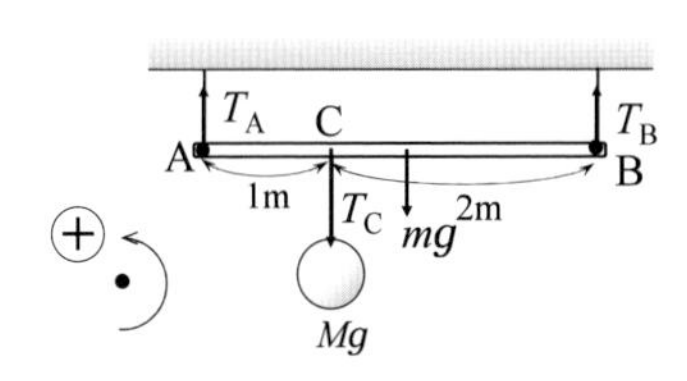

図　問題 4.8［解答］の図

4.9

図から，円板の自重により生じる力の斜面方向の分力 R_{H} は次のようになる．

$R_{\mathrm{H}} = 5\,\mathrm{kg} \times 9.8\,\mathrm{m/s^2} \times \sin 30^\circ = 24.5\,\mathrm{N}$

よって，必要なトルクの大きさは

$T = R_{\mathrm{H}} \times$ 半径 $= 24.5\,\mathrm{N} \times 0.3\,\mathrm{m} = 7.35\,\mathrm{N{\cdot}m}$

となる．

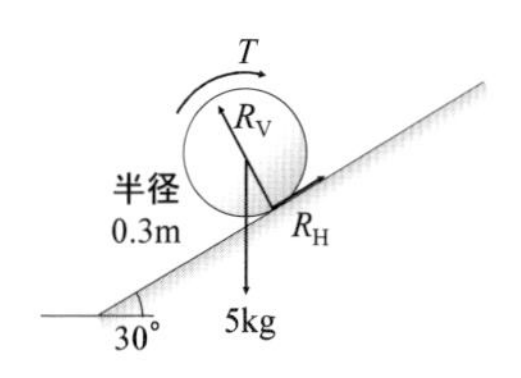

図　問題 4.9［解答］の図

4.10

回転支持であるので，点 A にモーメントは発生しない．棒にはたらく力のつりあいを図から考えてみる．

水平方向の力のつりあいより，

$R_{\mathrm{H}} = T\cos 30^\circ$

鉛直方向の力のつりあいより，

$R_{\mathrm{V}} + T\sin 30^\circ = 10\,\mathrm{kg} \times 9.8\,\mathrm{m/s^2} + 20\,\mathrm{kg} \times 9.8\,\mathrm{m/s^2}$

図　問題 4.10［解答］の図

点 A のまわりの力のモーメントのつりあいは，

$-5\,\mathrm{m} \times 10\,\mathrm{kg} \times 9.8\,\mathrm{m/s^2} - 10\,\mathrm{m} \times 20\,\mathrm{kg} \times 9.8\,\mathrm{m/s^2} + 7\,\mathrm{m} \times T\sin 30^\circ = 0$ となり

よって，BD 間の糸の張力 $T = 700\,\mathrm{N}$ になる．

これより，$R_{\mathrm{H}} = T\cos 30^\circ = 700\,\mathrm{N}\cos 30^\circ = 606\,\mathrm{N}$ となる．

$R_{\mathrm{V}} = 10\,\mathrm{kg} \times 9.8\,\mathrm{m/s^2} + 20\,\mathrm{kg} \times 9.8\,\mathrm{m/s^2} - 700\,\mathrm{N}\sin 30^\circ = -56\,\mathrm{N}$（つまり，下向きに 56 N）になる．

4.11

固定支持なので点 A にはモーメントが生じる．

そのモーメントを反時計回り（左回り）を正として，図から点 A のまわりの力のモーメントのつりあいより

$M = 5\,\mathrm{m} \times 10\,\mathrm{kg} \times 9.8\,\mathrm{m/s^2} + 10\,\mathrm{m} \times 20\,\mathrm{kg} \times 9.8\,\mathrm{m/s^2} = 2450\,\mathrm{N{\cdot}m}$

となる．水平方向の力のつりあいより

$R_{\mathrm{H}} = 0$ である．

垂直方向の力のつりあいより

$R_{\mathrm{V}} = 10\,\mathrm{kg} \times 9.8\,\mathrm{m/s^2} + 20\,\mathrm{kg} \times 9.8\,\mathrm{m/s^2} = 294\,\mathrm{N}$ となる．

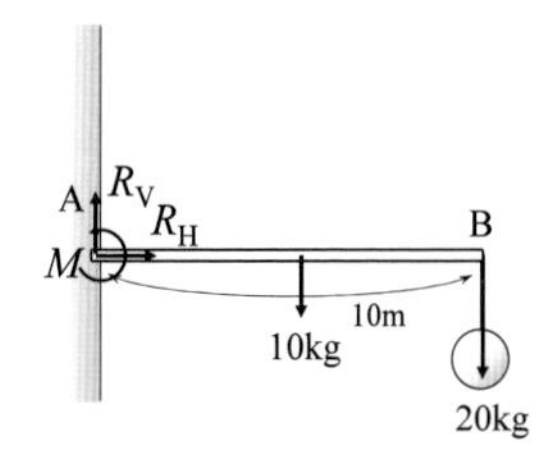

図　問題 4.11［解答］の図

4.12

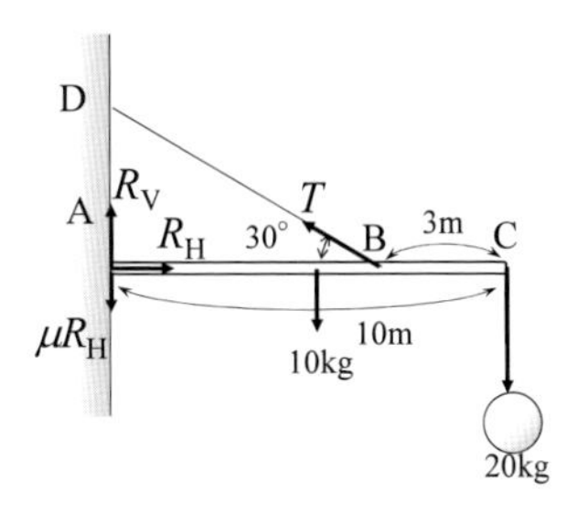

図　問題 4.12［解答］の図

壁との接点 A においてモーメントが生じないので，問 4.10 の解答を参考にすると
水平方向の壁の反力　$R_H = 606\,\mathrm{N}$
鉛直方向の壁の反力　$R_V = 56\,\mathrm{N}$
であった.
図に示すように，$\mu R_H < R_V$ となる条件で棒がすべり出すので，$\mu < R_V/R_H = 56\,\mathrm{N}/606\,\mathrm{N} = 0.092$ となる.
よって，μ は少なくとも 0.092 は必要である.

4.13

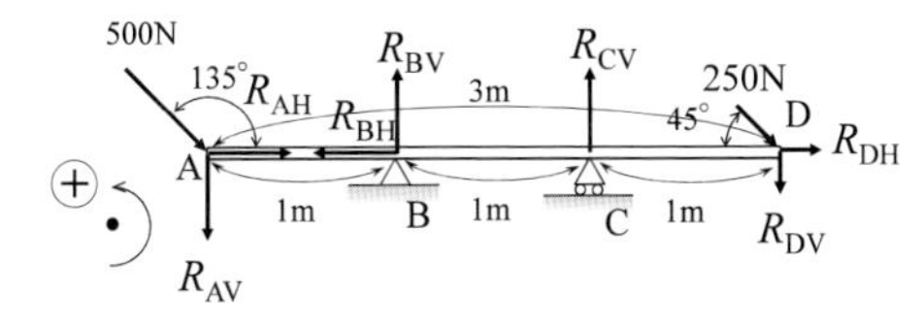

図　問題 4.13［解答］の図

図のように点 A，点 D に作用する力を鉛直方向と水平方向とに分け，また，点 B に作用する反力の鉛直成分 R_{BV} と水平成分 R_{BH} を考え，さらに点 C に作用する反力の鉛直成分 R_{CV} を考える．点 C に作用する反力の水平成分 R_{CH} は，移動支持のため 0 である.
水平方向の力のつりあいより，$R_{AH} - R_{BH} + R_{DH} = 0$
$500\,\mathrm{N} \times \cos 45° - R_{BH} + 250\,\mathrm{N} \times \cos 45° = 0$
$R_{BH} = 530\,\mathrm{N}$ である.
鉛直方向の力のつりあいより，$R_{AV} - R_{BV} - R_{CV} + R_{DV} = 0$ となる．つまり，
$500\,\mathrm{N} \times \sin 45° - R_{BV} - R_{CV} + 250\,\mathrm{N} \times \sin 45° = 0$
$R_{BV} + R_{CV} = 530\,\mathrm{N}$ である.
点 B のまわりの力のモーメントのつりあいより，
$1\,\mathrm{m} \times R_{AV} + 1\,\mathrm{m} \times R_{CV} - 2\,\mathrm{m} \times R_{DV} = 0$ となる．つまり，
$1\,\mathrm{m} \times 500\,\mathrm{N} \times \sin 45° + 1\,\mathrm{m} \times R_{CV} - 2\,\mathrm{m} \times 250\,\mathrm{N} \times \sin 45° = 0$
よって，$R_{CV} = 0$，$R_{BV} = 530\,\mathrm{N}$ となる.

4.14

図に示すようにワイヤーの張力を T とすると，$T = 50\,\mathrm{kg} \times 9.8\,\mathrm{m/s^2} = 490\,\mathrm{N}$ である.
モーター M と巻き上げ機 B のベルトに生じる張力を T_M とすると

巻き上げ機Bのモーメントのつりあいより，$T \times 0.5\,\mathrm{m}/2 = T_{\mathrm{M}} \times 1\,\mathrm{m}/2$ から
$T_{\mathrm{M}} = 0.5 \times T = 0.5 \times 490\,\mathrm{N} = 245\,\mathrm{N}$ である．

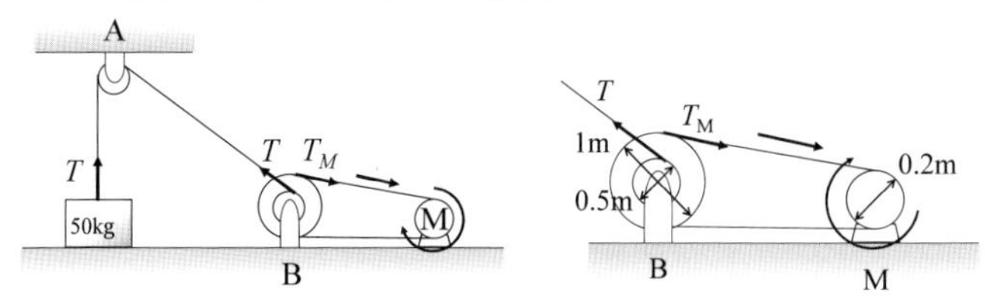

図　問題 4.14［解答］の図

よってモーター M に必要なトルクの大きさは，
$M = T_{\mathrm{M}} \times 0.2\,\mathrm{m}/2 = 245\,\mathrm{N} \times 0.1\,\mathrm{m} = 24.5\,\mathrm{N \cdot m}$ である．

4.15

滑車Aの直径と巻き上げ機Bの直径はともに 0.5 m であり，滑車の中心と巻き上げ機の中心軸との水平距離が 5.5 m で，滑車の中心と巻き上げ機の中心軸との高さの差が $6.2\,\mathrm{m} - 0.7\,\mathrm{m} = 5.5\,\mathrm{m}$ であるから，ワイヤーの水平方向とのなす角度は 45° である．

図に示すように滑車の中心に作用する力 R の鉛直成分を R_{V}，水平成分を R_{H} とすると，

水平方向の力のつりあいより，
$R_{\mathrm{H}} = T\cos 45^\circ = 495\,\mathrm{N} \times \cos 45^\circ = 350\,\mathrm{N}$ である．

鉛直方向の力のつりあいより，
$R_{\mathrm{V}} = 50\,\mathrm{N} + T + T\sin 45^\circ = 50\,\mathrm{N} + 495\,\mathrm{N} + 495\,\mathrm{N} \times \sin 45^\circ = 895\,\mathrm{N}$ である．
合力は，$R = \sqrt{{R_{\mathrm{H}}}^2 + {R_{\mathrm{V}}}^2} = \sqrt{(350\,\mathrm{N})^2 + (895\,\mathrm{N})^2} = 961\,\mathrm{N}$ となる．
その合力の作用する角度は，
$\theta = \tan^{-1}(R_{\mathrm{H}}/R_{\mathrm{V}}) = \tan^{-1}(350\,\mathrm{N}/895\,\mathrm{N}) = 21.4^\circ$ となる．
鉛直方向から巻き上げ機B側に角度 21.4° の向きである．

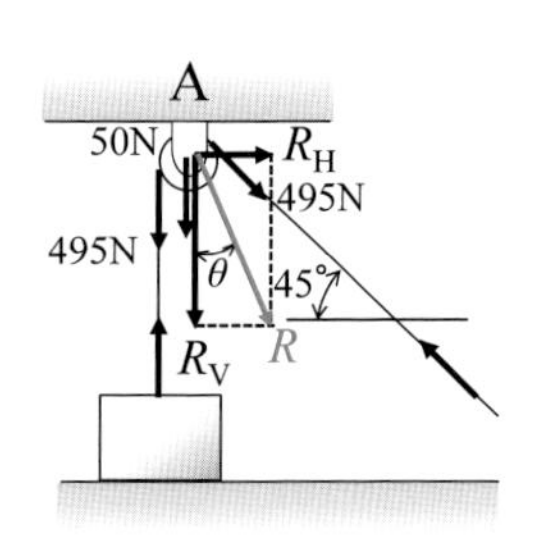

図　問題 4.15［解答］の図

4.16

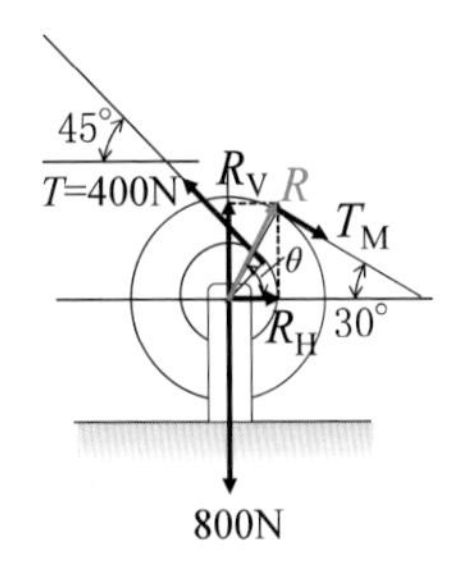

図　問題 4.16［解答］の図

図のようにモーターにつながるベルトの張力を T_M は，回転軸のまわりの力のモーメントのつりあいより $T \times 0.5\,\mathrm{m}/2 = T_M \times 1\,\mathrm{m}/2$ となる．

よって，$T_M = T \times 0.5 = 400\,\mathrm{N} \times 0.5 = 200\,\mathrm{N}$ になる．

巻き上げ機の中心に作用する力の鉛直成分を R_V，水平成分を R_H とする．

巻き上げ機におけるワイヤーの水平方向のなす角度は 45°，ベルトの水平方向のなす角は 30° であるので，

水平方向の力のつりあいより

$R_H - T\cos 45° + T_M \cos 30° = 0$

$R_H = T\cos 45° - T_M \cos 30° = 400\,\mathrm{N} \times \cos 45° - 200\,\mathrm{N} \times \cos 30° = 109.6\,\mathrm{N}$ である．

鉛直方向の力のつりあいより

$R_V + T\sin 45° - T_M \sin 30° - 800\,\mathrm{N} = 0$

$R_V = -T\sin 45° + T_M \sin 30° + 800\,\mathrm{N}$

$= -400\,\mathrm{N} \times \sin 45° + 200\,\mathrm{N} \times \sin 30° + 800\,\mathrm{N} = 617\,\mathrm{N}$ である．

巻き上げ機の中心に作用する力の大きさは，$R = \sqrt{{R_H}^2 + {R_V}^2}$

$= \sqrt{(109.6\,\mathrm{N})^2 + (617\,\mathrm{N})^2} = 627\,\mathrm{N}$ である．その力の作用する角度は，

$\theta = \tan^{-1}(R_V/R_H) = \tan^{-1}(617\,\mathrm{N}/109.6\,\mathrm{N}) = 79.9°$ となる．

よってモーター M 側に水平方向に対して角度 79.9° 上向きである．

第 5 章　重心と図心

5.1

(1) 等価集中力の大きさは $20\,\mathrm{N/m} \times 5\,\mathrm{m} = 100\,\mathrm{N}$ となる．
等価集中力の作用点は，$x = 4.5\,\mathrm{m}$ の点である．

(2) 力のつりあいから $-100\,\mathrm{N} + R_A + R_B = 0$ である．
力のモーメントのつりあいから $-100\,\mathrm{N} \times 4.5\,\mathrm{m} + R_B \times 10\,\mathrm{m} = 0$ である．
よって，この 2 式から $R_A = 55\,\mathrm{N}$, $R_B = 45\,\mathrm{N}$ となる．

5.2

(1) 等価集中力の大きさは $10\,\mathrm{N/m} \times 3\,\mathrm{m} = 30\,\mathrm{N}$ となる．
等価集中力の作用点は，$x = 3.5\,\mathrm{m}$ の点である．

(2) 力のつりあいから $-30\,\mathrm{N}-20\,\mathrm{N}+R_{\mathrm{A}}+R_{\mathrm{B}}=0$ である．
力のモーメントのつりあいから $-30\,\mathrm{N}\times 3.5\,\mathrm{m}-20\,\mathrm{N}\times 7\,\mathrm{m}+R_{\mathrm{B}}\times 10\,\mathrm{m}=0$ である．
よって，この 2 式から $R_{\mathrm{A}}=25.5\,\mathrm{N}$, $R_{\mathrm{B}}=24.5\,\mathrm{N}$ となる．

5.3

(1) 等価集中力の大きさは $20\,\mathrm{N/m}\times 20\,\mathrm{m}=400\,\mathrm{N}$ となる．
等価集中力の作用点は，$x=10\,\mathrm{m}$ の点である．

(2) 力のつりあいから $-400\,\mathrm{N}+R_{\mathrm{A}}+R_{\mathrm{B}}=0$ である．
力のモーメントのつりあいから $-400\,\mathrm{N}\times 10\,\mathrm{m}+R_{\mathrm{B}}\times 16\,\mathrm{m}=0$ である．
よって，この 2 式から $R_{\mathrm{A}}=150\,\mathrm{N}$, $R_{\mathrm{B}}=250\,\mathrm{N}$ となる．

5.4

(1) 等価集中力の大きさは

$$\int_0^{50} w(x)dx=\int_0^{50} 10\sin\left(\frac{\pi x}{50}\right)dx=-\frac{500}{\pi}\left[\cos\left(\frac{\pi x}{50}\right)\right]_0^{50}=\frac{1000}{\pi}=318.5\,\mathrm{N}$$

となる．

次の図に示すように，力の分布図は線 CC′ に対して左右対称である．そのため，等価集中力の作用点は $x=25\,\mathrm{m}$ にある．

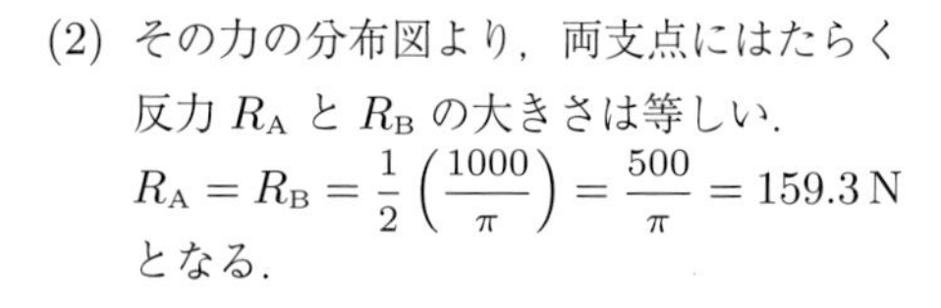

(2) その力の分布図より，両支点にはたらく反力 R_{A} と R_{B} の大きさは等しい．

$$R_{\mathrm{A}}=R_{\mathrm{B}}=\frac{1}{2}\left(\frac{1000}{\pi}\right)=\frac{500}{\pi}=159.3\,\mathrm{N}$$

となる．

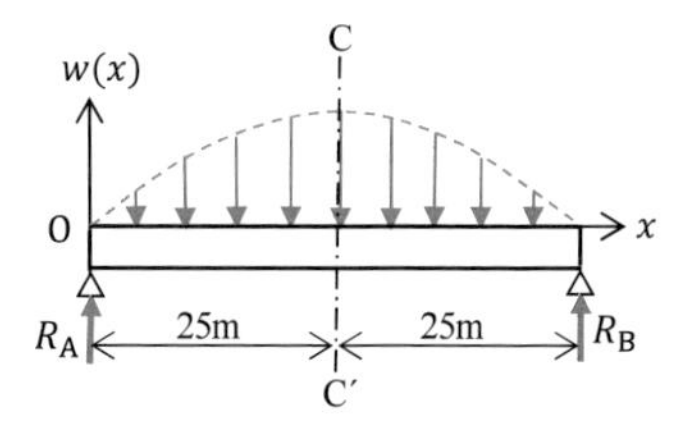

図　問題 5.4［解答］の図

5.5

(5.16) 式より，

$$x_{\mathrm{G}}=\frac{4\,\mathrm{m}\times 0\,\mathrm{m}+5\,\mathrm{m}\times 2.5\,\mathrm{m}+2\,\mathrm{m}\times 5\,\mathrm{m}+3\,\mathrm{m}\times 3.5\,\mathrm{m}}{4\,\mathrm{m}+5\,\mathrm{m}+2\,\mathrm{m}+3\,\mathrm{m}}=\frac{33}{14}=2.36\,\mathrm{m}$$ である．

(5.18) 式より，

$$y_{\mathrm{G}}=\frac{4\,\mathrm{m}\times 2\,\mathrm{m}+5\,\mathrm{m}\times 0\,\mathrm{m}+2\,\mathrm{m}\times 1\,\mathrm{m}+3\,\mathrm{m}\times 2\,\mathrm{m}}{4\,\mathrm{m}+5\,\mathrm{m}+2\,\mathrm{m}+3\,\mathrm{m}}=\frac{16}{14}=1.14\,\mathrm{m}$$ である．

5.6

(5.16) 式より，

$$x_G=\frac{3\,\mathrm{m}\times(-1.5\,\mathrm{m})+5\,\mathrm{m}\times 2.5\,\mathrm{m}+4\,\mathrm{m}\times 0\,\mathrm{m}+2\,\mathrm{m}\times\left\{5\,\mathrm{m}+\frac{(2\,\mathrm{m}\times\cos 45^\circ)}{2}\right\}}{3\,\mathrm{m}+5\,\mathrm{m}+4\,\mathrm{m}+2\,\mathrm{m}}$$

$=\dfrac{19.4}{14}=1.39\,\mathrm{m}$ である.

(5.18) 式より,

$$y_G=\frac{3\,\mathrm{m}\times 0\,\mathrm{m}+5\,\mathrm{m}\times 0\,\mathrm{m}+4\,\mathrm{m}\times 2\,\mathrm{m}+2\,\mathrm{m}\times\{(2\,\mathrm{m}\times\sin 45^\circ)/2\}}{3\,\mathrm{m}+5\,\mathrm{m}+4\,\mathrm{m}+2\,\mathrm{m}}=\frac{9.41}{14}$$

$=0.67\,\mathrm{m}$ である.

5.7

図の三角形 A について, 面積は $\frac{1}{2}\times 6\,\mathrm{m}\times 6\,\mathrm{m}=18\,\mathrm{m}^2$, 図心は $(4\,\mathrm{m}, 4\,\mathrm{m})$ である.
図の四角形 B について, 面積は $6\,\mathrm{m}\times 4\,\mathrm{m}=24\,\mathrm{m}^2$, 図心は $(8\,\mathrm{m}, 3\,\mathrm{m})$ である.
よって, 次の計算より

$$x_G=\frac{18\,\mathrm{m}^2\times 4\,\mathrm{m}+24\,\mathrm{m}^2\times 8\,\mathrm{m}}{18\,\mathrm{m}^2+24\,\mathrm{m}^2}=\frac{264}{42}$$

$=6.29\,\mathrm{m}$

$$y_G=\frac{18\,\mathrm{m}^2\times 4\,\mathrm{m}+24\,\mathrm{m}^2\times 3\,\mathrm{m}}{18\,\mathrm{m}^2+24\,\mathrm{m}^2}=\frac{144}{42}$$

$=3.43\,\mathrm{m}$

台形の図心 (x_G, y_G) は, $(6.29\,\mathrm{m}, 3.43\,\mathrm{m})$ である.

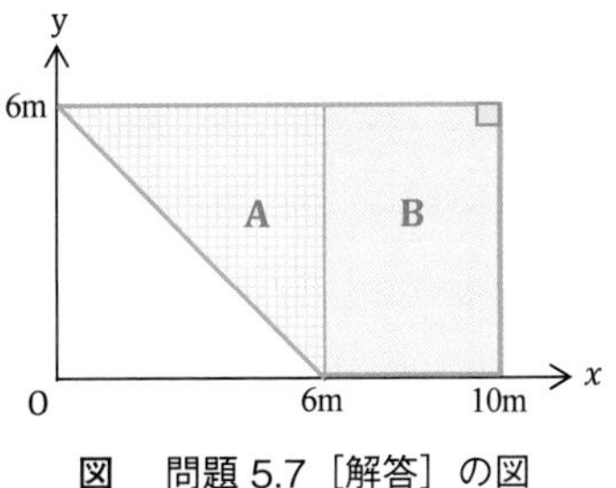

図　問題 5.7［解答］の図

5.8

原点 0 のまわりで, (全体積のモーメント)=(各体積のモーメントの和) から

$$\frac{\pi(4\,\mathrm{m})^2\times 8\,\mathrm{m}}{3}\times 2\,\mathrm{m}$$

$$=\frac{\pi(2\,\mathrm{m})^2\times 4\,\mathrm{m}}{3}\times(4\,\mathrm{m}+1\,\mathrm{m})+\frac{\pi\{(4\,\mathrm{m})^2\times 8\,\mathrm{m}-(2\,\mathrm{m})^2\times 4\,\mathrm{m}\}}{3}\times y_G$$

$256=80+(128-16)\times y_G$

$y_G=\dfrac{256-80}{112}=1.57\,\mathrm{m}$ となる.

5.9

(1) 体積は, $V=\frac{1}{2}\times\frac{4\times\pi\times r^3}{3}=\frac{2}{3}\pi r^3$ である.

(2) 半球の重心は y 軸上にある．その重心の位置は，(5.25) 式の質量を体積に書き換えた $y_G = \frac{1}{V}\int ydV$ から求めることができる．dV は微小な立体の体積で，図に示す厚さ dy で半径 $\sqrt{r^2-y^2}$ の薄い円板の体積である．ここでは，dV は $\pi(\sqrt{r^2-y^2})^2dy$ である．

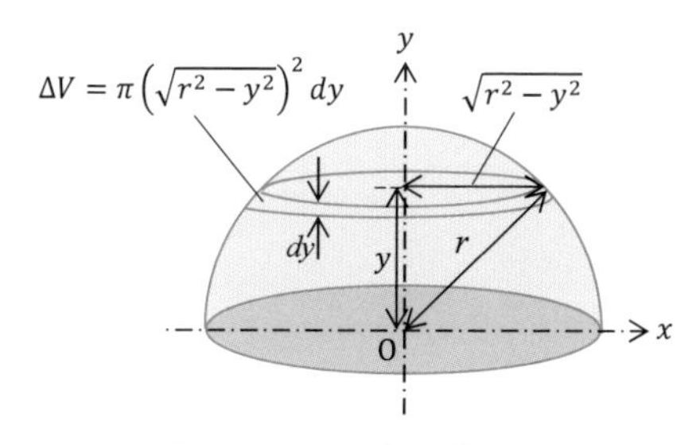

図　問題 5.9［解答］の図

$$y_G = \frac{1}{V}\int_0^r \pi(\sqrt{r^2-y^2})^2 ydy = \frac{3}{2r^3}\int_0^r (r^2y-y^3)dy = \frac{3}{2r^3}\left[\frac{r^2}{2}y^2-\frac{1}{4}y^4\right]_0^r$$

$$= \frac{3}{2r^3}\left(\frac{1}{2}r^4-\frac{1}{4}r^4\right) = \frac{3}{8}r \text{ となる．}$$

5.10

(1) 面積は図の青色部分で，$S = \int_0^6 \left(3x-\frac{1}{2}x^2\right)dx = \left[\frac{3}{2}x^2-\frac{1}{6}x^3\right]_0^6 = 54-36 = 18$ である．

(2) 重心は，(5.24) 式と (5.25) 式の質量を面積に書き換えた次の式から求めることができる．$x_G = \frac{1}{S}\int xdS = \frac{1}{S}\int_0^6 \left(3x-\frac{1}{2}x^2\right)xdx = \frac{1}{18}\left[x^3-\frac{1}{8}x^4\right]_0^6$ $= \frac{1}{18}(216-162) = 3$ となる．

ここでは，微小な面積 dS は $\left(3x-\frac{1}{2}x^2\right)dx$ である．

$$y_G = \frac{1}{S}\int ydS = \frac{1}{S}\int_0^{18}\left(\sqrt{2y}-\frac{1}{3}y\right)ydy$$

$$= \frac{1}{18}\left[\frac{2\sqrt{2}}{5}y^{\frac{5}{2}}-\frac{1}{9}y^3\right]_0^{18}$$

$$= \frac{1}{18}(777.6-648) = 7.2 \text{ となる．}$$

ここでは，微小な面積 dS は $\left(\sqrt{2y}-\frac{1}{3}y\right)dy$ である．よって図心の座標は (3,7.2) である．

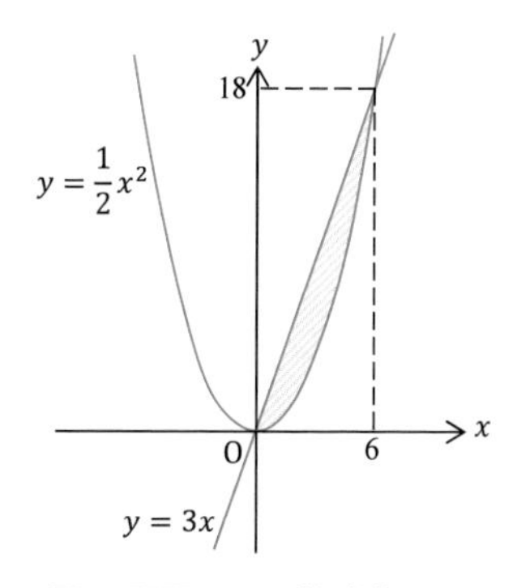

図　問題 5.10［解答］の図

第 6 章　質点の運動

6.1

(1) $40\,\mathrm{km/h} \times \dfrac{1000}{3600} = 11.11\,\mathrm{m/s}$

(2) $100\,\mathrm{m/s} \times \dfrac{3600}{1000} = 360\,\mathrm{km/h}$

(3) $42\,\mathrm{km/h} \times \dfrac{1000}{60} = 700\,\mathrm{m/min}$

(4) $100\,\mathrm{m/\,min} \times \dfrac{60}{1000} = 6\,\mathrm{km/h}$

(5) km/h/s は，乗り物に見られる加速度の単位である．読み方はキロメートル毎時毎秒となる．基本的には，単位秒当たりの時速の変化とみてよい．よって，次のようになる．
$5.0\,\mathrm{m/s^2} \times \dfrac{3600}{1000} = 18\,\mathrm{km/h/s}$

(6) $25.2\,\mathrm{km/h/\,s} \times \dfrac{1000}{3600} = 7.0\,\mathrm{m/s^2}$

(7) rpm は，1 分間の回転数を示す単位である．1 回転は $2\pi\,\mathrm{rad}$ であるから，$\pi = 3.14$ として次のようになる．
$2000\,\mathrm{rpm} \times \dfrac{2 \times 3.14}{60} = 209.3\,\mathrm{rad/s}$

(8) $62.8\,\mathrm{rad/\,s} \times \dfrac{60}{2 \times 3.14} = 600\,\mathrm{rpm}$

6.2

50 km/h と 30 km/h の速度で往復する自動車 A の所要時間は，$t = \dfrac{60}{50} + \dfrac{60}{30} = 3.2\,\mathrm{h}$ となり，3 時間 12 分かかることがわかる．一方の 40 km/h で往復する自動車 B の所要時間は，$t = \dfrac{60}{40} + \dfrac{60}{40} = 3.0\,\mathrm{h}$ で，3 時間かかることがわかる．よって，行きも帰りも 40 km/h で往復する自動車 B の方が所要時間が短い．

6.3

まず，50 km/h の単位を m/s に換算して，$v = 50\,\mathrm{km/h} \times \dfrac{1000}{3600} = 13.9\,\mathrm{m/s}$ である．また初速 $v_0 = 0$ であるから，10 秒後の速さ v は，(6.13) 式より，$v = v_0 + at = 0 + a \times 10\,\mathrm{s} = 13.9\,\mathrm{m/s}$ である．よって，自動車の加速度の大きさは，$a = 1.39\,\mathrm{m/s^2}$ となる．

また，10 秒間で進んだ距離は，初速 $v_0 = 0$ と (6.15) 式より，
$s = v_0 t + \dfrac{1}{2}at^2 = 0 + \dfrac{1}{2} \times 1.39\,\mathrm{m/s^2} \times (10\,\mathrm{s})^2 = 69.5\,\mathrm{m}$ である．

6.4

初速は $v_0 = 40\,\mathrm{km/h} = 40 \times \dfrac{1000}{3600} = 11.1\,\mathrm{m/s}$ である．15 m 走って停止しているので $v = 0$ となる．停止距離が 15 m なので $s = 15\,\mathrm{m}$ であるから，(6.16) 式より，$0^2 - (11.1\,\mathrm{m/s})^2 = 2a \times 15\,\mathrm{m}$ となる．自動車の加速度は，$a = -4.1\,\mathrm{m/s^2}$ となる．
初速 $v_0 = 80\,\mathrm{km/h} = 80 \times \dfrac{1000}{3600} = 22.2\,\mathrm{m/s}$ での停止距離を求める．$v = 0$，$a = -4.1\,\mathrm{m/s^2}$ であるから (6.16) 式より，$0^2 - (22.2\,\mathrm{m/s})^2 = 2 \times (-4.1\,\mathrm{m/s^2}) \times s$ となる．よって，停止距離は $s = 60.1\,\mathrm{m}$ となる．
また，停止時間は (6.13) 式より，$t = \dfrac{-22.2\,\mathrm{m/s}}{-4.1\,\mathrm{m/s^2}} = 5.4\,\mathrm{s}$ となる．

6.5

10 m の高さから自由落下させているので，物体には重力加速度 $a = g = 9.8\,\mathrm{m/s^2}$ が作用し，落下高さ $h = 10\,\mathrm{m}$，初速 $v_0 = 0$ である．(6.18) 式より，
$h = v_0 t + \dfrac{1}{2} g t^2 = 0 + \dfrac{1}{2} \times 9.8\,\mathrm{m/s^2} \times t^2 = 10\,\mathrm{m}$ となる．よって，$t = 1.43\,\mathrm{s}$ である．
物体が地上に到達したときの速さ v は，初速 $v_0 = 0$，$t = 1.43\,\mathrm{s}$ であるから，(6.17) 式より，
$v = v_0 + gt = 0 + 9.8\,\mathrm{m/s^2} \times 1.43\,\mathrm{s} = 14.0\,\mathrm{m/s}$ となる．

6.6

小球の初速 $v_0 = 30\,\mathrm{m/s}$，最高点で速さ $v = 0$ である．その最高点の高さ h を求めるには (6.25) 式を用いて，$0^2 - {v_0}^2 = -2gh$ から，$h = \dfrac{-(30\,\mathrm{m/s})^2}{2 \times (-9.8\,\mathrm{m/s^2})} = 45.9\,\mathrm{m}$ となる．
次に投げ上げてから最高点に達するまでの時間 t は，初速 $v_0 = 30\,\mathrm{m/s}$ と最高点で $v = 0$ から,(6.23) 式より $0 = v_0 - gt = 30\,\mathrm{m/s} - 9.8\,\mathrm{m/s^2} \times t$ となり，その時間 $t = \dfrac{30\,\mathrm{m/s}}{9.8\,\mathrm{m/s^2}} = 3.06\,\mathrm{s}$ である．
一方，最高点から地面に落下するまでの時間は，落下する距離 $h = 45.9\,\mathrm{m}$，重力加速度 $9.8\,\mathrm{m/s^2}$ であるから，(6.21) 式より
$h = \dfrac{1}{2} g t^2 = \dfrac{9.8\,\mathrm{m/s^2}}{2} t^2 = 45.9\,\mathrm{m}$ となり，落下の時間は，$t = \sqrt{\dfrac{2 \times 45.9\,\mathrm{m}}{9.8\,\mathrm{m/s^2}}} = 3.06\,\mathrm{s}$ となる．
よって，小球を投げ上げてから地面に戻ってくるまでの時間は，$3.06\,\mathrm{s} + 3.06\,\mathrm{s} = 6.12\,\mathrm{s}$ となる．（小球を投げ上げてから最高点に達するまでの時間と最高点から地面に落下するまでの時間とは，同じである．）

6.7

ロケットの打ち上げ後 30 秒後のその高さ s は，初速 $v_0=0$，加速度は重力加速度の 5 倍の大きさであるから，$a=5\times g=49\,\mathrm{m/s^2}$ である．(6.15) 式より，
$s=v_0t+\dfrac{1}{2}at^2=0\times 30\,\mathrm{s}+\dfrac{1}{2}\times 49\,\mathrm{m/s^2}\times(30\,\mathrm{s})^2=22050\,\mathrm{m}=22.1\,\mathrm{km}$ となる．
また，30 秒後の速さは，$v=at=49\,\mathrm{m/s^2}\times 30\,\mathrm{s}=1470\,\mathrm{m/s}=5292\,\mathrm{km/h}$ となる．

6.8

歯車の角加速度の大きさ $\dot{\omega}$ は，初速 $\omega_0=0$，30 秒後の回転数 250 rpm を角速度 rad/s に換算して $\omega=\dfrac{250\,\mathrm{rpm}\times 2\pi\,\mathrm{rad}}{60\,\mathrm{s}}$ となるから，(6.39) 式より
$\omega=\omega_0+\dot{\omega}t=0+\dot{\omega}\times 30\,\mathrm{s}=\dfrac{250\,\mathrm{rpm}\times 2\pi\,\mathrm{rad}}{60\,\mathrm{s}}$ となる．
よって，$\dot{\omega}=\dfrac{250\times 2\pi}{30\times 60}=0.87\,\mathrm{rad/s^2}$ となる．
30 秒間の角変位 θ は (6.40) 式より，
$\theta=\omega_0t+\dfrac{1}{2}\dot{\omega}t^2=0+\dfrac{1}{2}\times 0.87\,\mathrm{rad/s^2}\times(30\,\mathrm{s})^2=391.5\,\mathrm{rad}=62.3$ 回転である．

6.9

初期回転数 300 rpm を初期速度 ω_0 に換算すると $\dfrac{300\,\mathrm{rpm}\times 2\pi\,\mathrm{rad}}{60\,\mathrm{s}}=31.42\,\mathrm{rad/s}$ となる．また，20 秒後の角速度は $\omega=\dfrac{1}{2}\omega_0$ となるから，(6.39) 式より，$\dfrac{1}{2}\omega_0=\omega_0+\dot{\omega}t$ から
$\dot{\omega}=\dfrac{-\omega_0}{2\times 20\,\mathrm{s}}=\dfrac{-31.42\,\mathrm{rad/\,s}}{2\times 20\,\mathrm{s}}=-0.786\,\mathrm{rad/s^2}$ である．
減速して 20 秒後の角速度は $\omega_0=\dfrac{31.42}{2}\,\mathrm{rad/s}$ で，停止時の角速度は $\omega=0$ だから，停止までの時間 t は (6.39) 式より，$0=\dfrac{31.42}{2}-0.786t$ となる．よって $t=20\,\mathrm{s}$ から，歯車を停止させるにはあと 20 秒かかる．

6.10

切削速度は，$150\,\mathrm{m/min}=2.5\,\mathrm{m/s}$ である．(6.34) 式の $v=r\omega$ より，角速度 ω を求めると $2.5\,\mathrm{m/s}=0.03\,\mathrm{m}\times\omega$ から $\omega=83.3\,\mathrm{rad/s}$ である．
よって，主軸の回転数は rad/s を rpm に単位換算して，$\dfrac{60}{2\pi}\omega=\dfrac{60}{2\pi}\times 83.3=796\,\mathrm{rpm}$ である．

6.11

鳥の速度を v_a，列車の速度を v_b とし，列車から見た鳥の速度を v_{ab} とすると，列車も鳥も同じ向きに運動しているので，列車から見た鳥の速度は $v_{ab}=v_a-v_b=20\,\mathrm{m/s}-10\,\mathrm{m/s}=10\,\mathrm{m/s}$ である．ここで列車の長さは 100 m なので，鳥が列

車の先頭部に達する時間 t は，$t = \dfrac{100\,\mathrm{m}}{10\,\mathrm{m/s}} = 10\,\mathrm{s}$ となる．

6.12

船が静水中を進む速度を $\boldsymbol{v_1}$，川の流れる速度を $\boldsymbol{v_2}$，船が川を直角に渡る速度を $\boldsymbol{V}$ とすると，$\boldsymbol{V} = \boldsymbol{v_1} + \boldsymbol{v_2}$ となり，速度ベクトルの合成となる．

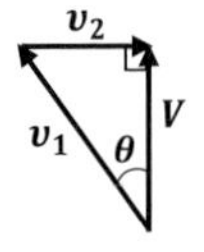

図　問題 6.12［解答］の図

その合成は図のようになり，$\boldsymbol{v_1}$ と $\boldsymbol{V}$ との間の角度 θ は，

$\sin\theta = \dfrac{\boldsymbol{v_2}}{\boldsymbol{v_1}} = \dfrac{0.3\,\mathrm{m/s}}{0.5\,\mathrm{m/s}} = 0.6$ より，$\theta = 36.9°$ となる．

速度 $\boldsymbol{V}$ の大きさは，ピタゴラスの定理 (三平方の定理ともいう) より

${v_1}^2 = V^2 + {v_2}^2$ となるから，

$V = \sqrt{{v_1}^2 - {v_2}^2} = \sqrt{0.5^2 - 0.3^2} = 0.4\,\mathrm{m/s}$ である．

よって，川を横切る時間 t は川幅 80 m を速さ V で割ればよいので，$t = \dfrac{80\,\mathrm{m}}{0.4\,\mathrm{m/s}}$

$= 200\,\mathrm{s}$ となる．

第 7 章　物体の運動と作用する力

7.1

$a = \dfrac{F}{m}$ より，$a = 600\,\mathrm{N}/120\,\mathrm{kg} = 5.0\,\mathrm{m/s^2}$ である．

7.2

$F = ma$ より，$F = 0.55\,\mathrm{kg} \times 9.8\,\mathrm{m/s^2} = 5.39\,\mathrm{N}$ である．

7.3

上方へ移動させるための力 F は運動方程式 $F - mg = ma$ から，$F = m(a + g)$ となる．

等加速度直線運動の速度 v，加速度 a，変位 x との関係は (6.16) 式より，

$v^2 - {v_0}^2 = 2ax$ であるから，$v_0 = 0$，$v = 2.0\,\mathrm{m/s}$，$x = 10.0\,\mathrm{m}$ とおいて，

$a = \dfrac{v^2}{2x} = \dfrac{2.0^2}{2 \times 10.0} = 0.2\,\mathrm{m/s^2}$ である．よって力 F は，$F = m(a + g) = 60 \times (0.2 + 9.8) = 600\,\mathrm{N}$ となる．

(そのほかの解き方)

力学的エネルギーの保存則 (11.2.3 項を参照) から次式が成り立つ．$mgx + \dfrac{1}{2}mv^2 = Fx$

よって，$F = mg + \dfrac{mv^2}{2x} = 60\,\mathrm{kg} \times 9.8\,\mathrm{m/s^2} + \dfrac{60\,\mathrm{kg} \times (2.0\,\mathrm{m/s})^2}{2 \times 10.0\,\mathrm{m}} = 600\,\mathrm{N}$ となる．

7.4

遠心力の大きさは，$F=m\dfrac{v^2}{r}$ と $v=r\omega$ より，$F=mr\omega^2=50mg$ となり，

$\omega=\sqrt{\dfrac{50g}{r}}=\sqrt{\dfrac{50\times 9.8\,\mathrm{m/s^2}}{0.2\,\mathrm{m}}}=49.5\,\mathrm{rad/s}$ である．

さらに，毎分の回転数 N になおせば，$N=\dfrac{\omega\times 60}{2\pi}=\dfrac{49.5\,\mathrm{rad/\,s}\times 60\,\mathrm{s/\,min}}{2\pi\,\mathrm{rad}}$ $=473\,\mathrm{rpm}$ である．

7.5

質量が $10t=10000\,\mathrm{kg}$ で，それを引く力が $5\,\mathrm{kN}=5000\,\mathrm{N}$ であるから，$a=\dfrac{F}{m}$ $=\dfrac{5000}{10000}=0.50\,\mathrm{m/s^2}$ である．

また，速度 v と加速度 a との関係は (6.13) 式で示され，初速 $v_0=0$ であるから，1 分後の電車の速さ v は $v=v_0+at=at=0.50\,\mathrm{m/s^2}\times(1\times 60\,\mathrm{s})=30.0\,\mathrm{m/s}$ である．

7.6

求める加速度を a，重力加速度を g とし，つり革の傾き角 10° との関係を示すと，

図のように，鉛直方向の力のつりあいの式は

$T\cos 10^\circ - mg=0\ \cdots(1)$

水平方向の運動方程式から $ma=T\sin 10^\circ\ \cdots(2)$

となる．(2) 式 ÷ (1) 式より

$\tan 10^\circ=\dfrac{a}{g}$ となり，$a=g\tan 10^\circ=9.8\,\mathrm{m/s^2}\times\tan 10^\circ=1.73\,\mathrm{m/s^2}$ となる．

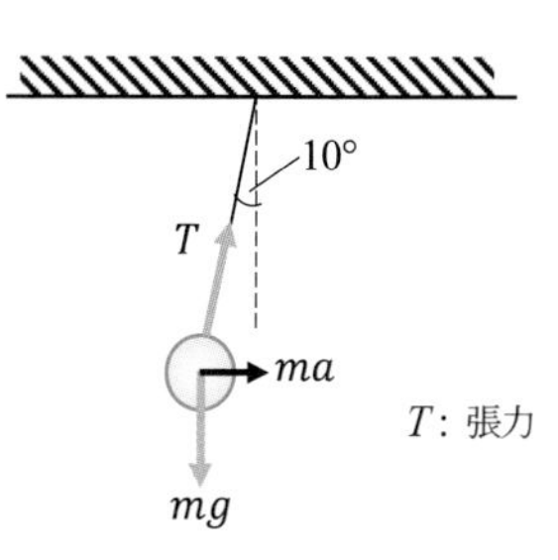

図　問題 7.6［解答］の図

7.7

まず，おもりの周期 T は，$T=\dfrac{1}{f}=\dfrac{1}{5.0\,\mathrm{Hz}}=0.20\mathrm{s}$ である．

続いて，振動数 $f=5.0\mathrm{Hz}$ より角振動数 ω を求める．$\omega=2\pi f=2\pi\times 5.0=10\pi$ $=31.42\,\mathrm{rad/s}$ である．

おもりの変位が最大のとき，つまり振幅 0.02m のとき，おもりは振動の中心に向かって最も大きな力 F を受ける．中心に向かう最大力 F は，(7.10) 式に $x=0.02\mathrm{m}$ を代入して次のようになる．つまり，$F=-m\omega^2x=-3.0\,\mathrm{kg}\times(31.42\,\mathrm{rad/\,s})^2\times 0.02\,\mathrm{m}=-59.2\,\mathrm{N}$ となる．

よって，振動の中心に向かって F の大きさは $59.2\,\mathrm{N}$ である．

7.8

時計が遅れないときの，周期を T_0，振り子の長さを l_0，振動数を f_0 とし，現在の周期を T，振り子の長さを l，振動数を f とすると，(7.15) 式より以下の関係がそれぞれ成り立つ．

$T_0 = 2\pi\sqrt{\dfrac{l_0}{g}}\ \cdots(1)$，$T = 2\pi\sqrt{\dfrac{l}{g}}\ \cdots(2)$

(1) 式 ÷ (2) 式 より，$\dfrac{T_0}{T} = \sqrt{\dfrac{l_0}{l}}$ となり，$\left(\dfrac{T_0}{T}\right)^2 = \dfrac{l_0}{l}$ である．

ここで，$\dfrac{T_0}{T} = \dfrac{24 \times 60^2}{24 \times 60^2 + 3 \times 60} = 0.998$ より，$\dfrac{l_0}{l} = \left(\dfrac{T_0}{T}\right)^2 = (0.998)^2 = 0.996$ である．

よって，$l_0 = 0.996l = 0.996 \times 25 = 24.9\,\mathrm{cm}$ である．

(そのほかの解き方)

(7.15) 式より，$T - 2\pi\sqrt{\dfrac{l}{g}} - 2\pi\sqrt{\dfrac{0.25}{9.8}} - 1.003\,\mathrm{s}$ となる．1 日 3 分遅れるので，$\dfrac{3 \times 60}{24 \times 60^2}$ 秒だけ周期を早くすればよい．つまり次のようになる．

$T_0 = 2\pi\sqrt{\dfrac{0.25 + \Delta l}{9.8}} = 1.003\,\mathrm{s} - \dfrac{3 \times 60}{24 \times 60^2}\,\mathrm{s}$

よって，$\Delta l = -0.00106\,\mathrm{m} = -0.106\,\mathrm{cm}$ となり，振り子の長さ $l + \Delta l$ は次のように求まる．

$l_0 = l + \Delta l = 25\,\mathrm{cm} - 0.1\,\mathrm{cm} = 24.9\,\mathrm{cm}$

7.9

おもりの質量を m，ばね定数を k とすると，ばねが伸びた長さ $\Delta l = 0.02\,\mathrm{m}$ から，力のつりあいの式は $mg - 0.02k = 0$ となる．この力のつりあいの式から $k = \dfrac{mg}{0.02}$ になり，ばねの固有角振動数 $\omega_n = \sqrt{\dfrac{k}{m}}$ (7.4.3 項を参照) を用いて次のようになる．振り子の周期 T は，

$T = \dfrac{2\pi}{\omega_n} = 2\pi\sqrt{\dfrac{m}{k}} = 2\pi\sqrt{\dfrac{m}{\dfrac{mg}{0.02}}} = 2\pi\sqrt{\dfrac{0.02}{g}} = 0.28\,\mathrm{s}$ となる．

振動数 f は，$f = \dfrac{1}{T} = \dfrac{1}{0.284} = 3.5\,\mathrm{Hz}$ となる．

7.10

モータの質量が 200 kg であるので, 1 本のばねが支える質量 m は, $m = \dfrac{200}{4} = 50\,\mathrm{kg}$ である．

一方，1 本のばねのばね定数は $20\,\mathrm{N/mm} = 20000\,\mathrm{N/m}$ であるから，固有角振動

数 ω_n は,

$\omega_n = \sqrt{\dfrac{k}{m}} = \sqrt{\dfrac{20000\,\mathrm{N/m}}{50\,\mathrm{kg}}} = 20\,\mathrm{rad/s}$ である．また固有振動数 f_n は $f_n = \dfrac{\omega_n}{2\pi}$
$= \dfrac{20\,\mathrm{rad/\,s}}{2\pi\,\mathrm{rad}} = 3.18\,\mathrm{Hz}$ となる．

第 8 章　慣性モーメント

8.1

質量と回転半径がわかっているので，(8.7) 式より次のようになる．

$I = Mk^2 = 100\,\mathrm{kg} \times (0.5\,\mathrm{m})^2 = 25\,\mathrm{kg{\cdot}m^2}$

8.2

薄い円板の中心に関する慣性モーメントは (8.33) 式より，a が円板の半径であることに注意して次のように求まる．

$I = M\dfrac{a^2}{2} = 1.0\,\mathrm{kg} \times ((2.4\,\mathrm{m}/2)^2)/2 = 0.72\,\mathrm{kg{\cdot}m^2}$

8.3

平行軸の定理 (8.9) 式より次のようになる．

$I' = I_\mathrm{G} + Md^2 = 0.72\,\mathrm{kg{\cdot}m^2} + 1.0\,\mathrm{kg} \times (0.5\,\mathrm{m})^2 = 0.97\,\mathrm{kg{\cdot}m^2}$

8.4

球の慣性モーメントは，(8.46) 式より次のようになる．

$I_y = I_x = I_z = \dfrac{2}{5}MR^2 = 2/5 \times 10\,\mathrm{kg} \times (0.1\,\mathrm{m})^2 = 4.0 \times 10^{-2}\,\mathrm{kg{\cdot}m^2}$

8.5

まず棒の質量 M を求めると，$M = 1.0\,\mathrm{kg/m} \times 5.0\,\mathrm{m} = 5.0\,\mathrm{kg}$ となるから，(8.22) 式より次のようになる．$I = M\dfrac{l^2}{12} = 5.0\,\mathrm{kg} \times \dfrac{(5.0\,\mathrm{m})^2}{12} = 10.4\,\mathrm{kg{\cdot}m^2}$

8.6

まず直方体の質量 M を求めると次のようになる．

$M = \rho V = 7.8 \times 10^{-6}\,\mathrm{kg/mm^3} \times 50\,\mathrm{mm} \times 200\,\mathrm{mm} \times 120\,\mathrm{mm} = 9.36\,\mathrm{kg}$

直方体の慣性モーメント I は，b が直方体の幅，c が直方体の高さとすると，(8.28) 式から次のように求まる．

$I = M\dfrac{b^2 + c^2}{12} = 9.36\,\mathrm{kg} \times \dfrac{(200\,\mathrm{mm})^2 + (120\,\mathrm{mm})^2}{12} = 42432\,\mathrm{kg{\cdot}mm^2} = 4.24 \times 10^{-2}\,\mathrm{kg{\cdot}m^2}$

8.7

まず，外径の球の慣性モーメントと内径の球の慣性モーメントを求めるために，中空の球の密度を求める．球の体積が $V=\dfrac{4}{3}\pi R^3$ より，次のようになる．

$$\rho=\frac{M}{V}=\frac{4.0\,\mathrm{kg}}{\frac{4}{3}\pi(0.1\,\mathrm{m})^3-\frac{4}{3}\pi(0.075\,\mathrm{m})^3}=1652\,\mathrm{kg/m^3}$$

次に，外径の球の慣性モーメントと内径の球の慣性モーメントを求めると，(8.45) 式より次のようになる．

$$I_{\text{外径の球}}=\frac{2}{5}\rho VR^2=\frac{2}{5}\times 1652\,\mathrm{kg/m^3}\times\frac{4}{3}\pi(0.1\,\mathrm{m})^3\times(0.1\,\mathrm{m})^2=0.0277\,\mathrm{kg{\cdot}m^2}$$

$$I_{\text{内径の球}}=\frac{2}{5}\rho VR^2=\frac{2}{5}\times 1652\,\mathrm{kg/m^3}\times\frac{4}{3}\pi(0.075\,\mathrm{m})^3\times(0.075\,\mathrm{m})^2=0.0066\,\mathrm{kg{\cdot}m^2}$$

よって，中空の球の慣性モーメント I は次のように求められる．

$$I=I_{\text{外径の球}}-I_{\text{内径の球}}=0.0277-0.0066=0.0211\,\mathrm{kg{\cdot}m^2}$$

回転半径 k は，(8.7) 式より次のように求められる．

$$k^2=\frac{I}{M}=\frac{0.0211\,\mathrm{kg{\cdot}m^2}}{4.0\,\mathrm{kg}}=0.005275\,\mathrm{m^2}\ \text{よって}\ k=0.073\,\mathrm{m}$$

8.8

削り取った回転体の円柱の慣性モーメント I_{AA} は，削り取る前の円柱の慣性モーメントを I_1，一方の削り取る部分の慣性モーメントを I_2 とすると，$I_{\mathrm{AA}}=I_1-2I_2$ となる．ここで，

I_1 に関する (削り取る前の円柱の) 質量 M_1 は，$M_1=\rho\pi R^2 l$ である．

I_2 に関する (削り取る部分の) 質量 M_2 は，$M_2=\rho\pi r^2 d$ である．

円柱の慣性モーメントは，(8.35) 式より，

$$I_1=\frac{M_1R^2}{2}=\frac{(\rho\pi R^2 l)R^2}{2}=\frac{\rho\pi R^4 l}{2}=\frac{7.8\times 10^3\,\mathrm{kg/m^3}\times\pi\times(0.18\,\mathrm{m})^4\times 0.47\,\mathrm{m}}{2}$$
$=6.04\,\mathrm{kg{\cdot}m^2}$ である．

$$2I_2=\frac{2M_2r^2}{2}=\frac{2(\rho\pi r^2 d)r^2}{2}=\rho\pi r^4 d=7.8\times 10^3\,\mathrm{kg/m^3}\times\pi\times(0.11\,\mathrm{m})^4\times 0.2\,\mathrm{m}$$
$=0.717\,\mathrm{kg{\cdot}m^2}$ である．

よって，削り取った回転体の慣性モーメントは次のように求められる．

$$I_{\mathrm{AA}}=I_1-2I_2=6.04-0.717=5.32\,\mathrm{kg{\cdot}m^2}$$

8.9

まず 2 つの長方形に分けて重心を考えると，同じ長方形であることがわかり，それぞれの中心にあることがわかる．したがって，この図形全体の重心 G は (8.2) 式より，

全体質量が，$M=100\,\mathrm{kg/\,m^2}\times(0.06\,\mathrm{m}\times 0.1\,\mathrm{m}+0.1\,\mathrm{m}\times 0.06\,\mathrm{m})=1.2\,\mathrm{kg}$ とな

るから，

$Y_G = \dfrac{1}{1.2\,\mathrm{kg}}\{(100\,\mathrm{kg/m^2} \times 0.06\,\mathrm{m} \times 0.1\,\mathrm{m}) \times 0.03\,\mathrm{m} + (100\,\mathrm{kg/m^2} \times 0.1\,\mathrm{m} \times 0.06\,\mathrm{m}) \times (0.06\,\mathrm{m} + 0.05\,\mathrm{m})\} = 0.07\,\mathrm{m}$ である．

この重心 G は図形の底辺を基準にしているので，図に示すように互いの長方形の境界から上に 0.01 m の位置であることがわかる．

また，重心での長方形の慣性モーメントである (8.26) 式と平行軸の定理の (8.9) 式を用いて，重心のまわりの慣性モーメント I_G は次のように求められる．

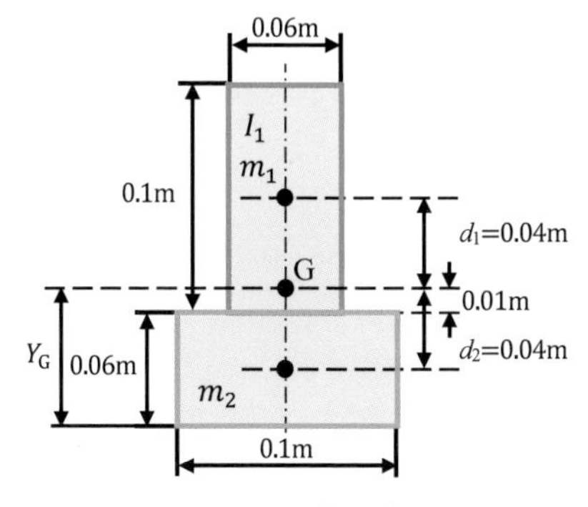

図　問題 8.9［解答］の図

$$
\begin{aligned}
I_G &= (I_1 + m_1 d_1{}^2) + (I_2 + m_2 d_2{}^2) \\
&= 2(I + md^2) \\
&= 2\left\{\frac{m}{12} \times (a^2 + b^2) + md^2\right\}
\end{aligned}
$$

(ここでは，$I = I_1 = I_2$, $m = m_1 = m_2$, $d = d_1 = d_2$ である．)

$I_G = 2 \times \left[\dfrac{0.6\,\mathrm{kg}}{12} \times \{(0.06\,\mathrm{m})^2 + (0.1\,\mathrm{m})^2\} + 0.6\,\mathrm{kg} \times (0.04\,\mathrm{m})^2\right] = 3.28 \times 10^{-3}\,\mathrm{kg \cdot m^2}$

8.10

円の中心を軸とした円柱の慣性モーメントは (8.35) 式より，$\dfrac{\pi\rho t}{2}r^4$ である．図に示すように半円柱であるから円柱の半分となり，半径 $r = 2.0\,\mathrm{m}$，厚さ $t = 1.0\,\mathrm{m}$，密度が $10\,\mathrm{kg/m^3}$ であるから，軸 O_C-O_C' のまわりの慣性モーメント $I_{x'}$ は次のようにして求められる．

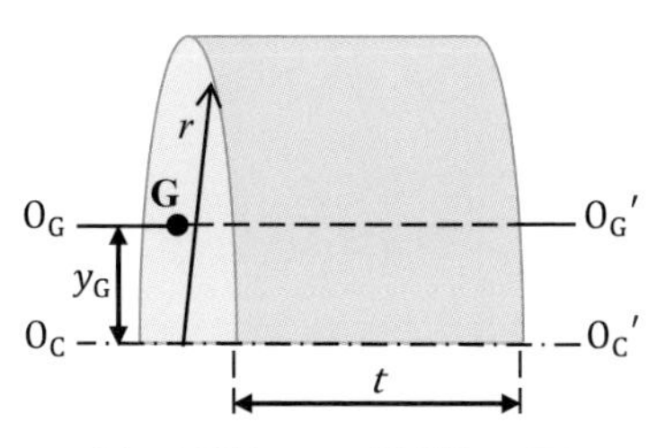

図　問題 8.10［解答］の図

$I_{x'} = \dfrac{1}{2}\left(\dfrac{\pi\rho t}{2}r^4\right) = \dfrac{\pi \times 10\,\mathrm{kg/m^3} \times 1.0\,\mathrm{m}}{4} \times (2.0\,\mathrm{m})^4 = 125.6\,\mathrm{kg \cdot m^2}$

続いて軸 O_G-O_G' のまわりの慣性モーメント I_G を求める．半円の重心 G は，円の中心から $y_G = \dfrac{4}{3\pi}r$ である (5.2.3 項の表 5.1 を参照)．半円柱の質量 M は，

$M = \dfrac{1}{2} \times 10\,\mathrm{kg/m^3} \times \pi r^2 t = 62.8\,\mathrm{kg}$ である．

平行軸の定理の (8.9) 式より，I_G は次のようにして求められる．

$I_G = I_{x'} - Md^2 = 125.6\,\mathrm{kg \cdot m^2} - 62.8\,\mathrm{kg} \times \left(\dfrac{4}{3\pi} \times 2.0\,\mathrm{m}\right)^2 = 80.31\,\mathrm{kg \cdot m^2}$ (ここで

は $d=y_G$ となる.)

第 9 章　剛体の運動，回転振動

9.1

定滑車の回転による角変位を θ とすると角運動方程式は，$I\dfrac{d^2\theta}{dt^2}=Fr$ である．円板の慣性モーメント $I=mr^2/2$ をこの式に代入して，角加速度 $\beta\left(=\dfrac{d^2\theta}{dt^2}\right)$ について解くと次のようになる．$\beta=\dfrac{Fr}{I}=\dfrac{2F}{mr}=\dfrac{2\times 50\,\mathrm{N}}{4.5\,\mathrm{kg}\times 0.25\,\mathrm{m}}=88.9\,\mathrm{rad/s^2}$

よって角速度 ω は，$\omega=\beta t=88.9\,\mathrm{rad/\,s^2}\times 3.5\,\mathrm{s}=311\,\mathrm{rad/s}$ である．

9.2

図に示す x 軸方向の円板の運動方程式および角運動方程式は，転がり摩擦力 (12.2 節を参照) を f，円板の回転角を θ とすると次式となる．

$m\dfrac{d^2x}{dt^2}=mg\sin\alpha-f\ \cdots(1)$，$I\dfrac{d^2\theta}{dt^2}=fr\ \cdots(2)$

円板の慣性モーメント I は $mr^2/2$ である．すべらずに転がる場合，x 方向の変位と回転角 θ との関係は次のようになる．

$x=r\theta$，$\dfrac{dx}{dt}=r\dfrac{d\theta}{dt}\ \cdots(3)$，$\dfrac{d^2x}{dt^2}=r\dfrac{d^2\theta}{dt^2}\ \cdots(4)$

図　問題 9.2［解答］の図

よって，角運動方程式の (2) 式は次式に書き換えられる．

$$\frac{mr^2}{2}\frac{1}{r}\frac{d^2x}{dt^2}=fr$$

$$\frac{d^2x}{dt^2}=\frac{2f}{m}\ \cdots(5)$$

(5) 式を運動方程式の (1) 式へ代入すると次のようになる．

$$m\frac{2f}{m}=mg\sin\alpha-f\ \cdots(6)$$

(6) 式から $f=\dfrac{1}{3}mg\sin\alpha=\dfrac{1}{3}\times 2.0\,\mathrm{kg}\times 9.8\,\mathrm{m/s^2}\times\sin 25^\circ=2.76\,\mathrm{N}$ が求まり，これを (5) 式へ代入すると $\dfrac{d^2x}{dt^2}=2.76\,\mathrm{m/s^2}$ が得られる．$v^2-{v_0}^2=2ax$ (1.3.1 項を参照) より，$v^2-0^2=2\times 2.76\,\mathrm{m/s^2}\times 0.5\,\mathrm{m}$ となり，$v=1.66\,\mathrm{m/s}$ が求まる．$v=1.66\,\mathrm{m/s}$ を (3) 式へ代入すると，$1.66\,\mathrm{m/s}=r\dfrac{d\theta}{dt}$ になり，

$\dfrac{d\theta}{dt}=\omega=\dfrac{1.66\,\mathrm{m/s}}{r}=\dfrac{1.66\,\mathrm{m/s}}{0.3\,\mathrm{m}}=5.53\,\mathrm{rad/s}$ が求まる．

9.3

図に示すように落下方向に x 軸，定滑車の回転角を θ，糸の張力を T とすると物

体の運動方程式および定滑車の角運動方程式は次のようになる.

$m\dfrac{d^2x}{dt^2}=mg-T\cdots(1)\qquad I\dfrac{d^2\theta}{dt^2}=Tr\cdots(2)$

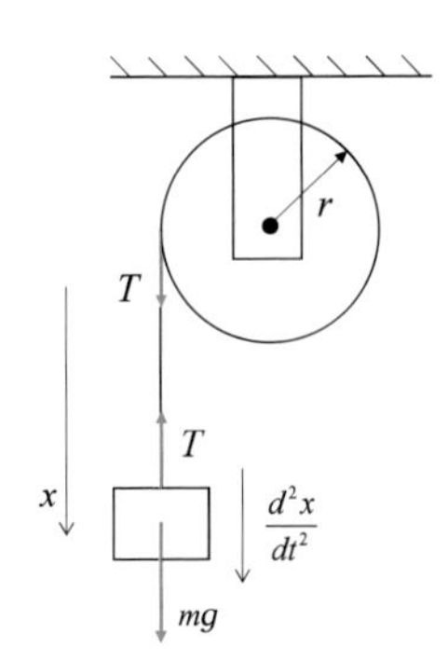

図　問題 9.3［解答］の図

ここで，滑車の慣性モーメント I は $Mr^2/2$ である．また，物体の落下距離 x と定滑車の回転角 θ との関係は，$x=r\theta$ になる．よって落下方向の物体の速度は，

$\dfrac{dx}{dt}=r\dfrac{d\theta}{dt}\cdots(3)$

そして，落下方向の物体の加速度は，

$\dfrac{d^2x}{dt^2}=r\dfrac{d^2\theta}{dt^2}\cdots(4)$

になる．定滑車の角運動方程式の (2) 式を書き換えると

$\dfrac{Mr^2}{2}\dfrac{d^2\theta}{dt^2}=Tr\cdots(5)$

となる．また，(4) 式から (5) 式は

$\dfrac{M}{2}\dfrac{d^2x}{dt^2}=T\cdots(6)$ となる．

よって，(1) 式と (6) 式から物体の加速度 $\dfrac{d^2x}{dt^2}$ は，

$\dfrac{d^2x}{dt^2}=a=\dfrac{mg}{m+\dfrac{M}{2}}=\dfrac{1.5\,\mathrm{kg}\times9.8\,\mathrm{m/s^2}}{1.5\,\mathrm{kg}+\dfrac{3.0\,\mathrm{kg}}{2}}=4.9\,\mathrm{m/s^2}$ となる．

$a=4.9\,\mathrm{m/s^2}$ を (4) 式へ代入すると，定滑車の角加速度 $\dfrac{d^2\theta}{dt^2}$ は，

$\dfrac{d^2\theta}{dt^2}=\beta=\dfrac{1}{r}\times a=\dfrac{4.9\,\mathrm{m/s^2}}{0.25\,\mathrm{m}}=19.6\,\mathrm{rad/\,s^2}$ となる．

$a=4.9\,\mathrm{m/s^2}$ を (6) 式へ代入すると，糸の張力 T は，$T=\dfrac{3.0\,\mathrm{kg}}{2}\times4.9\,\mathrm{m/s^2}=7.35\,\mathrm{N}$ となる．

9.4

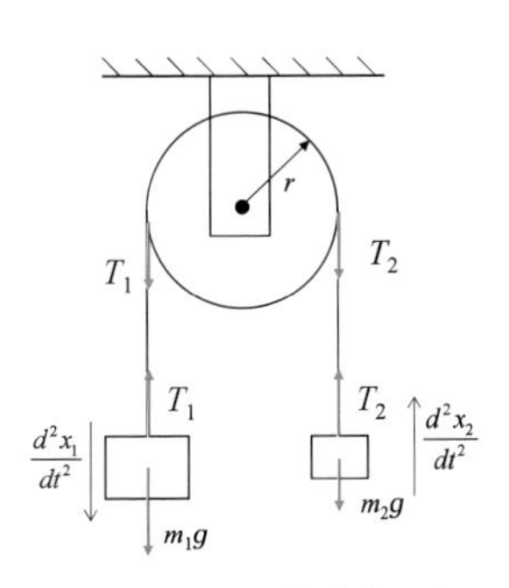

図　問題 9.4［解答］の図

図に示すように，質量 m_1 と m_2 の物体による糸の張力をそれぞれ T_1 と T_2，さらにその各物体の変位を x_1，x_2 とすると，それぞれの物体の運動方程式は次の式となる．

$m_1\dfrac{d^2x_1}{dt^2}=m_1g-T_1\cdots(1)$

$m_2\dfrac{d^2x_2}{dt^2}=T_2-m_2g\cdots(2)$

また，定滑車の角運動方程式は，次の (3) 式となる．ここでは慣性モーメント I は円板と同じ $I=Mr^2/2$ である．

$$\frac{Mr^2}{2}\frac{d^2\theta}{dt^2}=T_1r-T_2r\ \cdots(3)$$

それぞれの物体の変位と滑車の回転角の関係は，

$x_1=x_2=r\theta$ のため，

$$\frac{d^2x_1}{dt^2}=\frac{d^2x_2}{dt^2}=r\frac{d^2\theta}{dt^2}\ \cdots(4)$$

になる．(4) 式を用いて，質量 m_2 の物体の運動方程式の (2) 式と定滑車の角運動方程式の (3) 式を x_1 について書き換えるとそれぞれ次のようになる．

$$m_2\frac{d^2x_1}{dt^2}=T_2-m_2g\ \cdots(5)\qquad \frac{M}{2}\frac{d^2x_1}{dt^2}=T_1-T_2\ \cdots(6)$$

(5) 式と (6) 式と，質量 m_1 の物体の運動方程式の (1) 式から，T_1，T_2 を消去し加速度 $\dfrac{d^2x_1}{dt^2}\left(=\dfrac{d^2x_2}{dt^2}\right)$ を求めると次のようになる．

$$\frac{M}{2}\frac{d^2x_1}{dt^2}=\underbrace{\boxed{m_1g-m_1\frac{d^2x_1}{dt^2}}}_{T_1}-\underbrace{\boxed{m_2g+m_2\frac{d^2x_1}{dt^2}}}_{T_2}$$

$$\left(m_1+m_2+\frac{M}{2}\right)\frac{d^2x_1}{dt^2}=m_1g-m_2g$$

よって，$\dfrac{d^2x_1}{dt^2}=\dfrac{2(m_1-m_2)g}{2m_1+2m_2+M}\left(=\dfrac{d^2x_2}{dt^2}\right)\ \cdots(7)$

(7) 式を (1) 式へ代入して張力 T_1 が，(7) 式を (2) 式へ代入して張力 T_2 がそれぞれ次のように求まる．

$$T_1=m_1g-\frac{2m_1(m_1-m_2)g}{2m_1+2m_2+M}=41.2\,\mathrm{N},\quad T_2=m_2g+\frac{2m_2(m_1-m_2)g}{2m_1+2m_2+M}=38.2\,\mathrm{N}$$

9.5

円板と床との摩擦力を f とすると，円板の運動方程式および角運動方程式は図からそれぞれ次のようになる．

$$m\frac{d^2x}{dt^2}=F-f\ \cdots(1)$$

$$I\frac{d^2\theta}{dt^2}=fr+F(h-r)\ \cdots(2)$$

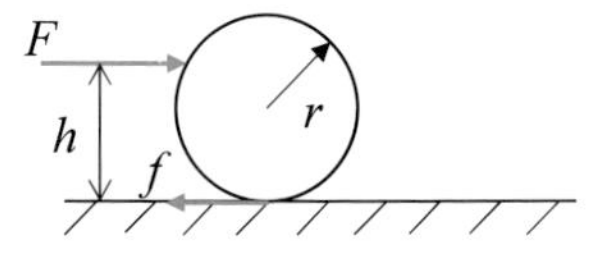

図　問題 9.5［解答］の図

ここで，円板の慣性モーメント I は $mr^2/2$ である．

また，すべらずに転がる場合，円板の移動方向の変位 x と回転角 θ との関係は $x=r\theta$ になる．よって移動方向の速度は，

$$\frac{dx}{dt}=r\frac{d\theta}{dt}\ \cdots(3)$$

そして，移動方向の加速度は，

$$\frac{d^2x}{dt^2}=r\frac{d^2\theta}{dt^2}\ \cdots(4)$$

になる．加速度と角加速度との関係を表した (4) 式を代入した運動方程式の (1)

式と角運動方程式の (2) 式から，摩擦力 f を導くと次のようになる．

$$f=\frac{3Fr-2Fh}{3r}=\frac{3\times 30\,\mathrm{N}\times 0.50\,\mathrm{m}-2\times 30\,\mathrm{N}\times 0.60\,\mathrm{m}}{3\times 0.50\,\mathrm{m}}=6.0\,\mathrm{N}$$

運動方程式の (1) 式から，時刻 $t=3.5$ 秒後の移動距離 x は次のようになる．

$$x=\frac{1}{2}\left(\frac{d^2x}{dt^2}\right)t^2=\frac{1}{2m}(F-f)t^2=\frac{1}{2\times 5.5\,\mathrm{kg}}\times(30\,\mathrm{N}-6.0\,\mathrm{N})\times(3.5\,\mathrm{s})^2=26.7\,\mathrm{m}$$

第 10 章　運動量と力積

10.1

小球の初期の運動方向を正とすれば，運動量の変化は次のようになる．

$$mv-mv_0=5.0\,\mathrm{kg}\times(-15\,\mathrm{m/s})-5.0\,\mathrm{kg}\times 25\,\mathrm{m/s}=-200\,\mathrm{kg{\cdot}m/s}$$

運動量の変化は力積に等しいので，壁面が小球に与える平均の力 F の大きさは次のようになる．$F=\dfrac{mv-mv_0}{\Delta t}=\dfrac{-200\,\mathrm{kg{\cdot}m/s}}{0.6\,\mathrm{s}}=-333.3\,\mathrm{N}$

よって，運動量の変化は $-200\,\mathrm{kg{\cdot}m/s}$，その平均の力の大きさは $333\,\mathrm{N}$ である．

10.2

衝突後に 2 物体は一体となって運動するので，運動量保存の法則より，

$m_1v_1+m_2v_2=(m_1+m_2)\times v$ となる．衝突後の 2 物体の速度 v は次のようになる．

$$v=\frac{m_1v_1+m_2v_2}{m_1+m_2}=\frac{3.5\,\mathrm{kg}\times 4.5\,\mathrm{m/s}+5.0\,\mathrm{kg}\times 3.0\,\mathrm{m/s}}{3.5\,\mathrm{kg}+5.0\,\mathrm{kg}}=3.62\,\mathrm{m/s}$$

よって衝突後に 2 物体は，衝突前の物体 1 が進む向きに $3.62\,\mathrm{m/s}$ で運動する．

10.3

円板の直径 d より，円板の重心のまわりの慣性モーメント I_G は次のようになる．

$$I_\mathrm{G}=\frac{1}{2}M\left(\frac{d}{2}\right)^2=\frac{1}{2}\times\frac{\pi d^2\rho t}{4}\times\frac{d^2}{4}=\frac{\pi d^4\rho t}{32}=\frac{\pi\times(3.0\,\mathrm{m})^4\times 7800\,\mathrm{kg/m^3}\times 10\times 10^{-3}\,\mathrm{m}}{32}$$
$$=620\,\mathrm{kg{\cdot}m^2}$$

また回転数 N と角速度 ω との関係は，次のようになる．

$$\omega=\frac{2\pi N}{60}=\frac{2\pi\times 300\,\mathrm{rpm}}{60\,\mathrm{s}}=31.4\,\mathrm{rad/s}$$

円板の側面に力 F を加えて円板の回転運動を停止させるとき，角力積はその角運動量の変化に等しいので，(10.17) 式より次の関係が成り立つ．

$$\frac{Fd}{2}\Delta t=I_\mathrm{G}(0-\omega)$$

$$F=-\frac{2I_\mathrm{G}\omega}{d\Delta t}=-\frac{2\times 620\,\mathrm{kg{\cdot}m^2}\times 31.4\,\mathrm{rad/s}}{3.0\,\mathrm{m}\times 300\,\mathrm{s}}=-43.3\,\mathrm{N}$$ (力 F が負になっているのは，円板の回転運動する向きと逆向きだからである.)

よって，その円板の側面に加える力の大きさは，$43.3\,\mathrm{N}$ である．

10.4

・2 物体が完全非弾性衝突後 (つまり，反発係数 $e=0$ のとき) の質点 1 と質点 2 の速度をそれぞれ $v_1{}'$ [m/s]，$v_2{}'$ [m/s] とすると，それぞれの速さは次のようになる.

(10.22) 式から，

$$v_1{}'=\frac{(m_1-em_2)v_1+(m_2+em_2)v_2}{m_1+m_2}=\frac{3.0\,\mathrm{kg}\times 5.0\,\mathrm{m/s}+4.5\,\mathrm{kg}\times 7.0\,\mathrm{m/s}}{3.0\,\mathrm{kg}+4.5\,\mathrm{kg}}=6.2\,\mathrm{m/s}$$

(10.23) 式から，

$$v_2{}'=\frac{m_1v_1(1+e)-em_1v_2+m_2v_2}{m_1+m_2}=\frac{3.0\,\mathrm{kg}\times 5.0\,\mathrm{m/s}+4.5\,\mathrm{kg}\times 7.0\,\mathrm{m/s}}{3.0\,\mathrm{kg}+4.5\,\mathrm{kg}}=6.2\,\mathrm{m/s}$$

となる.

(そのほかの解き方)

2 物体が完全非弾性衝突後は一体となって運動する (つまり $v_1{}'=v_2{}'$). (10.6) 式の運動量保存の法則より，$m_1v_1+m_2v_2=(m_1+m_2)v_1{}'$ が成り立つ. よって，$v_1{}'=\dfrac{m_1v_1+m_2v_2}{m_1+m_2}=\dfrac{3.0\,\mathrm{kg}\times 5.0\,\mathrm{m/s}+4.5\,\mathrm{kg}\times 7.0\,\mathrm{m/s}}{3.0\,\mathrm{kg}+4.5\,\mathrm{kg}}=6.2\,\mathrm{m/s}=v_2{}'$ となる.

・2 物体が完全弾性衝突後 (つまり，反発係数 $e=1$ のとき) の質点 1 と質点 2 の速度をそれぞれ $v_1{}'$ [m/s]，$v_2{}'$ [m/s] とすると，それぞれの速度は次のようになる.

完全弾性衝突の場合は反発係数 $e=1$ より

(10.22) 式から，

$$\begin{aligned}v_1{}'&=\frac{(m_1-em_2)v_1+(m_2+em_2)v_2}{m_1+m_2}\\&=\frac{(3.0\,\mathrm{kg}-1\times 4.5\,\mathrm{kg})\times 5.0\,\mathrm{m/s}+(4.5\,\mathrm{kg}+1\times 4.5\,\mathrm{kg})\times 7.0\,\mathrm{m/s}}{3.0\,\mathrm{kg}+4.5\,\mathrm{kg}}=7.4\,\mathrm{m/s}\end{aligned}$$

(10.23) 式から，

$$\begin{aligned}v_2{}'&=\frac{m_1v_1(1+e)-em_1v_2+m_2v_2}{m_1+m_2}\\&=\frac{3.0\,\mathrm{kg}\times 5.0\,\mathrm{m/s}\times 2-3.0\,\mathrm{kg}\times 7.0\,\mathrm{m/s}+4.5\,\mathrm{kg}\times 7.0\,\mathrm{m/s}}{3.0\,\mathrm{kg}+4.5\,\mathrm{kg}}=5.4\,\mathrm{m/s}\end{aligned}$$

となる.

(そのほかの解き方)

(10.6) 式の運動量保存の法則　$m_1v_1+m_2v_2=m_1v_1{}'+m_2v_2{}'$ より，

$3.0\,\mathrm{kg}\times 5.0\,\mathrm{m/s}+4.5\,\mathrm{kg}\times 7.0\,\mathrm{m/s}=3.0\,\mathrm{kg}\times v_1{}'+4.5\,\mathrm{kg}\times v_2{}'\cdots(1)$ が成り立つ.

また，$e=-\dfrac{v_1{}'-v_2{}'}{v_1-v_2}=1$ より，$v_1{}'-v_2{}'=2\cdots(2)$ が成り立つ.

(1) 式と (2) 式から，$v_1{}'=7.4\,\mathrm{m/s}$ と $v_2{}'=5.4\,\mathrm{m/s}$ が得られる.

10.5

小球がなめらかな床に衝突した後の速度 v_1 を，床に平行な成分 v_x と 床に垂直な

成分 v_y に分解する．小球は床に平行な方向には力を受けないので，x 軸方向の速度は変化しない．
つまり，$v_x = v_0 \cos\theta$ となる．
また反発係数 e の定義より，y 軸方向の速度 v_y は
$v_y = -ev_0 \sin\theta$ となる．
よって衝突後の速度 v_1 は，次のようになる．
$v_1 = \sqrt{{v_x}^2 + {v_y}^2} = \sqrt{(5.0\,\mathrm{m/s} \times \cos 25^\circ)^2 + (-0.7 \times 5.0\,\mathrm{m/s} \times \sin 25^\circ)^2} = 4.77\,\mathrm{m/s}$
また衝突後の角度 φ は，次のようになる．
$\varphi = \tan^{-1}\left(\dfrac{v_y}{v_x}\right) = \tan^{-1}(0.7 \times \tan 25^\circ) = 18.1^\circ$
(そのほかの解き方)
水平方向の速度は変化しないので $mv_0 \cos\theta = mv_1 \cos\varphi$ より，
$v_1 \cos\varphi = 4.53 \cdots(1)$ が成り立つ．
$-\dfrac{v_1 \sin\varphi}{v_0 \sin\theta} = -\dfrac{v_1 \sin\varphi}{-5.0\,\mathrm{m/s} \times \sin 25^\circ} = e = 0.7$ より，$v_1 \sin\varphi = 1.48 \cdots(2)$ が成り立つ．
(2) 式 ÷ (1) 式より，$\tan\varphi = 0.327$ である．よって，$\varphi = 18.1^\circ$ になる．
$\varphi = 18.1^\circ$ を (1) 式へ代入すると，$v_1 = 4.77\,\mathrm{m/s}$ になる．

第 11 章　仕事，エネルギー，動力 (仕事率)

11.1

物体が移動する方向の力の成分 (水平成分) は，$F\cos\theta$ である．物体が移動する距離 x なので，その力の成分がした仕事は次のようになる．
$W = Fx\cos\theta = 120\,\mathrm{N} \times 5.0\,\mathrm{m} \times \cos 25^\circ = 544\,\mathrm{J}$
力 F の垂直成分は，物体が移動する垂直方向の距離は 0 なので，F の垂直成分は仕事をしない．また力が作用した時間 t が 20 秒間であるから，動力 P は次のように求められる．
$P = \dfrac{W}{t} = \dfrac{544\mathrm{J}}{20\,\mathrm{s}} = 27.2\,\mathrm{W}$

11.2

物体がばねに衝突してばねの縮み量が最大になったとき，その物体の速度は 0 になる．つまり，衝突したときの物体の運動エネルギーすべてが，ばねの弾性力による位置エネルギーに変わる．そのばねの最大縮み量を x とすれば，力学的エネルギーの保存則より次の式が成り立つ．
$\dfrac{1}{2}m{v_0}^2 = \dfrac{1}{2}kx^2$

この式から，最大縮み量 x が次のように求まる．

$$x = v_0\sqrt{\frac{m}{k}} = 10\,\mathrm{m/s} \times \sqrt{\frac{3.0\,\mathrm{kg}}{3500\,\mathrm{N/m}}} = 0.293\,\mathrm{m} = 29.3\,\mathrm{cm}$$

11.3

小球の最高点の高さ h では速さは 0 になるので，力学的エネルギーの保存則より次の式が成り立ち，次のようにして求められる．

$$\frac{1}{2}m{v_0}^2 + mgh_0 = mgh$$

$$h = \frac{{v_0}^2}{2g} + h_0 = \frac{(20\,\mathrm{m/s})^2}{2 \times 9.8\,\mathrm{m/s^2}} + 1.6\,\mathrm{m} = 22.0\,\mathrm{m}$$

また，小球が地面に達する直前の速さ v は，$mgh = \frac{1}{2}mv^2$ より次のように求められる．

$$v = \sqrt{2gh} = \sqrt{2 \times 9.8\,\mathrm{m/s^2} \times 22.0\,\mathrm{m}} = 20.8\,\mathrm{m/s}$$

11.4

斜面上に円板を置いたときの力学的エネルギー U は，重力による位置エネルギーのみである．つまり，円板が斜面上を距離 x 移動する前のエネルギー U は次のようになる．

$$U = mgx\sin\theta$$

また，円板が斜面上を x=10 m 移動した位置における並進速度を v，角速度を ω とすると，力学的エネルギーの保存則より次の式が成り立つ．

$$mgx\sin\theta = \frac{1}{2}mv^2 + \frac{1}{2}I\omega^2$$

ここで，I は円板の慣性モーメントであり $I = mr^2/2 \cdots$ (1) で与えられる (8.4.4 項を参照)．転がりながら移動する場合，円板の回転角 θ と移動距離 x との間には $x = r\theta$ の関係がある．この関係から，$v = dx/dt = rd\theta/dt = r\omega \cdots$ (2) が導かれる．上の力学的エネルギーの保存則の式にこの (1) 式と (2) 式を代入すれば，並進速度 v は次のように求められる．

$$mgx\sin\theta = \frac{1}{2}mv^2 + \frac{1}{2}\frac{mr^2}{2}\frac{v^2}{r^2} = \frac{3}{4}mv^2$$ より，

$$v = \sqrt{\frac{4}{3}gx\sin\theta} = \sqrt{\frac{4}{3} \times 9.8\,\mathrm{m/s^2} \times 10\,\mathrm{m} \times \sin 20^\circ} = 6.69\,\mathrm{m/s}$$ となる．

また (2) 式から，角速度 ω は次のようにして求められる．

$$\omega = \frac{v}{r} = \frac{6.69\,\mathrm{m/s}}{0.3\,\mathrm{m}} = 22.3\,\mathrm{rad/s}$$

11.5

トルクを T とすれば (11.18) 式より，回転数 N を用いて動力 P は次のようになる．

$P = T\omega = \dfrac{2\pi NT}{60}$　(N は $\dfrac{60\omega}{2\pi}$ で表される，ω [rad/s] は角速度である.)
よって，トルク T の大きさはこの式から次のように求められる.
$T = \dfrac{60P}{2\pi N} = \dfrac{60\,\mathrm{s} \times 1300\,\mathrm{W}}{2\pi \times 1500\,\mathrm{rpm}} = 8.28\,\mathrm{N{\cdot}m}$

第12章　摩擦

12.1

物体 A と B が運動する水平方向にはたらく力を図に示す．それぞれの物体について，運動方程式を立ててみる.
物体 A について　$ma = F_s$ ··· (1),
物体 B について　$ma = F - F_s$ ··· (2)
ただし，m は物体 A または物体 B の質量，F_s は静止摩擦力である．F_s が最大のとき，つまり最大摩擦力 F_0 のとき加速度 a は最大になるので (1) 式と (2) 式は次のようになる (μ_s は静止摩擦係数である)．$ma = F_0 = \mu_s mg$ ··· (3)
$ma = F - F_0 = F - \mu_s mg$ ··· (4)
(3) 式と (4) 式から，$F = 2\mu_s mg = 2 \times 0.51 \times 10\,\mathrm{kg} \times 9.8\,\mathrm{m/s^2} = 100\,\mathrm{N}$ である.

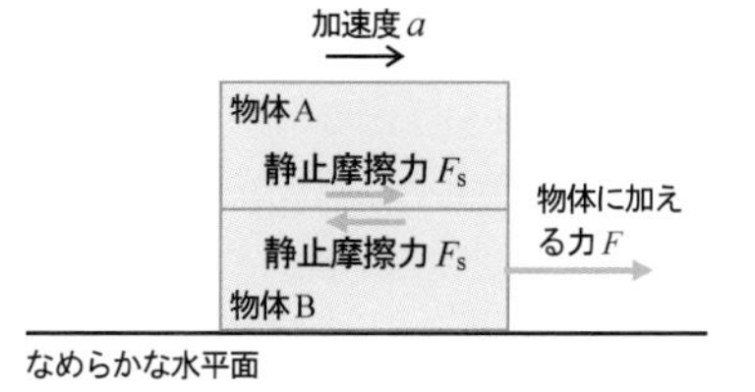

図　問題 12.1［解答］の図

12.2

斜面に平行方向の運動方程式は，$ma = mg\sin 45^\circ - \mu_k mg\cos 45^\circ$ である (m は物体の質量，a は斜面をすべり落ちる物体の加速度，μ_k は動摩擦係数)．よって，加速度 a は次のようになる.
$a = 9.8\sin 45^\circ - 0.32 \times 9.8\cos 45^\circ = 6.93 - 2.22 = 4.71\,\mathrm{m/s^2}$
ところで斜面をすべり始めてから時刻 t 秒後の変位 x は，次の式から求められる (1.3.1 項を参照).
$x = v_0 t + \dfrac{1}{2}at^2$ (v_0 は物体の初速度で，ここでは 0 である.)
この式に各数値を代入すると
$8.0 = 0 \times t + \dfrac{1}{2} \times 4.71 \times t^2$ となり，$t = 1.84$ 秒が求まる.

12.3

(12.5) 式より，$\lambda_s = \tan^{-1}\mu_s = \tan^{-1} 0.30 = 16.7^\circ$ である.

12.4

(1) 本に力 F を加えずに，傾斜角 40° での斜面に平行な方向の力のつりあいの

式は

$mg\sin 40° - \mu mg\cos 40° = 0$ となる．この式より静止摩擦係数は $\mu = 0.839$ である．

(2) 図に示すような状態で，本にはたらく力のつりあいについて考える．
斜面に平行な方向の力のつりあいの式は
$F\cos 30° - mg\sin 30° - \mu R = 0 \cdots(1)$
斜面に垂直な方向の力のつりあいの式は
$-F\sin 30° - mg\cos 30° + R = 0 \cdots(2)$
(2) 式より，$R = F\sin 30° + mg\cos 30°$，
これと $\mu = 0.839$ を (1) 式へ代入すると
$F = 27.0\,\mathrm{N}$ となる．

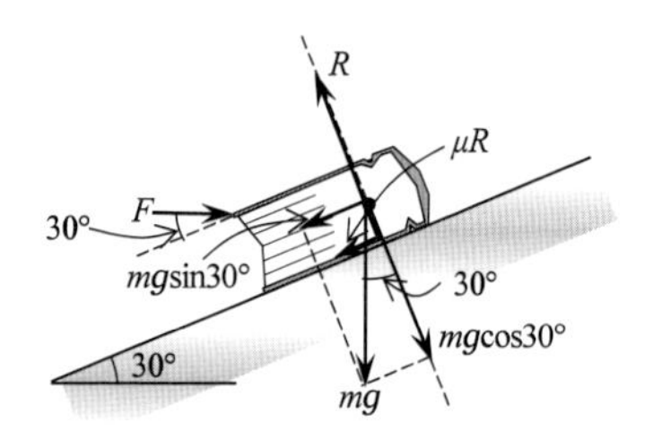

図　問題 12.4［解答］の図

12.5

球の加速度 a は，$a = \dfrac{dv}{dt} = \dfrac{0\,\mathrm{m/s} - 2.0\,\mathrm{m/s}}{40\,\mathrm{s}} = -0.05\,\mathrm{m/s^2}$ である．

(12.9) 式を用いて，球について運動方程式を立てると，$ma = -F_r = -\dfrac{\rho}{r} \times mg$ (F_r は転がり摩擦力，r は球の半径，ρ は転がり摩擦係数，mg は重力である) となる．

よって，転がり摩擦係数 ρ は，$\rho = \dfrac{-ar}{g} = \dfrac{0.05\,\mathrm{m/s^2} \times 0.5\,\mathrm{m}}{9.8\,\mathrm{m/s^2}} = 2.55 \times 10^{-3}\,\mathrm{m}$ $= 2.55\,\mathrm{mm}$ である．

12.6

重力 mg の斜面に沿った分力 ($mg\sin\theta$) と転がり摩擦力 ((12.9) 式を用いて，$F_r = \dfrac{\rho}{r}W = \dfrac{\rho}{r}mg\cos\theta$) はつりあっている．円柱にはたらく斜面方向の力のつりあいの式は，次のようになる．$F_r - mg\sin\theta = 0$ つまり $\dfrac{\rho}{r}mg\cos\theta - mg\sin\theta = 0$ (θ は最小傾角である)．よって，$\tan\theta = \dfrac{\rho}{r}$ より $\theta = \tan^{-1}\dfrac{\rho}{r} = \tan^{-1}\dfrac{0.05\,\mathrm{cm}}{5\,\mathrm{cm}}$ $= 0.01\,\mathrm{rad} = 0.01 \times \dfrac{180°}{\pi} = 0.573°$ となる．

12.7

(12.8) 式から，キャスターにはたらく力のモーメントのつりあいは $mg\rho - Fr = 0$ となる．よって，力 F は $F = \dfrac{\rho}{r}mg = 0.005 \times 1.0\,\mathrm{kg} \times 9.8\,\mathrm{m/s^2} = 0.049\,\mathrm{N}$ である．(この問題では転がり摩擦係数に単位がない．12.2 節で述べたように，このことは ρ/r が転がり摩擦係数であることを意味している．)

12.8

(12.16) 式の $T_2 = T_1 e^{\mu_s \phi}$ から導かれる $\phi = \dfrac{1}{\mu_s} \ln \dfrac{T_2}{T_1}$ に基づいて，ベルトが原動側プーリに巻きつく角度 ϕ を求めることができる．$\phi = \dfrac{1}{0.3} \ln \dfrac{6000}{3000} = 2.31\,\mathrm{rad} = 132°$ である．

12.9

例題 12.6 で述べた $F = \dfrac{T}{e^{2\pi n \mu_s}}$ を用いて，巻き数 n を求める．ここでは，張力 T が mg になる．よって $\dfrac{F}{mg} = \dfrac{1}{e^{2\pi n \mu_s}}$ から $\dfrac{1}{50} = \dfrac{1}{e^{2\pi n \cdot 0.4}}$ となり，$n = \dfrac{1}{0.8\pi} \ln 50$ $= 1.6$ 周巻 である．

12.10

(1) おもりの重さは，$800\,\mathrm{kg} \times 9.8\,\mathrm{m/s^2} = 7840\,\mathrm{N}$ である．(12.15) 式を用いて，
$\int_0^{8\pi} \mu_s d\theta = \int_{100}^{7840} \dfrac{1}{T} dT$ から，$8\pi\mu_s = \ln \dfrac{7840}{100}$ になる．
よって，静止摩擦係数 $\mu_s = \dfrac{1}{8\pi} \ln 78.4 = 0.174$ である．

(2) おもりの質量を m [kg] とすると (12.15) 式を用いて，
$\int_0^{4\pi} \mu_s d\theta = \int_{50}^{mg} \dfrac{1}{T} dT$ から，$4\pi\mu_s = \ln \dfrac{mg}{50}$ になる．
よって，$m = \dfrac{50}{9.8} \times e^{1.2\pi} = 221\,\mathrm{kg}$ である．

参考文献など

[1] 坂本 勇・福井 毅 著 (1980),『工業力学の基礎』, 日刊工業新聞社.

[2]『日本大百科全書 (ニッポニカ)』(1994) 小学館.

[3] 一柳 信彦・高久 和彦 共著 (1998),『演習 工業力学』, 東京電機大学出版局.

[4] 大熊 政明・大竹 尚登・持丸 義弘・吉野 雅彦 共著 (1996),『よくわかる工業力学』, 培風館.

[5] 数研出版編集部編 (2003),『高等学校物理：力学の総合学習』, 数研出版.

[6] 武居 昌宏・飯田 明由・金野 祥久 共著 (2010),『基礎から学ぶ 工業力学』, オーム社.

[7] 青木 弘・木谷 晋 共著 (2010),『工業力学 (第 3 版・新装版)』, 森北出版.

[8] 伊藤 勝悦 著 (2014),『工業力学入門 (第 3 版)』, 森北出版.

[9] 吉村 靖夫・米内山 誠 共著 (2016),『工業力学 (改訂版)』, コロナ社.

[10] 山本 健二 著 (2016),『イメージでつたわる！ わかる力学』, 秀和システム.

[11] 本江 哲行・久池井 茂 編著 (2016),『工業力学』, 実教出版.

[12] 金原 粲 監修 (2013),『工学系の力学：実例でわかる, 基礎からはじめる工業力学』, 実教出版.

[13] 前野 昌弘 著 (2013),『よくわかる初等力学』, 東京図書.

[14] 金野 祥久 (2019), 工業力学・授業用ビデオ教材, 工学院大学.

索 引

——— 欧字 ———

— ア —

— カ —

サ

［監修者・著者紹介］

上月 陽一（こうづき よういち）

1994年　金沢大学大学院自然科学研究科物質科学専攻修了
現　在　埼玉工業大学工学部機械工学科 教授，博士（工学）
専　門　材料強度学，材料力学，塑性加工，機械材料，機構学

河田 直樹（かわだ なおき）

2009年　群馬大学大学院工学研究科生産工学専攻博士後期課程修了
現　在　埼玉工業大学工学部機械工学科 教授，博士（工学）
専　門　計測工学，制御工学，品質工学，機械工作法，信頼性工学

政木 清孝（まさき きよたか）

2000年　電気通信大学大学院機械制御工学専攻修了
現　在　沖縄工業高等専門学校 准教授，博士（工学）
専　門　材料力学，材料強度学

渡邊 武（わたなべ たける）

2016年　名城大学大学院理工学研究科機械工学専攻修了
現　在　大島商船高等専門学校 准教授，博士（工学）
専　門　材料力学，金属材料学

工業力学
Industrial Dynamics

2022 年 8 月 10 日　初版 1 刷発行

検印廃止
NDC 501.3
ISBN 978-4-320-08229-8

監修者　上月陽一
著　者　上月陽一・河田直樹
　　　　政木清孝・渡邊　武

発行者　南條光章
発行所　**共立出版株式会社**
〒 112–0006
東京都文京区小日向 4 丁目 6 番 19 号
電話　(03) 3947–2511 (代表)
振替口座　00110–2–57035
URL　www.kyoritsu-pub.co.jp

印　刷
製　本　錦明印刷

一般社団法人
自然科学書協会
会員

Printed in Japan